型钢再生混凝土柱-钢梁组合框架抗震性能与设计方法

马 辉　赖志强　薛建阳　赵艳丽　著

北 京
冶 金 工 业 出 版 社
2023

内 容 提 要

本书系统地研究和阐述了型钢再生混凝土柱-钢梁组合框架抗震性能与设计方法。全书共9章，主要内容包括：绪论，型钢再生混凝土柱抗震性能及水平承载力计算方法，型钢再生混凝土柱-钢梁组合框架节点低周反复荷载试验、静力弹塑性非线性分析、地震损伤模型和抗剪承载力计算，型钢再生混凝土柱-钢梁组合框架抗震性能拟静力试验和滞回性能数值分析，以及基于位移的型钢再生混凝土柱-钢梁组合框架抗震性能设计方法等。

本书可供从事土木工程领域的科研人员和工程技术人员阅读，也可供高等院校相关专业的师生参考。

图书在版编目(CIP)数据

型钢再生混凝土柱-钢梁组合框架抗震性能与设计方法/马辉等著. —北京：冶金工业出版社，2023. 10

ISBN 978-7-5024-9672-2

Ⅰ. ①型… Ⅱ. ①马… Ⅲ. ①型钢—再生混凝土—钢筋混凝土柱—钢梁—框架结构—防震设计 Ⅳ. ①TU398

中国国家版本馆 CIP 数据核字（2023）第 206197 号

型钢再生混凝土柱-钢梁组合框架抗震性能与设计方法

出版发行 冶金工业出版社 **电 话** (010)64027926
地 址 北京市东城区嵩祝院北巷 39 号 **邮 编** 100009
网 址 www. mip1953. com **电子信箱** service@ mip1953. com

责任编辑 杜婷婷 马媛馨 美术编辑 彭子赫 版式设计 郑小利
责任校对 葛新霞 责任印制 禹 蕊

三河市双峰印刷装订有限公司印刷
2023 年 10 月第 1 版，2023 年 10 月第 1 次印刷
710mm×1000mm 1/16；12 印张；231 千字；178 页

定价 68. 00 元

投稿电话 (010)64027932 投稿信箱 tougao@ cnmip. com. cn
营销中心电话 (010)64044283
冶金工业出版社天猫旗舰店 yjgycbs. tmall. com
（本书如有印装质量问题，本社营销中心负责退换）

前　言

随着全球经济的快速发展，世界各国基础设施建设消耗了大量的混凝土，一些天然建筑资源如生产混凝土所需的大量河砂被过度开采，导致河床被破坏，而且用于建筑的碎石主要来源于爆破山体，以致自然环境遭到严重破坏。同时，世界各地每年发生不同程度的地震、海啸等自然灾害，大量房屋遭到破坏，产生大量建筑废弃物，这些废弃物不但占用了大片土地，其处理费用十分昂贵，而且使土壤遭到非常严重的破坏。这些建筑废弃物中所含的有害化学元素会长时间侵蚀地下水，使人类赖以生存的地球环境满目疮痍，严重威胁社会的可持续发展。我国十分重视保护生态环境，国家发展和改革委员会曾发布《国家重点节能低碳技术推广目录》，指出回收利用建筑垃圾加工制备再生混凝土是土木工程相关推广的重要技术之一。因此，回收利用这些建筑垃圾，尤其是废弃混凝土，变废为宝，使其重新用于土木工程，是世界各国实现建筑资源再生化利用的有效途径和关键技术。

再生混凝土应用为处理建筑垃圾和减少天然资源的开采等问题，提供了有效的方法，是一种可持续发展的绿色混凝土。它不仅可以有效处理建筑垃圾，同时也可以保护天然砂石产地的生态环境，再生混凝土的研究应用具有广阔前景。型钢再生混凝土结构是以外部再生混凝土和内部型钢作为整体参加受力工作，其力学性能优于再生混凝土和型钢两部分力学性能的总和。与普通钢筋混凝土结构相比，具有承载力较高、构件截面较小、抗震性能较好的优点。与此同时，钢梁具有较好的受弯承载能力和变形能力，以及施工性能简便等优势，广泛应用于工程结构。作者结合型钢再生混凝土柱与钢梁这两者的各自优点，提出了型钢再生混凝土柱-钢梁组合框架结构，该结构吸收了型钢再生混凝土柱的性能特点，发挥了钢梁的结构优势，并且充分利用了再生混凝土，具有绿色环保且抗震优良的优点，应用前景广阔。

为使型钢再生混凝土柱-钢梁组合框架结构早日推广应用，有必要对该新型结构进行研究，通过试验研究型钢再生混凝土柱-钢梁组合框架节点及框架结构的抗震性能，观察组合框架的破坏过程及破坏形态，得到组合框架的荷载–位移曲线、滞回曲线、骨架曲线及各部分荷载应变曲线等，分析组合框架的承载力、刚度、强度、延性及侧移角等各项抗震性能指标，并讨论不同设计参数对组合框架抗震性能的影响规律，建立型钢再生混凝土柱-钢梁组合框架结构的抗震设计方法等。通过研究并解决这些关键问题为这一新型组合结构的设计和应用提供理论依据和技术支持。

作者自 2011 年开始陆续对型钢再生混凝土构件的基本力学性能及设计方法进行了试验及理论研究。首先对型钢再生混凝土柱抗震性能及承载力进行了研究，通过低周反复荷载试验，研究了型钢再生混凝土柱抗震性能，并提出了其在水平荷载作用下的实用承载力计算公式。其次，对型钢再生混凝土柱-钢梁组合框架节点抗震性能进行了试验研究及有限元分析，获取了组合框架节点的抗震性能指标；开展了组合框架节点损伤演化机理及其抗剪性能研究及理论分析，建立了组合框架节点的修正地震损伤模型；基于试验结果，拟合出了修正系数的数学表达式，并给出了组合框架节点的抗剪承载力计算公式。最后，对型钢再生混凝土柱-钢梁组合框架抗震性能进行了拟静力试验及有限元分析，获取了组合框架的抗震性能指标，并结合地震设防水准，给出了组合框架的抗震性能最高目标、重要目标和基本目标，结合试验研究结果提出了组合框架对应四个性能水平的层间位移角限值，最终给出了组合框架基于位移的抗震性能设计方法。本书将为型钢再生混凝土柱-钢梁组合框架的推广应用提供一定的技术参考，这也是作者编著这本书的宗旨和出发点之一。

本书由马辉、赖志强、薛建阳、赵艳丽执笔撰写。董静、毛肇玮、李三只、孙书伟、张鹏、方蕾、胡杰江、王晓旭等博士和硕士研究生在试验研究、理论分析及资料整理中做了大量工作。本书内容涉及的研究工作得到国家自然科学基金项目（编号：51408485）、陕西省自然科学基金项目（编号：2022JM-258）、陕西省高校杰出青年人才计划项目、陕西省创新能力支撑计划项目（编号：2019TD-029）的资助和大力支持。此外，本书还得到了西安理工大学省部共建西北旱区生态水利国家重点实验室的基金资助。在此，对上述资助单位一并表示衷心的感谢。

由于作者水平所限，书中不妥之处，敬请广大读者批评指正。

作　者

2023年7月

目　录

1　绪　　论

1.1　研究背景与意义

近年来，我国城市化进程加快，建筑材料的消耗量不断增加，特别是作为使用量较大的人造建材混凝土。同时，随着旧建筑的拆除，建筑垃圾造成的各种环境问题也越来越突出，如图 1-1 所示。据统计数据显示，2022 年，我国商品混凝土产量达到 30. 3 亿立方米，产出巨大，大量混凝土的需求导致长期地过度开采天然砂石材料，造成巨大能源和自然资源消耗，如图 1-2 所示；与此同时，由旧建筑物拆除、新建筑建设等人类活动产生的建筑废弃物不断堆积；另外，各种自然灾害造成大量房屋发生倒塌破坏，产生的大量建筑废弃物等，严重阻碍了我国的可持续发展，给社会、经济及生态环境带来了严峻的问题。2014 年，我国建筑垃圾资源产业发展报告指出：我国建筑垃圾，包括新建、拆除、装修等产生的建筑垃圾和工程垃圾，年产生量约 35 亿吨，其中每年拆除的建筑垃圾就高达 15 亿吨。目前，我国建筑垃圾一般采用堆埋处理，其综合利用率低于 10%，远低于欧盟（90%）、日本（97%）和韩国（97%）等发达国家和地区。从上述可以看出，快速的城市化，一方面对砂、石等自然不可再生资源的过度开发，另一方面

(a)

(b)

图 1-1　建筑垃圾

（a）城市拆迁建筑垃圾；（b）自然灾害建筑垃圾

在这进程中产生的大量建筑废弃物将成为自然生态环境的沉重负担。因此，怎样合理有效地处理和再利用这些大量的建筑废弃物，从而实现资源节约型、环境友好型社会以及经济的可持续发展，已被成为亟待解决的问题之一。

(a)

(b)

图 1-2 砂石的过度开采
（a）采石场的过度开采；（b）河沙的过度开采

因此，如何妥当地处理这些建筑垃圾，已变成政府和社会共同关注的问题。20 世纪 80 年代，我国提出了可持续发展观，其核心理念为在满足当代社会发展的同时也要给后代子孙留下其足够发展的资源。就建筑垃圾而言，得不到妥善处理，不仅破坏生态环境，而且也是一种资源浪费，这显然不符合我国的可持续发展理念。若将不断增多的建筑废弃物进行回收利用，不仅可以降低建筑垃圾对生态环境的破坏，同时也可以缓解新兴建筑对普通骨料的依赖，从而减少砂石骨料因过度开采而对能源和生态构成的威胁，保护人类赖以生存的天然环境，符合我国可持续发展的要求。中国是世界上发展最快的国家之一，也是混凝土生产和消耗量最大的国家，其经济发展和环境保护问题非常突出，为了有效地解决这些问题，就必须对建筑垃圾的利用技术展开深入的研究。

1.2 建筑垃圾资源化利用技术及应用研究现状

建筑垃圾回收利用主要包含源头减量、收集运输、处置与资源化利用三个关键环节，源头减量化管理包括从源头上减少产生量和就地利用两部分，而处置与资源化利用则为最为关键的技术环节。国外一些国家对于建筑垃圾进行了大量的回收利用技术研究和法律法规的制定。例如，美国的《超级基金法》规定“任何生产有工业废弃物的企业，必须自行妥善处理，不得擅自随意倾卸”。该法从源头上限制了建筑垃圾的产生量，促使各企业自觉寻求建筑垃圾资源化利用途径。近些年，美国住宅营造商协会开始推广一种“资源保护屋”，其墙壁就是用回收的轮胎和铝合金废料建成的，屋架所用的大部分钢料是从建筑工地上回收的，所用的板材是锯末和碎木料加上20%的聚乙烯制成的，屋面的主要原料是旧的报纸和纸板箱。这种住宅不仅积极利用了废弃的金属、木料、纸板等回收材料，而且比较好地解决了住房紧张和环境保护之间的矛盾。另外，美国每年有1亿吨废弃混凝土被加工成骨料用于工程建设，实现了建筑垃圾的再利用。

俄罗斯的建筑垃圾处理工艺较为典型，为了将废旧金属材料以及塑料、木材等轻质杂物与混凝土材料相分离，在建筑垃圾的再生工艺中增加了磁选与风选流程，且经过多级破碎实现了5mm再生细骨料、5~40mm的再生中细骨料、40mm以上再生粗骨料。此外，在建筑垃圾资源化处理工艺中加入了细化操作，如湿式分选工艺在提高分选效率的同时抑制了分选过程中的粉尘扬起，使用密度差分分选工艺实现了可燃物与不可燃物的分离。

德国的建筑垃圾再利用工艺里加入了再生骨料强化工艺。德国研究者认为，再生骨料强度差的主要原因是再生骨料的棱角较为尖锐且粘有少量混凝土，而粘于骨料表面的混凝土以及新水泥与旧混凝土废块之间的黏结不牢固。通过采用机械摩擦工艺，使骨料间碰撞摩擦，去除骨料表面黏结的混凝土，再生骨料就可以更好地适应新建筑构件的应用要求。

日本的建筑垃圾回收技术比较成熟，主要包括零排放工业化技术、再生资源化利用建筑垃圾技术及建设垃圾的能源化利用等。日本通过制定大量的规范标准，较为细致地对建筑垃圾及再生骨料每一个等级都进行了相应的规定，从密度、吸水率、微分含量等方面对不同等级的再生骨料设置质量标准。由于日本每年的建筑垃圾产出体量较小，且高新技术实力较强，所以可以对各种建筑垃圾进行有效处理，基本上做到建筑垃圾零排放，从而实现高饱和的再生处理利用。

近年来，我国建筑垃圾资源化法规政策密集出台，治理实践取得明显成效。2018年12月，《"无废城市"建设试点工作方案》提出："完善建筑垃圾统计方法，将建筑垃圾分类收集及无害化处理设施纳入城市基础设施和公共设施范围，保障设施用地，探索实施建筑垃圾资源化利用产品强制使用制度。"2020年9月，修订后的《中华人民共和国固体废物污染环境防治法》（以下简称《固废法》）实施，新《固废法》明确将"建筑垃圾"作为单独一类固体废物类别进行管理。目前，我国建筑垃圾资源化处理技术正处于高速发展的阶段，但由于我国建筑垃圾资源化处理行业起步较晚，与发达国家相比，资源化处理整体工艺技术与装备水平仍相对落后。目前，我国建筑垃圾生产再生制品的工艺一般可分为分选除杂、破碎、筛分、再生制品生产等环节，图1-3所示为再生骨料的典型生产工艺流程。此外，利用再生骨料生产再生混凝土、再生预拌砂浆、再生无机混合料、再生混凝土制品等已逐渐形成了一套成熟的技术及装备体系，这为我国建筑行业的可持续发展提供了有效途径。

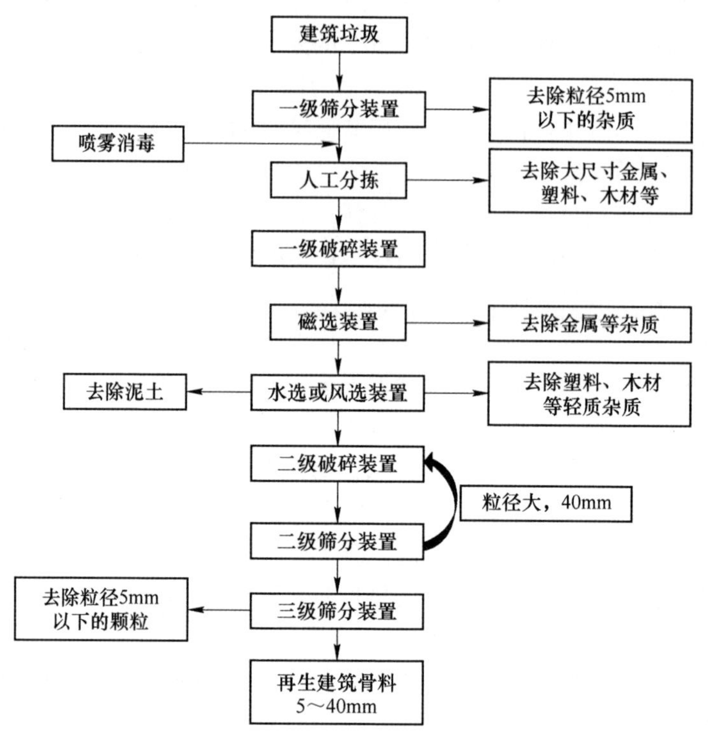

图 1-3　再生骨料的生产工艺流程

建筑垃圾经处理后产生的可资源化利用产品主要包括不同粒径的再生骨料，再生骨料产品可应用于市政建设领域、建筑建材领域等。

（1）市政道路领域。建筑垃圾经处理后产生的粒径在 4.75mm 以上的骨料，可作为回填材料用于道路的底基层或垫层中。

（2）海绵城市建设领域。随着城市建设规模扩大，城市防洪排涝设施或干旱的问题凸显，可将建筑垃圾处理产生的大颗粒骨料作为渗透层，在减少天然骨料开采量的同时能够促进城市资源循环。

（3）建筑建材领域。建筑垃圾中废弃混凝土含量较高，在经破碎筛分后产生的再生细骨料，按照一定的比例添加水泥、天然粗细骨料后，可制成混凝土路面砖、实心混凝土普通砖、砌块、水泥砂浆等建筑建材产品。

（4）工程结构领域。建筑垃圾中废弃混凝土破坏后产生的高品质再生粗细骨料，采用合理配比方法制备的再生混凝土材料，应用于结构构件中，尤其是中低层建筑结构及非承载构件等，甚至在装配式建筑结构中具有良好的应用前景。

总之，我国建筑垃圾资源化处理行业在探索中不断前进，已取得了一定的成效，但是由于起步晚，在建筑垃圾源头分类、资源化处理及再生利用模式上仍需下大功夫，在完善相关法律的同时建立一套完整的建筑垃圾处理体系，共同推进建筑垃圾资源化处理产业的发展，以创造更大的经济、社会、环境效益。

1.3 再生混凝土基本力学性能研究现状

再生混凝土材料最早出现在第二次世界大战之后，多年的战火毁坏了欧洲的许多建筑物，并且留下了大量的建筑垃圾，如何快速有效地处理这些建筑垃圾成为欧洲各国亟须解决的困难之一。1946 年，苏联学者对废弃混凝土在混凝土材料中回收利用进行了大量研究；1948 年，德国学者 Buck 将废弃混凝土破碎后形成的再生骨料配制成了再生混凝土，研究了不同的石膏含量对再生混凝土性能的影响。此后，世界各国相继对再生混凝土的循环利用展开了较为深入的研究并制定了许多相应的规范。

再生混凝土（RAC，Recycled Aggregate Concrete）是将废弃混凝土块破碎、筛分和清洗后制成再生粗骨料，部分或全部代替天然骨料配制而成的一种新型混凝土。它不仅降低了大量废弃混凝土处理的难度和对生态环境造成的污染，同时又可以减少普通骨料的消耗和砂石等自然资源大量开采对生态环境造成的破坏，是一种绿色混凝土材料，因而具有广阔的发展应用前景。再生混凝土中的粗骨料为再生骨料，这是影响再生混凝土力学性能的根本因素。为此，国内外学者对再生混凝土的基本力学性能展开了深入的研究。

1.3.1 再生混凝土强度研究

再生混凝土的强度等级与其配合比、取代率以及骨料基龄、来源等因素有关。从现有的研究来看，再生混凝土强度离散性较大，不同的学者研究的结果也有差异。Nixon 综合分析了再生混凝土早期的研究成果，认为在抗压强度方面，再生混凝土较普通混凝土低，但降幅均在 20%以内；Hanson 对从 1945 年到 1985 年这 40 年内的再生混凝土研究成果进行了综合分析，并得到再生混凝土的抗压强度降幅在 5%~24%之间的结论。与之相反的是，Ritual 试验研究发现，再生混凝土的抗压强度相较于天然混凝土增幅在 2%~20%之间；Yoda 研究表明，再生混凝土的抗压强度比天然混凝土高了 8.5%；而柯国军研究表明再生混凝土的抗压强度相较于天然混凝土增幅在 15%~25%之间；张亚梅和黄显智等学者的研究也得到相似的结论。肖建庄及其课题组研究发现，不同再生骨料取代率对再生混凝土抗压强度影响不同，有降低也有提高等结论。

1.3.2 再生混凝土耐久性研究

再生混凝土耐久性包含许多方面，如抗渗性、抗冻性、抗侵蚀性、抗碳化和收缩徐变等。张李黎对再生混凝土的抗渗性进行了试验研究，结果表明水灰比相同时，再生混凝土的抗渗性较天然混凝土的抗渗性差；而张大长的研究结果与之不同，当再生骨料取代率为25%和75%时，再生混凝土的抗渗性与普通混凝土相差不大，而当再生骨料取代率为50%时，再生混凝土的抗渗性要好于普通混凝土；当再生骨料取代率为100%时，再生混凝土的抗渗性最差，较普通混凝土低一个等级。Hendriks通过试验探究了再生混凝土的抗冻耐久性，结果表明再生混凝土的抗冻性与普通混凝土相差不大；邹超英和崔正龙的研究结果与之不同，他们认为在水灰比相同的情况下，再生混凝土的抗冻性较普通混凝土差。Saroj、Nobuaki和薛建阳试验研究表明，再生混凝土中钢筋锈蚀速率较快，这就说明再生混凝土的碳化速率较普通混凝土快得多。Ravindrarajah通过试验发现，再生混凝土的收缩性能与同水灰比的普通混凝土相比，有明显的增大现象。Doming和Michae的研究表明，再生混凝土的抗渗性、收缩徐变随再生骨料取代率和水灰比的增加而增大。肖建庄总结得出：再生混凝土的耐久性能较普通混凝土低，但该差距可通过一定的技术手段弥补，经处理后的再生混凝土，其耐久性与普通混凝土大致相当。

1.3.3 再生混凝土黏结性能研究

再生混凝土的黏结性能是指其与钢材的黏结能力，研究再生混凝土的黏结性能，有利于再生混凝土在工程结构中的推广与应用。再生混凝土与钢材的黏结类型大致可分为两种：一种是再生混凝土与钢筋的黏结，这也是目前研究最多的一种；另一种是再生混凝土与钢管或型钢的黏结。肖建庄及其课题组和Mukai的试验研究表明，在低周反复荷载作用下，钢筋与再生混凝土和钢筋与普通混凝土之间的黏结强度相似；Jau研究表明，再生混凝土与钢筋之间的黏结强度较天然混凝土略有降低；Roos和安新正也得到类似的结论，并且安新正认为随着再生骨料取代率的增加，再生混凝土的总孔隙率会随之相应的增加，从而导致其黏结性能变差。与上述研究结果相反的是，胡琼试验研究表明，当再生混凝土中的粗骨料为再生骨料，且取代率不超60%时，再生混凝土的黏结强度与再生粗骨料取代率成正比，而取代率超过60%时，得到的结果与之相反；当再生混凝土中的细骨料为再生骨料时，再生混凝土的黏结强度与再生细骨料取代率成正比。肖建庄和李丕胜研究表明，钢筋外形对再生混凝土的黏结性能影响较大，当钢筋为光圆钢筋时，再生混凝土的黏结强度较普通混凝土会有不同程度的降低；当钢筋为带肋钢筋时，再生混凝土的黏结强度受再生粗骨料取代率的影响较小，与普通混凝土的黏结强度相近。张卫东和赵强对再生混凝土与钢管之间的黏结性能做了较为深入的研究，结果表明再生混凝土与钢管之间的黏结强度随再生骨料取代率的增加而逐渐降低，这可能是因为再生粗骨料表面附着一层旧砂浆且其内部可能带有一定的损伤，这些缺陷随再生粗骨料取代率的增加而积聚，从而使得界面间的机械咬合力及摩阻力逐渐降低。陈宗平和郑华海对再生混凝土与型钢之间的黏结性能进行了研究，结果表明再生骨料对其黏结强度有不利影响。综上所述，再生混凝土的黏结强度大多较普通混凝土弱，这直接影响其结构力学性能的发挥。

1.3.4 再生混凝土改性研究

与天然骨料相比，再生骨料外表面附着一层旧混凝土砂浆，并且再生骨料制备时其内部可能带有一定的损伤，这就使得由再生骨料配制而成的再生混凝土在许多方面存在着缺陷，从而限制了再生混凝土的应用和推广。目前，对再生混凝土改性的方法大致分两种：一种是减少再生骨料旧砂浆附着量的物理改性法；另一种是修补再生骨料内部裂缝的化学改性法。李秋义提出了“颗粒整形强化法”，即骨料在整形设备中高速运转，使得骨料高速自击或相互冲击与摩擦，从而有效地击掉再生骨料表面的旧混凝土砂浆，磨平骨料上较为突出的棱角，使其成为较圆滑干净的再生骨料，最后实现对再生骨料的强化。但这种方法也存在着骨料可能再次损伤，生产过程中产生大量粉尘从而污染环境等问题。肖建庄就去除再生骨料表面的旧砂浆进行了进一步的研究，采用对再生骨料进行循环微波加热，提高再生骨料外表面的温度应力，进而减少再生骨料表面旧砂浆附着量，以达到提高再生骨料品质的目的。Poon 研究认为高强再生骨料有较好的界面黏结性和较高的界面黏结强度，可以有效地改善新旧砂浆界面黏结不足。Kou 用聚乙烯醇树脂溶液浸泡再生骨料后，其吸水率显著降低，且密度有一定的提高。Tama 采用化学改性法对再生骨料进行改性研究，结果表明被溶液浸泡后的再生骨料，各方面性能都得到较好的改善。

1.4 再生混凝土结构性能研究

国内外学者对再生混凝土已有一定程度的研究和认识，总体来看再生混凝土的基本力学性能要弱于普通混凝土，但经过合理配比设计的再生混凝土仍可以应用于工程结构。为此，国内外许多学者对再生混凝土结构或构件进行了一定的试验研究和理论分析。

1.4.1 钢筋再生混凝土结构研究

1.4.1.1 钢筋再生混凝土柱

肖建庄和陈宗平对钢筋再生混凝土柱的力学性能进行了试验研究，结果表明，再生粗骨料会降低钢筋再生混凝土柱的极限承载力，降低幅度随偏心距的增大而逐渐减小；《混凝土结构通用规范》（GB 55008—2021）可估算其极限承载力，但精度较差；曹万林和张建伟的试验研究也得到相同的结论，同时还得到再生混凝土柱的延性较普通混凝土柱略好。尹海鹏对再生混凝土长柱的抗震性能进行了试验研究，结果表明，再生骨料取代率对再生混凝土长柱的抗震性能具有不利的影响；取代率为100%的再生混凝土长柱的延性、抗震承载力以及耗能能力较普通混凝土长柱分别降低了3%、7%和19%。

1.4.1.2 钢筋再生混凝土梁

Ishill对钢筋再生混凝土梁的抗弯性能进行了研究，结果表明，再生混凝土梁的抗弯承载力与普通混凝土梁相差较小，且再生混凝土梁的裂缝开裂较明显；同样，刘超和陈爱玖也得到再生混凝土梁开裂较普通混凝土梁严重的结论，但其承载力较普通混凝土梁低，直接套用现有公式计算再生混凝土梁抗弯承载力，使得结果安全储备不足，需考虑调整系数。Mahnoy、肖建庄和Ivan对钢筋再生混凝土梁的抗剪性能进行了试验研究，结果表明再生混凝土梁与普通混凝土梁的抗剪承载力较为接近，两者破坏模式和抗剪机理十分相似，并分别提出再生混凝土梁抗剪计算公式；闫国新和Han的研究表明，再生骨料会影响再生混凝土梁的抗剪强度，按现行公式计算其抗剪强度会偏于不安全，在实际工程设计中需多加注意。陈宗平和徐明对高温后再生混凝土梁的受弯性能进行了试验研究，研究结果表明，高温对再生混凝土梁的破坏特征影响较小；再生混凝土梁的耐火性较普通混凝土梁好；高温后再生混凝土梁的峰值挠度和延性大于普通混凝土梁。

1.4.1.3 钢筋再生混凝土梁柱节点

朱晓辉对钢筋再生混凝土框架节点的抗剪性能进行了试验研究，结果表明，虽然再生骨料对框架节点的抗剪性能有一定的不利影响，但仍可采用现行规范计算其抗剪承载力。符栎辉和柳炳康研究了钢筋再生混凝土框架梁柱中节点的抗震性能，结果表明，再生混凝土框架节点的破坏过程与普通混凝土框架节点相似；虽然再生混凝土框架节点的延性略差，但通过合理设计，再生混凝土框架节点仍可用于抗震设防地区。王晓菡、吴童和Corinaldesi对再生混凝土边节点的抗震性能进行了试验研究，结果表明试件在延性和耗能能力等方面表现出较好的结构性能，通过合理设计可用于实际工程。

1.4.2 钢管再生混凝土组合结构研究

钢管再生混凝土组合结构能够充分发挥钢材与再生混凝土两种材料的各自优点，使结构整体性更加优异。因此，为了弥补再生混凝土骨料本身的缺陷，促进再生混凝土的结构应用，国内外许多学者相继对钢管再生混凝土组合结构和型钢再生混凝土组合结构进行了研究。

1.4.2.1 钢管再生混凝土柱

陈宗平和张向冈对钢管再生混凝土组合柱的抗震性能进行了试验研究，结果表明钢管再生混凝土组合柱的各项抗震性能指标均能满足现有抗震规范的要求，可用于地震设防地区。肖建庄研究了钢管再生混凝土柱的轴压性能，结果表明再生骨料对钢管再生混凝土组合柱的轴压承载力有一定的不利影响；由于受钢管的约束，使得其内部再生混凝土的强度提高明显，其变形能力也得到相应改善。张向冈、陈宗平和胡乃冬对钢管再生混凝土组合柱的偏压性能进行了研究，结果表明钢管再生混凝土偏压柱具有良好的变形能力和较高的承载能力；钢管再生混凝土偏压柱的受力性能受偏心距、长细比影响较大，而受再生粗骨料取代率影响较小，可采用现有的规范公式对其承载能力进行计算。

1.4.2.2　钢管再生混凝土框架节点

陈宗平、吴波和孟二等相继对钢管再生混凝土框架节点的抗震性能进行了研究，结果表明，钢管再生混凝土框架节点具有良好的延性和耗能能力，再生骨料对该钢管再生混凝土框架节点的抗震性能影响较小，经过合理设计能够满足现行抗震规范要求，可应用于抗震设防地区。

1.4.2.3　型钢再生混凝土柱

薛建阳、陈宗平、马辉等对型钢混凝土柱的基本力学性能进行了试验研究和理论分析，并提出了相关设计方法。研究结果表明，型钢再生混凝土尽管采用了再生骨料，但其力学性能仍然表现良好，具有承载力高和变形较好的优点，与钢筋再生混凝土构件相比，具有更加广阔的应用前景。

1.5　型钢混凝土组合结构的研究现状

型钢混凝土组合结构的截面形式随着型钢的不同而不同，型钢可以分为轧制型钢和焊接型钢两种。另外，根据型钢混凝土结构内部配钢形式的不同，可以将其分为两大类：一类是实腹式型钢混凝土结构，它主要配置工字钢、槽钢和 H 型钢，且其具有强度高、刚度大、延性和抗震性能较好等优点；另一类是空腹式（格构式）型钢混凝土结构，它是由角钢构成的空间桁架式的骨架，具有自重轻、节约钢材等优点。图 1-4 为常见的不同实腹式型钢混凝土柱、梁截面形式。

型钢混凝土结构以外部混凝土和内部型钢作为整体参加受力工作，其力学性能优于再生混凝土和型钢两部分力学性能的总和。

与钢筋混凝土结构相比，型钢混凝土结构的优点如下。

（1）承载力较高，构件截面面积较小。由于型钢混凝土结构中型钢骨架的存在，致使其具有较高的承载能力；当结构承载能力相当时，梁、柱的截面尺寸会大幅度减小，因此提高了建筑结构的使用空间，这在一定的程度上对结构体系进行了优化，使其具有较好的社会效益和经济效益。

（2）结构便于施工，且周期较短。在型钢混凝土结构进行浇筑之前，体系

图 1-4 不同配钢形式的型钢混凝土梁、柱构件截面图

内的型钢骨架已经形成了一个强度高、刚度大的结构支撑，它可以承受一定的荷载，节省一部分的模板材料以及模板的制作安装过程，这在一定程度上大大地简化了复杂的支模过程，并提供了较大的工作界面，明显地缩短了结构的施工工期。

（3）结构抗震性能较好。由于型钢具有较好的延性，故型钢的加入使得混凝土结构的延性和耗能能力得以大幅度提高，因此型钢混凝土结构具有比较良好的抗震能力。

与钢结构相比，型钢混凝土结构具有以下优点。

（1）侧向刚度大。与钢结构相比，型钢混凝土组合结构具有较大的侧向刚度，这会使得结构在地震作用下产生较小的侧向位移，从而满足高层建筑结构规范中对位移的限制性要求。因此，在众多的高层或高耸建筑物中通常采用型钢混凝土组合结构。

（2）结构整体刚度较大，钢材得以充分发挥。由于内部型钢被外部混凝土包裹，外部混凝土对内部型钢有一定的约束作用，因此在构件达到其强度极限状态之前，结构整体刚度较大且内部型钢不会出现局部屈曲以及整体失稳现象，使得钢材性能得以充分发挥。

（3）耐腐蚀性和耐火性较好。由于内部型钢被混凝土包围，因此有效地避免了钢材耐腐蚀、耐火性差的缺陷，从而使型钢混凝土结构的耐腐蚀性和耐火性得到较大的提升。

鉴于型钢混凝土组合结构的很多优点，该结构已在世界范围内被广泛应用，并已经逐渐成为一些多地震国家和地区的重要结构形式；同时，该结构的优势已经引起了土木工程领域众多学者的极大关注，对型钢混凝土组合结构的研究正在逐步深入。

1.6 组合框架受力性能研究现状

1.6.1 组合框架节点研究现状

国内外学者们对钢筋混凝土柱-钢梁组合框架节点的受力性能研究较为丰富，并取得了一些的研究结果。肖岩等通过试验研究了一种新型端板高强螺栓连接的狗骨式削弱钢梁–钢筋混凝土柱节点，分析了该种节点的破坏形态，并评价了该节点的抗震性能。门进杰等通过有限元分析对六种不同构造形式的钢筋混凝土柱-钢梁组合节点的受力性能及破坏模式进行了研究。申红侠等通过试验和有限元分析研究了8个不同节点构造的“梁贯通式”钢筋混凝土柱-钢梁边节点的抗剪性能，总结归纳出了边柱节点名义强度计算公式和设计公式。郭子雄等对装配式钢筋混凝土柱-钢梁框架节点进行了不同设计参数的试验研究，探讨了各设计参数对该节点的破坏模式、变形特征以及滞回耗能的影响，并根据试验结果建议了相关连接构造措施。Alizadeh 等基于强柱弱梁原则设计了两种钢筋混凝土柱-钢梁节点构造连接形式，并研究了构造形式对节点受力性能的影响。Cheng 等对有无楼板的钢筋混凝土柱-钢梁节点抗震性能进行了研究，结果表明：与没有楼板的钢梁相比，钢梁的极限承载力平均提高了27%。Parra 等研究结果表明：钢筋混凝土柱-钢梁组合节点具有较好的抗震性能，并建议性地提出了基于位移的组合节点抗震设计方法。冯希源通过性能试验对型钢混凝土柱-钢梁十字形节点进行了研究，其试验结果表明：该节点抗剪承载力较高，具有良好的延性，但未对节点的合理连接方式、恢复力模型等进行深入分析。Tao 等对型钢混凝土柱-钢桁架梁组合节点进行了抗震性能试验研究，分析了该组合节点的破坏模式与抗剪机理。上述各学者的研究方法与成果为本书组合框架节点的研究奠定了基础。

1.6.2 组合框架结构体系研究现状

国内外学者对类似组合框架结构体系进行了一定研究，并得到一些成果。Chou 等对后张拉的钢筋混凝土柱-钢梁组合框架进行了试验研究及有限元分析，研究结果表明，该组合框架具有良好的受力性能和抗震性能，满足结构设计要求。Li 等采用有限元分析方法对螺旋式箍筋高强混凝土柱-钢梁组合框架进行了不同设计参数的研究，结果表明，该组合框架结构具有较好的抗震性能，并归纳总结了一些有限元分析方法。杜春晖通过有限元方法分析了钢梁-钢筋混凝土柱框架结构整体的抗震性能及其指标，并研究了在不同地震波作用下组合框架的地震反应，得出该框架具有较好的抗震性能。程长银通过拟静力试验对单层单跨的型钢混凝土柱-钢梁混合框架进行了抗震性能研究，并在试验基础上运用极限原理对该混合框架开展塑性极限分析，得到了相应的抗震设计方法。白国良等通过有限元分析方法对10层型钢混凝土柱-钢梁混合框架结构进行了弹性分析和弹塑性分析，给出了其抗震设计方法。从上述分析可知，目前国内外学者对类似组合框架结构的研究较少且主要是针对结构的抗震性能及其指标进行研究，而对组合框架的破坏全过程特征、梁柱刚度比以及非线性受力行为等方面研究很少，也缺乏对组合框架整体受力性能和破坏机制的深入研究。

综上所述，本书鉴于型钢再生混凝土柱具有良好的抗震性能和承载力高的特点，并结合钢梁受力性能好、施工简便的优点，提出了型钢再生混凝土柱-钢梁组合框架，对该绿色环保的组合框架展开深入的研究。确定该组合框架节点的合理连接方式及构造措施，研究组合框架节点的受力性能、破坏机理，提出该组合框架节点设计计算方法；研究组合框架的整体抗震性能和非线性行为；揭示组合框架在地震作用下的破坏机制和损伤机理；建立组合框架基于性能的抗震设计方法等。

1.7 本书主要研究内容

本书主要以型钢再生混凝土柱-钢梁组合框架结构为研究对象，主要对型钢再生混凝土柱抗震性能、型钢再生混凝土柱-钢梁组合框架节点抗震性能、型钢再生混凝土柱-钢梁组合框架节点损伤机理及其抗剪承载力计算、型钢再生混凝土柱-钢梁组合框架的抗震性能及性能设计方法等方面进行了较为系统的试验和理论研究，主要工作包括以下几个方面。

（1）型钢再生混凝土柱抗震性能及水平承载力计算方法。通过低周反复荷载试验研究了型钢再生混凝土柱的抗震性能，研究了再生粗骨料取代率、剪跨比、轴压比以及体积配箍率对型钢再生混凝土柱抗震性能的影响，获得了型钢再生混凝土柱的破坏形态、滞回曲线、骨架曲线、承载力及延性系数等。在试验研究的基础上，分析了设计参数对型钢再生混凝土柱水平承载力的影响，并对不同破坏形态的型钢再生混凝土柱受力机理进行了分析；在此基础上，提出了不同破坏形态的型钢再生混凝土柱水平承载力计算公式。

（2）型钢再生混凝土柱-钢梁组合框架节点反复荷载试验及数值分析。通过型钢再生混凝土柱-钢梁组合框架节点的低周反复荷载试验研究，观察了其受力特点和破坏形态，获取了组合框架节点的滞回曲线、骨架曲线、承载力以及节点区各组成部分的应变曲线，分析了轴压比和再生骨料取代率对组合框架节点受力性能的影响。采用ABAQUS软件建立了组合框架节点的数值模型，对比分析了有限元模拟结果与试验结果，验证了组合框架节点模型的合理性，并对组合框架节点的受力性能进行了有限元参数分析，研究结论可为型钢再生混凝土柱-钢梁组合框架节点的抗震设计提供依据。

（3）型钢再生混凝土柱-钢梁组合框架节点损伤演化机理及抗剪承载力计算。在试验研究和数值分析的基础上，分析了设计参数对型钢再生混凝土柱-钢梁组合框架节点地震损伤的影响，基于最大位移和累积滞回耗能双参数，建立了组合框架节点的修正 Park-Ang 地震损伤模型，并基于试验结果拟合出了修正系数的数学表达式；分析了型钢再生混凝土柱-钢梁组合框架节点的受力特征和受力机理，并分别推导了组合框架节点区再生混凝土、型钢腹板和箍筋三部分的抗裂、抗剪承载力，最终通过叠加法得到适用于该组合框架节点的抗剪承载力计算公式。

（4）型钢再生混凝土柱-钢梁组合框架拟静力试验及滞回性能。为揭示型钢再生混凝土柱-钢梁组合框架的抗震性能，对三层两跨的组合框架模型进行拟静力试验研究，分析了组合框架的滞回性能、破坏形态、延性、刚度、耗能能力以及应变发展规律等。在试验研究的基础上，运用 OpenSees 程序对组合框架在反复荷载作用下的滞回性能进行数值分析，进一步研究了轴压比、型钢强度、再生混凝土强度等设计参数对组合框架滞回性能的影响规律，深度研究各参数对该组合框架抗震性能的影响，为该新型组合框架在实际工程中的推广应用提供支撑。

（5）型钢再生混凝土柱-钢梁组合框架抗震性能化设计方法。根据试验研究及理论分析成果，对型钢再生混凝土柱-钢梁组合框架地震损伤性能进行水平划分，为正常使用、暂时使用、修复后使用、生命安全和防止倒塌五档。结合组合框架的抗震性能试验研究结果，给出了该组合框架对应的层间位移角限值，将基于位移的抗震设计理论应用于该组合框架，并给出了组合框架的设计与计算步骤，并以 5 层该类型组合框架为例，具体计算说明了基于位移的抗震设计过程。

2　型钢再生混凝土柱抗震性能及水平承载力计算方法研究

根据试验要求及目的，对再生混凝土进行了配合比设计，配制了满足设计强度要求的再生混凝土材料。在此基础上，主要考虑了再生骨料取代率、剪跨比、轴压比以及体积配箍率 4 个试验参数，进行了型钢再生混凝土柱低周反复荷载试验研究，观察了型钢再生混凝土柱在低周反复荷载作用下的破坏过程及形态特征，获得了型钢再生混凝土柱在低周反复荷载作用下的荷载-位移滞回曲线、骨架曲线，研究了型钢再生混凝土柱的水平承载力，并分析了再生骨料取代率、剪跨比、轴压比以及体积配箍率对型钢再生混凝土柱抗震性能的影响。根据试验数据回归分析并适当调整，建立了型钢再生混凝土柱的水平承载力实用计算公式。

2.1　型钢再生混凝土柱低周反复荷载试验研究

2.1.1　试件的设计及制作

2.1.1.1　试件设计

本试验主要研究再生粗骨料取代率、剪跨比、轴压比以及体积配箍率对型钢再生混凝土柱抗震性能的影响。设计制作了 17 个型钢再生混凝土柱试件，试件设计参数见表 2-1。本试验中试件所采用的型钢为 Q235 级工字钢，型号为 I14，型钢截面总高度为 140mm，宽度为 80mm，腹板厚度为 5.5mm，翼缘平均厚度为 9.1mm，腹板高为 121.8mm，型钢截面面积为 2150mm^2。型钢再生混凝土柱截面尺寸为 240mm×180mm，型钢含钢量（质量分数）为 4.98%。纵筋采用 4 根直径为 14mm 的 HRB335 级螺纹钢筋，纵筋配筋率为 1.423%。试验中箍筋采用直径为 8mm 的 HRB335 级螺纹钢筋，箍筋间距分别取Φ8@120、Φ8@90、Φ8@60，体积配箍率分别约为 1.02%、1.36%、2.04%。此外，在柱加载端位置箍筋适当予以加密以防止加载端破坏。型钢翼缘外侧再生混凝土保护层厚度取 50mm，箍筋再生混凝土保护层厚度取 20mm。

表 2-1 型钢再生混凝土柱试件设计参数汇总

试件编号	柱高 H/mm	柱截面尺寸 $h\times b$/mm×mm	再生粗骨料取代率 r/%	剪跨比 λ	轴压比 n	体积配箍率	
						ρ_{sv}/%	箍筋间距/mm
SRRC1	335	240×180	0	1.40	0.6	1.36	Φ8@90
SRRC2	335	240×180	30	1.40	0.6	1.36	Φ8@90
SRRC3	335	240×180	70	1.40	0.6	1.36	Φ8@90
SRRC4	335	240×180	100	1.40	0.6	1.36	Φ8@90
SRRC5	335	240×180	100	1.40	0.3	1.36	Φ8@90
SRRC6	335	240×180	100	1.40	0.9	1.36	Φ8@90
SRRC7	335	240×180	100	1.40	0.6	1.02	Φ8@120
SRRC8	335	240×180	100	1.40	0.6	2.04	Φ8@60
SRRC9	445	240×180	100	1.85	0.6	1.36	Φ8@90
SRRC10	565	240×180	100	2.35	0.6	1.36	Φ8@90
SRRC11	780	240×180	0	3.25	0.6	1.36	Φ8@90
SRRC12	780	240×180	70	3.25	0.6	1.36	Φ8@90
SRRC13	780	240×180	100	3.25	0.6	1.36	Φ8@90
SRRC14	780	240×180	100	3.25	0.3	1.36	Φ8@90
SRRC15	780	240×180	100	3.25	0.9	1.36	Φ8@90
SRRC16	780	240×180	100	3.25	0.6	1.02	Φ8@120
SRRC17	780	240×180	100	3.25	0.6	2.04	Φ8@60

注：再生混凝土强度等级为 C40。

表 2-1 中 SRRC1～SRRC8 为小剪跨比试件，其剪跨比为 1.40，即为短柱，主要为了考察型钢再生混凝土短柱的破坏形态及抗震性能；SRRC11～SRRC17 为大剪跨比试件，其剪跨比为 3.25，可认为长柱，主要考察其破坏形态及抗震性能；而 SRRC9～SRRC10 试件则介于上述两者情况之间。SRRC1 和 SRRC11 试件为普通型钢混凝土柱，主要用于与型钢再生混凝土柱试件进行对比试验研究。

型钢再生混凝土柱试件的截面尺寸及配筋情况如图 2-1 所示。由于受试验加载装置高度的限制，本试验中采用了两种不同的柱底基座高度尺寸，其中 SRRC1～SRRC10 试件柱底基座高度为 650mm，而 SRRC11～SRRC17 试件柱底基座高度为 500mm。

按照上述试验方案设计制作型钢及钢筋骨架型钢与钢筋骨架各部分图如图 2-2 所示。考虑材料损耗的基础上，计算试验所需型钢和钢筋的用量并购买符合质量要求的钢材。根据试件设计尺寸对型钢、纵筋及箍筋进行下料：（1）采用氧乙炔火焰切割的方法对型钢进行下料；（2）对柱底基座纵筋及柱构件纵筋进行下料，纵筋的锚固长度均满足相关规范要求；（3）对试件箍筋进行下料，箍筋预留的锚固长度满足相关规范要求。

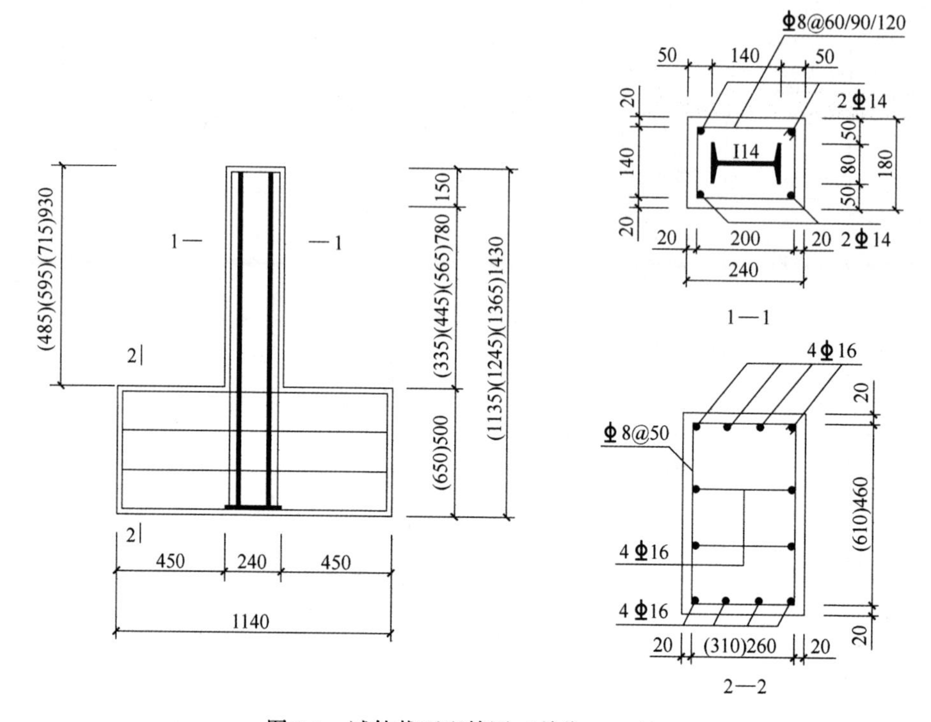

图 2-1 试件截面配筋图（单位：mm）

根据钢材下料制作各试件的型钢及钢筋骨架。第一步，用细铁丝绑扎基座钢筋骨架，预留型钢骨架伸入位置；第二步，制作上部柱子型钢骨架，型钢焊接在尺寸为 240mm×180mm×8mm 的钢板中心位置上，以固定型钢在柱中的位置；第三步，将布置在柱子四角的纵筋下端焊接在钢板上，从而形成上部柱子的型钢及钢筋骨架。柱中的箍筋采用点焊连接方式；第四步，将上部柱子型钢及钢筋骨架插入下部基座钢筋骨架中，最终形成试件骨架。

试件中所采用的型钢、纵筋以及箍筋均按我国现行标准《金属材料 拉伸试验第 1 部分：室温试验方法》（GB/T 228. 1—2021）预留材料试验样品，并对其进行了材料力学性能拉伸试验，钢材力学性能指标见表 2-2。

2. 1. 1. 2 再生混凝土的制备

型钢再生混凝土柱试件混凝土的浇筑包括两部分：一是柱底基座普通混凝土的浇筑；二是上部柱子的再生混凝土浇筑。试验采用的再生混凝土强度等级为 C40。再生粗骨料均来源于西安鑫生源建筑渣土再生利用有限公司，天然骨料采用人工碎石。图 2-3 为天然粗骨料和再生粗骨料。再生粗骨料的级配、粒径形状、密度、吸水率、孔隙率以及压碎指标等均满足国家《混凝土用再生粗骨料》

（GB/T 25177—2010）规范要求。再生粗骨料及天然粗骨料均符合 5~25mm 连续良好级配要求；细骨料采用级配良好的中粗河砂。水泥为陕西秦岭水泥厂生产的 42.5R 级普通硅酸盐水泥，初凝时间大于 45min，终凝时间小于 10h。采用普通自来水进行浇筑再生混凝土。

(a)

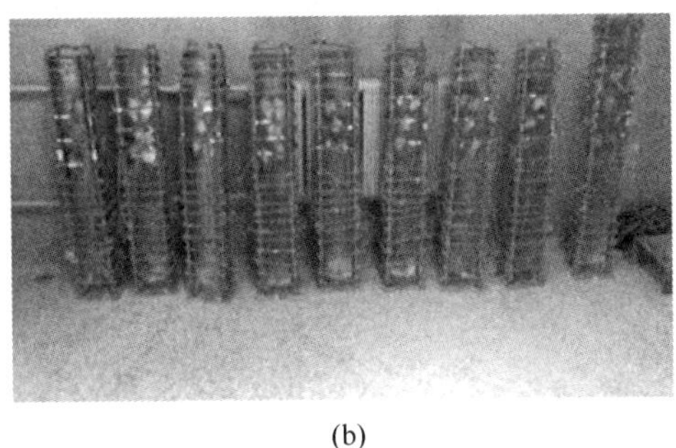
(b)

(c)

图 2-2　型钢与钢筋骨架制作

（a）基座钢筋骨架部分；（b）部分型钢骨架；（c）试件型钢与钢筋骨架

表 2-2　钢材力学性能指标

钢材类型		屈服强度 f_y/MPa	极限强度 f_u/MPa	弹性模量 E_s/MPa	屈服应变 $\mu\varepsilon$
型钢 I14	翼缘	311.5	446.5	1.99×10^5	1565
	腹板	325.6	474.9	1.98×10^5	1644
纵筋	Φ14	358.0	560.9	2.03×10^5	1764
箍筋	Φ8	479.9	607.0	2.02×10^5	2376

在型钢再生混凝土柱试件浇筑之前，对再生混凝土材料进行了多次标准立方体试块试验，得到了较为合理的再生混凝土配合比，C40 再生混凝土配合比见表 2-3。图 2-4 为试配的部分再生混凝土立方体试块。

(a)

(b)

图 2-3　天然粗骨料与再生粗骨料

（a）天然粗骨料；（b）再生粗骨料

表 2-3　再生混凝土配合比

强度等级	再生粗骨料取代率 r/%	单位体积用量/kg · m^{-3}						备注
		水灰比	水泥	砂	天然粗骨料	再生粗骨料	水	
C40	0	0.44	466	571	1158	0	205	掺入适量防冻剂
C40	30	0.44	466	571	810.6	347.4	205	掺入适量防冻剂及减水剂
C40	70	0.43	478	549	347.4	810.6	205	掺入适量防冻剂及减水剂
C40	100	0.42	488	527	0	1158	205	掺入适量防冻剂及减水剂

图 2-4　部分再生混凝土立方体试块

浇筑柱中再生混凝土时，掺入适量减水剂和防冻剂，可按胶凝材料质量的1%~1.5%掺入；防冻剂按胶凝材料质量的1.5%~3%掺入；采用盘式搅拌机搅拌再生混凝土。依次按质量计加入再生粗骨料、天然粗骨料、砂子、水泥以及外加剂并干搅拌均匀后，加入自来水，均匀搅拌若干分钟后入模，试件采用木模板成型。再生混凝土入模后，采用振动棒振捣密实，一次浇筑成型。图2-5为试件支模板与浇筑成型的型钢再生混凝土柱试件。按《混凝土结构试验方法标准》（GB/T 50152—2012）预留了尺寸为150mm×150mm×150mm的三组标准再生混凝土立方体试块，试块养护条件与试件相同；在试件加载前，依照我国现行标准《混凝土物理力学性能试验方法标准》（GB/T 50081—2019）对预留立方体试块进行抗压强度试验，再生混凝土立方体抗压强度实测结果见表2-4，表2-4中再生混凝土轴心抗压强度、抗拉强度以及弹性模量均由实测立方体抗压强度换算求得。从表2-4中可知，随着再生粗骨料取代率的增加，再生混凝土的强度先增后减，没有较为明显的规律，取代率为100%的再生混凝土强度与普通混凝土相差不大，说明合理设计的再生混凝土是可以满足要求的。

(a)

(b)

图2-5 试件支模板与浇筑成型的型钢再生混凝土柱试件

（a）试件支模板；（b）浇筑成型的部分试件

表2-4 再生混凝土力学性能指标

再生混凝土强度等级	再生粗骨料取代率 r/%	立方体抗压强度 f_{rcu}/MPa	棱柱体轴心抗压强度 f_{rc}/MPa	抗拉强度 f_{rt}/MPa	弹性模量 E_{rc}/MPa
C40	0	47.70	36.25	2.96	2.747×10^4
C40	30	49.63	37.72	3.04	2.772×10^4
C40	70	51.82	39.38	3.12	2.798×10^4
C40	100	48.89	37.16	3.01	2.762×10^4

2.1.2 加载方案

试验采用“悬臂柱式”加载装置如图 2-6 所示，该加载形式下试件受力示意图如图 2-7 所示，其中 N 为竖向轴压力，V 为水平荷载，H 为加载柱高。图 2-8 为试验加载装置现场照片。

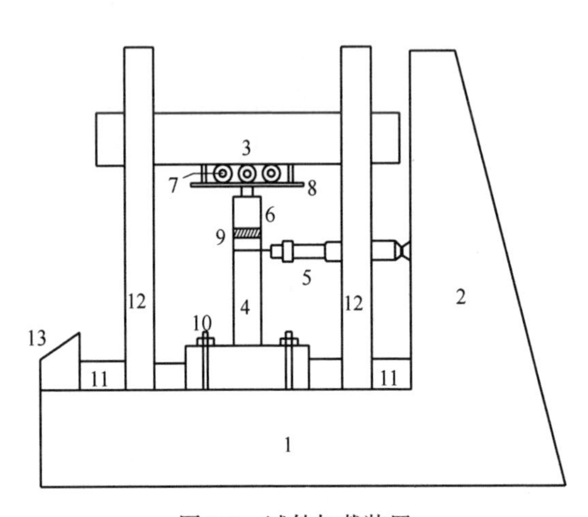

图 2-6 试件加载装置

1—基座；2—反力墙；3—加载架；4—试件；5—力传感器；6—千斤顶；7—滚珠；8—钢板；9—加载垫块；10—小丝杠；11—支撑钢架；12—支架；13—挡板

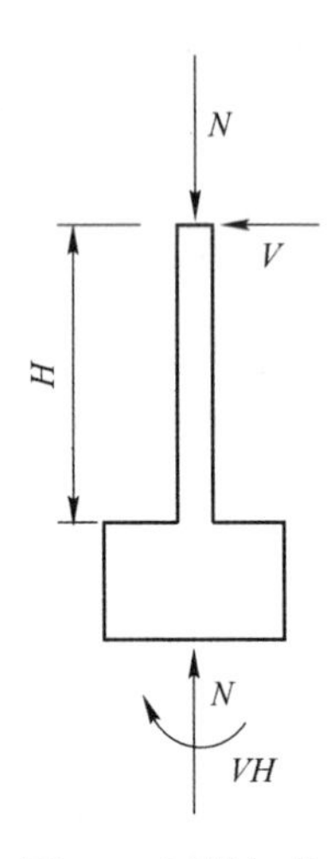

图 2-7 试件加载受力示意图

图 2-8 试验加载装置现场照片

试验采用荷载与位移混合控制加载。首先依据试件的设计轴压比计算出各自竖向力，通过杠杆稳压千斤顶在试件柱顶施加竖向荷载，然后保持竖向荷载恒定不变，再用 MTS 电液伺服水平作动器系统施加反复水平荷载。试验施加荷载时参考《建筑抗震试验规程》(JGJ/T 101—2015)有关规定采用，试件屈服前按荷载控制，分数级加载，初始加载以10kN为主要级差进行反复加载1次，观测试件的初始开裂情况，判定试件的开裂荷载；试件出现裂缝后，将荷载级差调整为20kN进行反复加载1次；当试件屈服后，改为位移控制加载，每级增加的位移为屈服位移的倍数，并在相同位移下反复循环3次，直到试件水平承载力下降到最大承载力的85%时结束试验，低周反复加载制度示意图如图2-9所示。

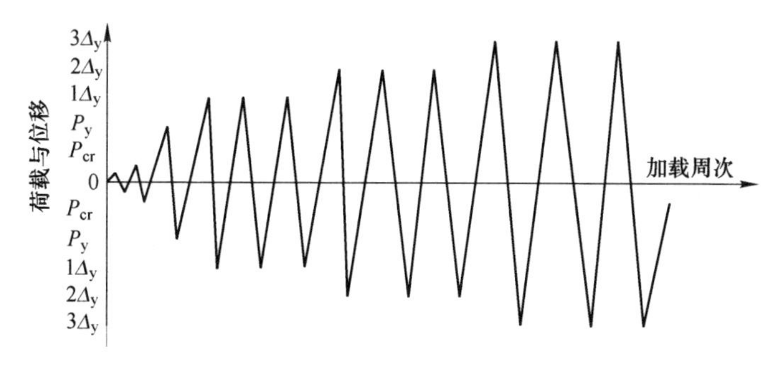

图2-9 荷载和位移混合加载

2.1.3 试件破坏形态

型钢再生混凝土柱的破坏形态大致可分为剪切斜压破坏、弯剪破坏以及弯曲破坏三种。其中SRRC1~SRRC8试件发生剪切斜压破坏，SRRC9试件发生弯剪破坏，SRRC10~SRRC17试件发生弯曲破坏，三种典型破坏形态如图2-10所示。

(a)

(b)

(c)

图2-10 试件最终破坏形态

(a) 试件SRRC8；(b) 试件SRRC9；(c) 试件SRRC10

(1) 剪切斜压破坏。SRRC1~SRRC8试件主要发生剪切斜压破坏。如图2-10

(a) 所示，从开始加载至试件开裂，可认为试件处于弹性阶段，试件各材料的应变较小，随着位移循环的增加，试件腹部各斜压小柱体逐渐被压溃脱落而退出工作，水平荷载急剧下降，试件丧失承载力，发生破坏。整体上看，小剪跨比试件的水平承载力大，但其延性变形能力较差，一旦形成主斜裂缝，破坏速率加快，承载力下降迅速，具有脆性破坏特征，抗震性能较差。从试验过程看，各种设计参数对小剪跨比试件破坏形态的影响较小，破坏形态及规律基本一致。不同再生粗骨料取代率的试件破坏形态几乎一样，说明取代率的变化不会影响试件的破坏形态。

(2) 弯剪破坏。SRRC9 试件发生弯剪破坏。当试件未开裂时，试件基本处于弹性阶段。随着水平荷载增加，微小水平裂缝首先出现在试件根部对称侧面。当加载位移数级增加至一定值时，试件柱根处保护层再生混凝土大面积脱落，箍筋及纵筋裸露，纵筋压屈外鼓，而型钢则发生局部屈曲，试件水平荷载迅速下降，试件宣告破坏。由此可见，尽管试件在试验过程中伴随剪切开裂，但最终发生弯曲破坏，如图 2-10 (b) 所示。

(3) 弯曲破坏。SRRC10~SRRC17 试件发生典型弯曲破坏。当控制循环位移增加至一定数值时，型钢翼缘及纵筋达到完全屈服状态，此时试件柱根处保护层再生混凝土开始大面积脱落，箍筋及纵筋裸露，纵筋压屈外鼓；由于保护层再生混凝土的大量脱落，因此使得型钢失去了再生混凝土的保护而发生局部屈曲现象，试件水平承载力迅速下降，试件宣告破坏。试件弯曲破坏形态如图 2-10 (c) 所示。试件弯曲破坏主要是由再生混凝土在荷载作用下达到其极限抗压强度而被压碎脱落而引起的，从而使得纵筋压屈、型钢发生局部屈曲。试件发生弯曲型破坏时，其水平承载力较小，但其破坏过程较为缓慢，延性好、抗震性能较好。从试验过程看，设计参数对大剪跨比试件破坏形态影响较小，破坏形态及规律基本相同，该结论与小剪跨比情况是一致的。

上述各试件的破坏形态特征见表 2-5。

表 2-5 各试件破坏形态汇总

试件编号	再生粗骨料取代率 r/%	剪跨比 λ	轴压比 n	体积配箍率 ρ_{sv}/%	破坏形态
SRRC1	0	1.40	0.6	1.36	剪切斜压破坏
SRRC2	30	1.40	0.6	1.36	剪切斜压破坏
SRRC3	70	1.40	0.6	1.36	剪切斜压破坏
SRRC4	100	1.40	0.6	1.36	剪切斜压破坏
SRRC5	100	1.40	0.3	1.36	剪切斜压破坏
SRRC6	100	1.40	0.9	1.36	剪切斜压破坏

续表 2-5

试件编号	再生粗骨料取代率 r/%	剪跨比 λ	轴压比 n	体积配箍率 ρ_{sv}/%	破坏形态
SRRC7	100	1.40	0.6	1.02	剪切斜压破坏
SRRC8	100	1.40	0.6	2.04	剪切斜压破坏
SRRC9	100	1.85	0.6	1.36	弯剪破坏
SRRC10	100	2.35	0.6	1.36	弯曲破坏
SRRC11	0	3.25	0.6	1.36	弯曲破坏
SRRC12	70	3.25	0.6	1.36	弯曲破坏
SRRC13	100	3.25	0.6	1.36	弯曲破坏
SRRC14	100	3.25	0.3	1.36	弯曲破坏
SRRC15	100	3.25	0.9	1.36	弯曲破坏
SRRC16	100	3.25	0.6	1.02	弯曲破坏
SRRC17	100	3.25	0.6	2.04	弯曲破坏

从表 2-5 可得到以下特征。

（1）当剪跨比 $\lambda=1.4<1.5$（短柱情况）时，试件发生剪切斜压破坏，该种破坏延性差，具有脆性破坏特征，破坏较迅速。因此，在设计时应该尽量避免产生短柱，当无法避免时，应该采取相应的措施。

（2）当剪跨比 $1.5<\lambda=1.85<2.0$ 时，试件发生以弯曲破坏为主的弯剪型破坏，试件加载前期发生类似剪切破坏特征，但加载后期时，试件呈现弯曲破坏形态特征。

（3）当剪跨比 $\lambda>2$ 时，试件发生典型的弯曲破坏，该种破坏形态具有较好的延性，抵抗地震作用能力较强。

从表 2-5 中还可看出，型钢再生混凝土柱试件并没有发生剪切黏结破坏，没有发生该种破坏的可能原因是型钢翼缘再生混凝土保护层厚度较厚且采用了带肋螺纹钢作为箍筋，避免了柱试件发生剪切黏结破坏。因此，采取合理的设计可以尽量避免发生剪切黏结破坏形态。

2.1.4 滞回曲线

在低周反复荷载作用下所得到的试件荷载-位移曲线称为滞回曲线，体现了试件水平荷载和水平位移的关系。滞回曲线主要由滞回环和骨架曲线构成，它反映了构件的抗震性能，是对构件进行弹塑性动力分析的主要依据。本次试验实测的型钢再生混凝土柱试件在低周反复荷载作用下的滞回曲线如图 2-11 所示。

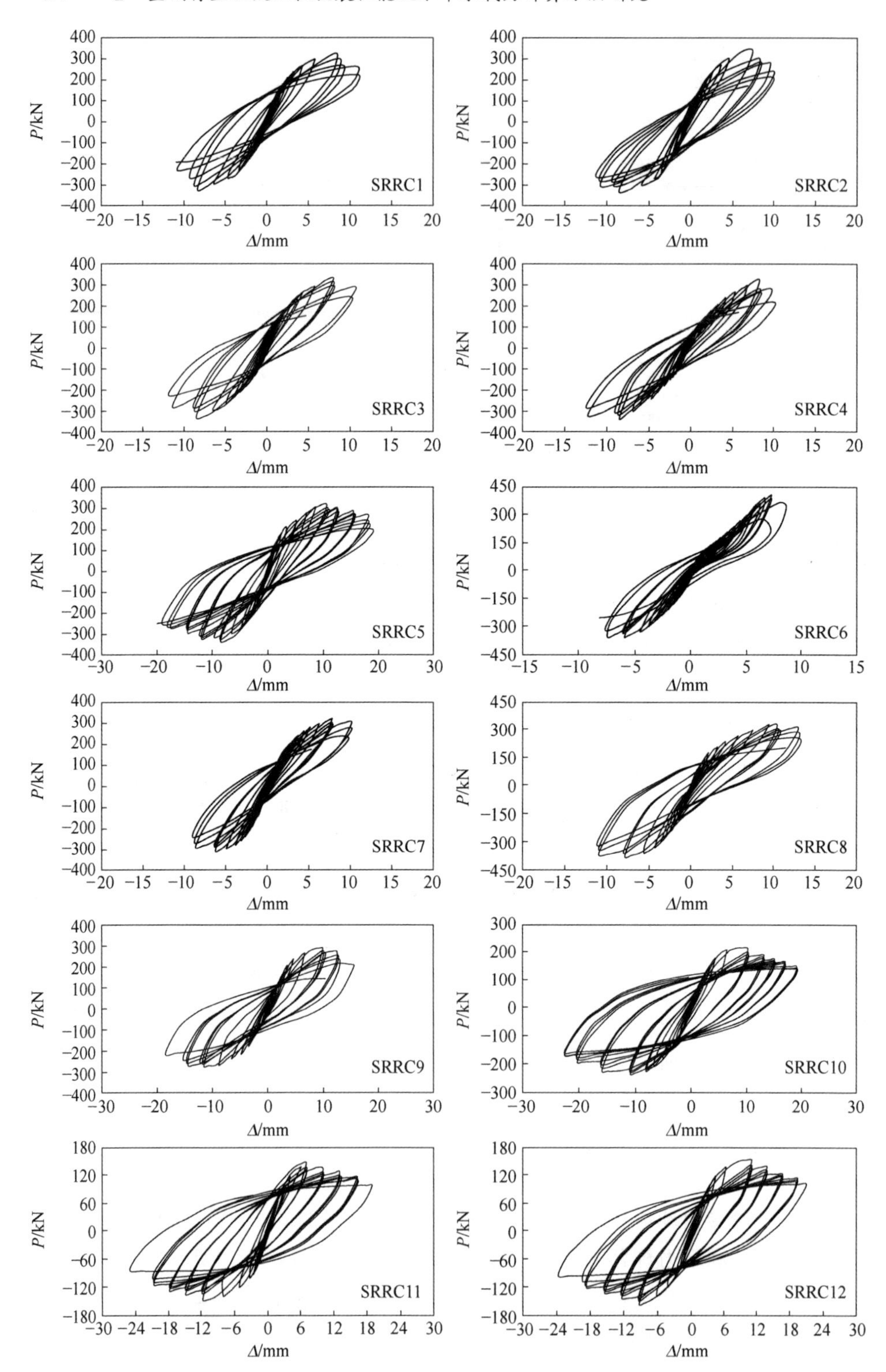
SRRC1
SRRC2
SRRC3
SRRC4
SRRC5
SRRC6
SRRC7
SRRC8
SRRC9
SRRC10
SRRC11
SRRC12
P/kN
Δ/mm

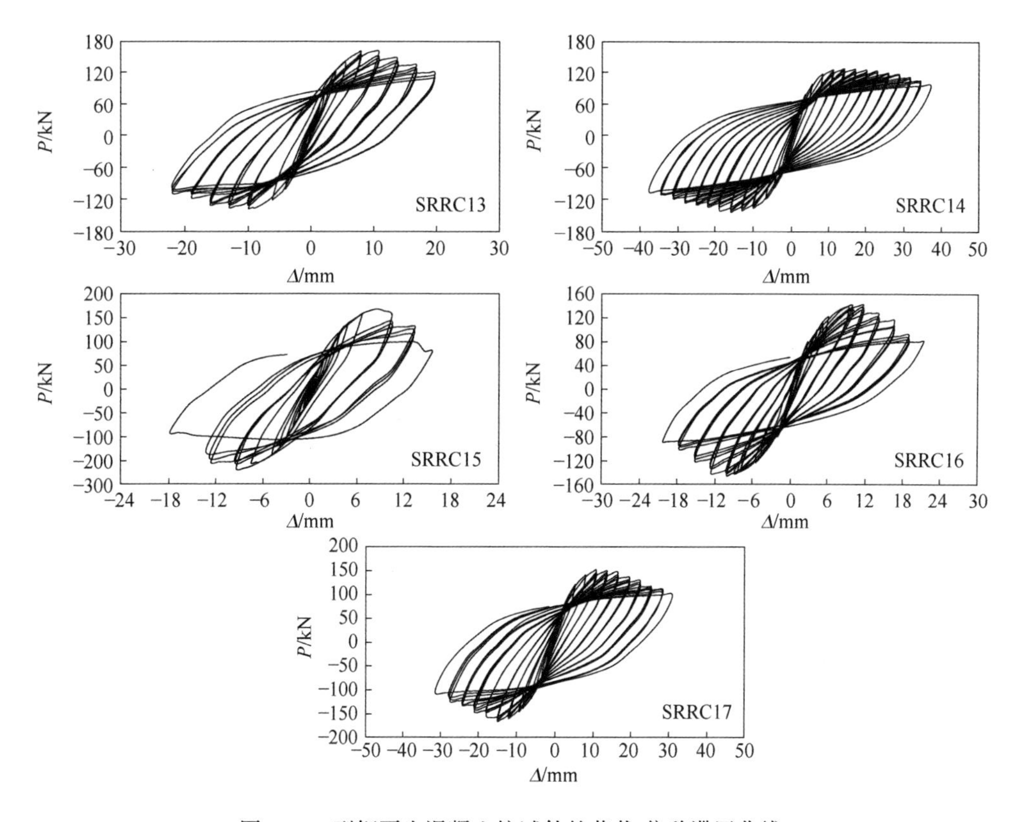

图 2-11 型钢再生混凝土柱试件的荷载-位移滞回曲线

从图 2-11 可知，型钢再生混凝土柱试件的滞回曲线具有如下主要特征。

试件加载初期至开裂前，试件水平荷载和水平位移近似呈线性关系，可认为试件处于弹性工作状态。此时，试件的应变基本可完全恢复，残余变形极小。试件滞回曲线包围的面积很小，各滞回环几乎重合在一直线上，说明在加载初期试件的刚度退化不明显。

随着荷载的增大，试件柱根处附近再生混凝土开始出现大量水平弯曲裂缝，此时，试件滞回环所围面积不断增大且逐渐呈曲线形态，并朝位移轴逐渐倾斜，试件的变形得不到完全恢复，其刚度存在着较为明显的退化，且试件残余变形变大，这说明型钢再生混凝土柱试件已进入弹塑性工作状态。

试件达到屈服状态后，加载进入位移控制阶段，随着位移级数及循环次数不断增加，试件滞回环更加饱满且所包围的面积继续增大。当试件达到最大水平荷载后，其水平承载力开始逐渐下降，但位移变形却逐渐增大。在同一位移级数加载循环中，与第 1 次位移循环加载相比，试件后 2 次位移循环的荷载峰值及滞回曲线的斜率均不断降低，这表明型钢再生混凝土柱试件在位移循环加载下存在着强度衰减和刚度退化现象，这主要是试件在低周反复荷载作用下的损伤累积造成的。

从各试件的滞回曲线形状看，除 SRRC6 试件出现了一定“捏缩”现象外，其余大部分试件的滞回曲线基本上呈梭形，单从滞回曲线形状上看，型钢再生混凝土柱具有较好的抗震性能。其主要是由于柱中配置了型钢，随着反复荷载循环次数的增加，尽管试件中型钢翼缘再生混凝土保护层逐渐被压碎脱落，但由于型钢本身的强化效应以及钢筋骨架所约束的核心再生混凝土仍然保持相对较好，这就使得型钢再生混凝土柱的水平承载力在位移循环加载的后期下降相对较为缓慢，仍具有一定抵抗反复荷载作用的能力，这种受力特征体现了这种新型组合构件抗震性能的优越性。

再生粗骨料取代率、剪跨比、轴压比以及体积配箍率等设计参数对型钢混凝土柱试件滞回曲线的影响规律如下。

（1）再生粗骨料取代率的影响。本次试验共设计了两种剪跨比（即短柱和长柱）下再生粗骨料取代率对试件抗震性能的影响，即试件 SRRC1～SRRC4（剪跨比为 1.40）分别对应于取代率为 0、30%、70%及 100%情况；试件 SRRC11～SRRC13（剪跨比为 3.25）分别对应于取代率为 0、70%及 100%的情况。从上述试件的滞回曲线可知，随着再生粗骨料取代率的增加，不管短柱情况还是长柱情况，试件的滞回曲线形状基本类似，都呈梭形，但滞回曲线包围的面积略小，且饱满度略低，试件耗能能力有所降低，表明再生粗骨料取代率使得型钢再生混凝土柱的抗震性能有所降低。究其原因主要是再生粗骨料是通过废弃的混凝土经过破碎后得到的，其与新水泥浆的黏结力较弱，从而形成较为薄弱的界面，当该界面出现裂缝时，再生粗骨料之间以及再生粗骨料与钢筋及型钢的黏结力就会降低，从而导致其抵抗地震作用的能力随着再生粗骨料取代率的增大而降低。尽管再生粗骨料使得型钢再生混凝土柱的抗震性能有所降低，但从上述滞回曲线上看，型钢再生混凝土柱仍然呈现较好的抗震性能，因此，经过合理设计的型钢再生混凝土柱应用于抗震区是可行的。

（2）剪跨比的影响。从试件 SRRC4、SRRC9、SRRC10 及 SRRC13 的滞回曲线可以看出，各试件的滞回曲线均呈梭形，没有出现“捏缩”现象。对于剪跨比 $\lambda=1.40$ 的试件，即短柱情况，其滞回曲线饱满度较差，反映了短柱在低周反复荷载作用下延性及耗能较差的特点，这主要是因为小剪跨比试件发生具有脆性破坏特点的剪切斜压破坏，一旦主斜裂缝出现，试件抗震承载力开始迅速下降。随着剪跨比越大，尤其当剪跨比 $\lambda>2.0$ 时，试件的滞回曲线愈加饱满，变形能力随之增强，达到最大水平荷载后，承载力下降较为缓慢，说明试件延性越好，耗能越强，这主要是因为大剪跨比试件发生具有延性破坏特点的弯曲破坏，其抗震性能较好。同一剪跨比下，试件的滞回曲线形状基本类似；随着剪跨比的变化，试件的滞回曲线所表现出的特征也随之发生改变，这主要是由于试件随剪跨比的不同而产生不同的破坏形态所造成的。从上述分析还可知，在实际工程中要尽量避免短柱的出现，这是因为短柱在地震作用下具有脆性破坏特征，其抵抗反复作用的能力较差。

（3）轴压比的影响。无论小剪跨比（试件 SRRC4~SRRC6，剪跨比为 1.40）情况，还是大剪跨比（试件 SRRC13~SRRC15，剪跨比为 3.25）情况，从它们的滞回曲线可知，当轴压比较低时，试件的滞回曲线十分饱满，达到水平最大荷载后，滞回曲线表现较为稳定，试件的位移循环次数较多，试件强度衰减及刚度退化很缓慢，极限位移变形大，表现为延性较好，耗能能力强，抗震性能较好；随着轴压比的增大，试件滞回曲线饱满度下降较快，滞回环所围面积小，位移循环次数明显减少，尤其是在高轴压比（设计轴压比为 0.9）情况下，这种现象更为明显，试件 SRRC6 的滞回曲线甚至出现了“捏缩”现象；试件强度衰减及刚度退化在位移循环加载作用下加快，位移变形小，延性及耗能随之降低，抗震性能较差。故从上述分析可知，轴压比对试件抗震性能影响较大。因此，在实际工程中，合理选择轴压比对于保证型钢再生混凝土柱的抗震性能至关重要。

（4）体积配箍率的影响。无论小剪跨比（试件 SRRC4、SRRC7 及 SRRC8，剪跨比为 1.40）情况，还是大剪跨比（试件 SRRR13、SRRR16 及 SRRC17，剪跨比为 3.25）情况，从它们的滞回曲线可知，体积配箍率对其影响较为明显。当体积配箍率较小时，试件滞回环所围面积较小，荷载或位移循环次数减少，位移变小，变形能力较差，试件达到最大水平承载力后，其水平承载力下降较快，强度衰减及刚度退化相对较快；随着体积配箍率的增大，试件滞回曲线越加饱满，荷载及位移循环加载次数明显增加，位移变形也随之增大；此外，试件的强度衰减及刚度退化也随着体积配箍率的增大而逐渐变缓慢，表现出较好的抗震性能。上述分析结果表明，试件抗震性能随着体积配箍率的增大而逐渐提高，因此增大体积配箍率对于改善型钢再生混凝土柱的抗震性能是十分有利的。

2.1.5 骨架曲线

骨架曲线可以反映出构件在受力过程中有关特征点，如开裂点、屈服点、峰值点以及破坏点等；同时构件的延性变形、强度衰减、刚度退化规律等力学特性也可从骨架曲线上宏观地体现出来，是构件进行弹塑性动力分析的重要依据。型钢再生混凝土柱试件的骨架曲线及无量纲骨架曲线如图 2-13 所示，其中无量纲骨架曲线以 Δ/Δ_{max} 作为横坐标，P/P_{max} 作为纵坐标，P 和 Δ 为试件水平荷载及相应的水平位移，P_{max} 和 Δ_{max} 分别为试件的水平峰值荷载及相应的水平位移。表

2-6为型钢再生混凝土柱试件骨架曲线特征点的实测值。型钢再生混凝土柱试件的极限位移可根据《建筑抗震试验规程》(JGJ/T 101—2015)规定的方法取值，即极限位移可取试件水平荷载下降到0.85P_{max}时所对应的位移值。表2-6中型钢再生混凝土柱试件的屈服位移可采用通用屈服弯矩法确定，即过原点O作骨架曲线的切线，交过峰值荷载点的水平线于A，过A作垂线和骨架曲线相交于C点，连接OC并延长至峰值荷载点的水平线于B，过B点作垂线交骨架曲线于D点，D点即为试件等效屈服点，如图2-12所示，屈服点对应的荷载和位移即为型钢再生混凝土柱试件的屈服荷载和屈服位移。

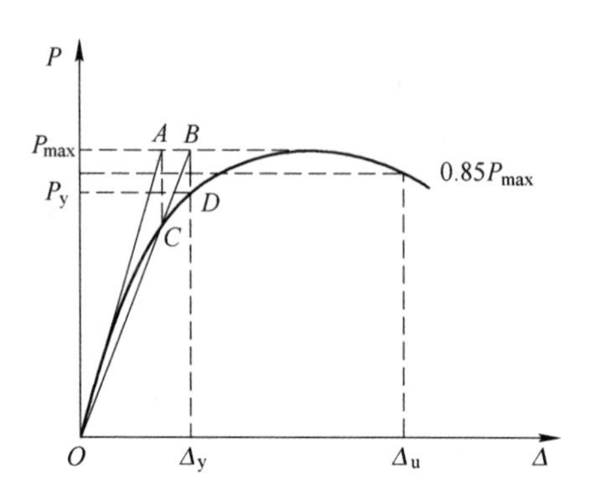

图2-12 通用屈服弯矩法确定的屈服点

表2-6 型钢再生混凝土柱的骨架曲线主要特征值

试件编号	加载方向	开裂点		屈服点		峰值点		极限点	
		P_{cr}/kN	Δ_{cr}/mm	P_y/kN	Δ_y/mm	P_{max}/kN	Δ_{max}/mm	P_u/kN	Δ_u/mm
SRRC1	推	101.5	0.75	250.5	3.68	328.2	8.35	279.0	10.21
	拉	99.0	0.72	249.8	3.77	322.7	8.30	274.3	9.62
SRRC2	推	123.4	1.16	266.9	3.71	343.4	7.57	291.9	8.93
	拉	119.7	1.10	259.2	3.67	327.3	8.08	303.3	10.25
SRRC3	推	113.9	1.06	274.7	4.58	334.0	7.92	286.8	10.60
	拉	110.9	1.18	262.7	4.77	328.3	8.48	279.0	11.40
SRRC4	推	122.8	1.46	241.2	4.47	324.5	8.53	283.8	10.00
	拉	123.2	1.46	255.5	4.89	332.6	8.01	317.6	11.67
SRRC5	推	100.5	1.01	215.8	3.98	306.2	10.73	260.3	17.87
	拉	101.7	1.04	258.9	4.39	331.0	8.39	281.4	15.98
SRRC6	推	118.4	1.31	299.6	4.97	403.7	7.29	347.2	8.63
	拉	119.7	0.80	268.4	3.28	357.0	7.48	319.4	7.67
SRRC7	推	120.0	1.52	269.4	4.61	324.8	7.64	304.4	9.28
	拉	122.4	1.16	266.0	3.44	312.6	6.31	292.6	8.10

续表 2-6

试件编号	加载方向	开裂点		屈服点		峰值点		极限点	
		P_{cr}/kN	Δ_{cr}/mm	P_y/kN	Δ_y/mm	P_{max}/kN	Δ_{max}/mm	P_u/kN	Δ_u/mm
SRRC8	推	121. 1	1. 15	245. 7	4. 48	332. 4	10. 40	311. 1	12. 97
	拉	119. 2	0. 94	323. 4	4. 20	377. 2	7. 89	365. 0	11. 00
SRRC9	推	79. 3	1. 15	246. 8	5. 23	292. 4	9. 50	248. 6	12. 39
	拉	79. 1	1. 23	223. 3	5. 37	274. 7	11. 47	233. 5	17. 09
SRRC10	推	79. 6	1. 47	181. 3	4. 70	215. 3	9. 44	183. 0	13. 51
	拉	79. 2	1. 32	190. 9	5. 45	234. 3	10. 73	199. 2	18. 86
SRRC11	推	61. 2	1. 41	125. 7	4. 75	148. 0	7. 01	125. 8	13. 89
	拉	60. 3	1. 46	112. 8	4. 58	145. 8	10. 79	123. 9	18. 39
SRRC12	推	60. 7	1. 59	117. 5	4. 31	153. 3	9. 98	130. 3	14. 32
	拉	60. 0	1. 41	118. 3	4. 25	155. 9	9. 37	132. 5	14. 31
SRRC13	推	49. 4	1. 10	135. 2	5. 29	159. 1	7. 98	135. 2	15. 41
	拉	49. 7	1. 64	111. 0	5. 18	135. 9	9. 99	115. 5	19. 08
SRRC14	推	41. 2	1. 47	100. 2	5. 75	127. 8	14. 23	108. 6	32. 18
	拉	40. 2	1. 17	112. 6	6. 19	143. 6	16. 12	122. 0	29. 98
SRRC15	推	60. 2	1. 70	146. 1	5. 52	169. 4	8. 50	144. 0	11. 16
	拉	60. 5	1. 53	143. 0	5. 42	168. 3	8. 43	143. 0	12. 82
SRRC16	推	40. 7	1. 08	107. 5	4. 93	140. 6	11. 69	119. 5	15. 12
	拉	41. 2	0. 86	112. 6	4. 71	144. 2	10. 15	122. 6	14. 98
SRRC17	推	51. 5	1. 31	116. 5	4. 85	150. 0	10. 78	127. 5	20. 18
	拉	50. 0	2. 10	128. 3	6. 94	166. 5	15. 05	141. 5	21. 59

注：P_{cr}为开裂荷载；Δ_{cr}为开裂位移；P_y为屈服荷载；Δ_y为屈服位移；P_{max}为峰值荷载；Δ_{max}为峰值荷载对应的位移；P_u为极限荷载；Δ_u为极限位移。

对图 2-13 中型钢再生混凝土柱骨架曲线及无量纲骨架曲线进行比较分析，可以得出以下主要特征。

（1）在低周反复荷载作用下，型钢再生混凝土柱的整个受力过程大致可分为四个阶段，即弹性阶段、带裂缝弹塑性阶段、屈服阶段以及破坏阶段。当试件水平荷载达到（40%～50%）P_{max}之前，水平荷载与位移基本呈线性关系，表明试件基本处于弹性工作阶段；随着水平荷载的增加，试件骨架曲线开始倾斜，即曲线斜率逐渐降低，说明试件处于带裂缝弹塑性受力阶段；当再生混凝土裂缝延伸至型钢翼缘表面时，型钢开始发挥其受力性能，试件承载力继续增加，型钢屈服后，由于型钢的强化效应，试件水平承载力得到进一步提高；当达到最大水平承载力后，试件承载力开始衰减，其相应的骨架曲线也开始出现下降段；随着位移级数及循环次数的增加，试件承载力不断降低，刚度不断退化，直至试件发生破坏。在小剪跨比试件（$\lambda=1.40$）中，除试件 SRRC5 骨架曲线下降段较为缓慢外，其他试件的骨架曲线下降段较陡峭，承载力衰减较快；在大剪跨比试件($\lambda=3.25$）中，除高轴压比 SRRC15 试件骨架曲线下降段较陡峭外，其余试件的骨架曲线均较为平缓，强度衰减缓慢，表现出较好的延性和耗能能力。从总体上看，经合理设计的型钢再生混凝土柱仍能具有较好的抗震性能。

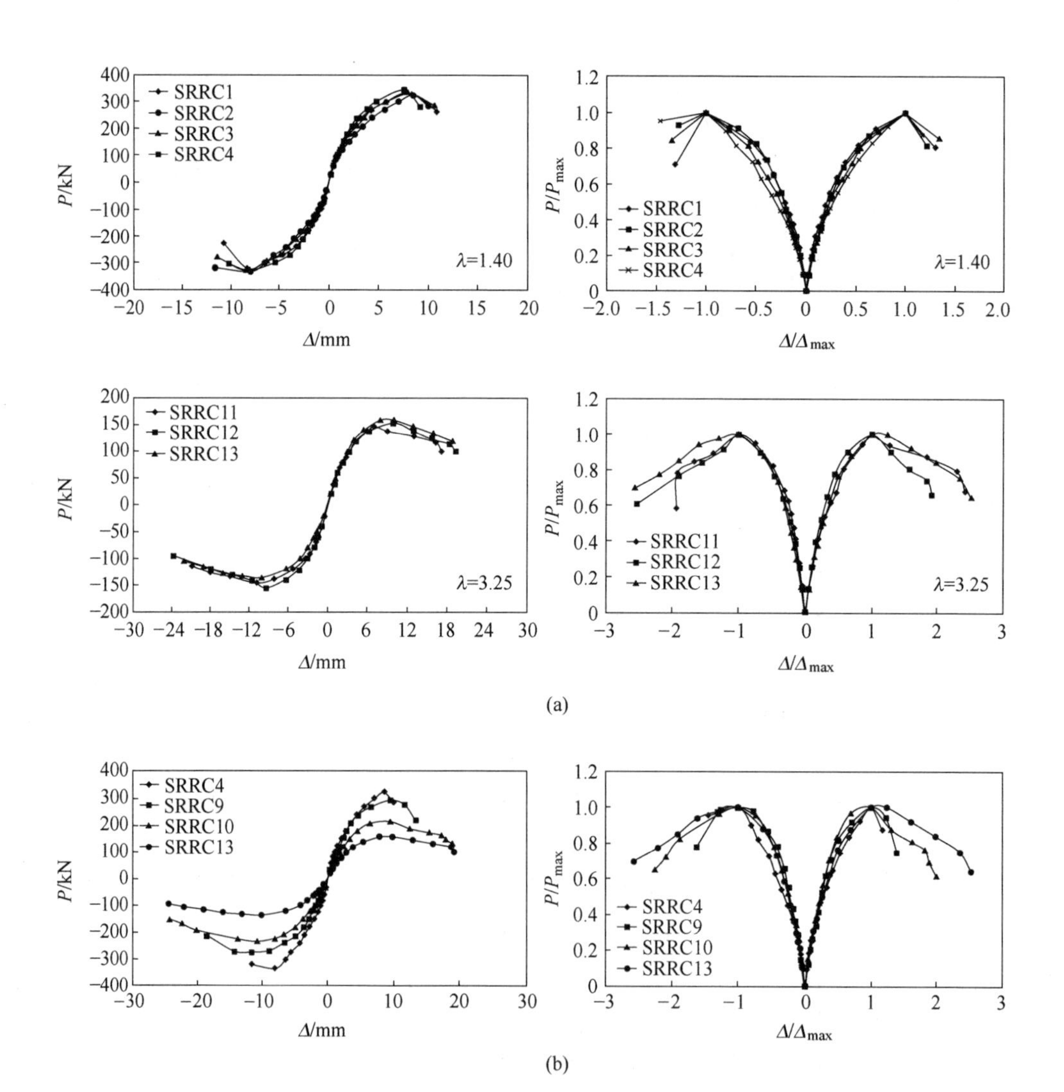

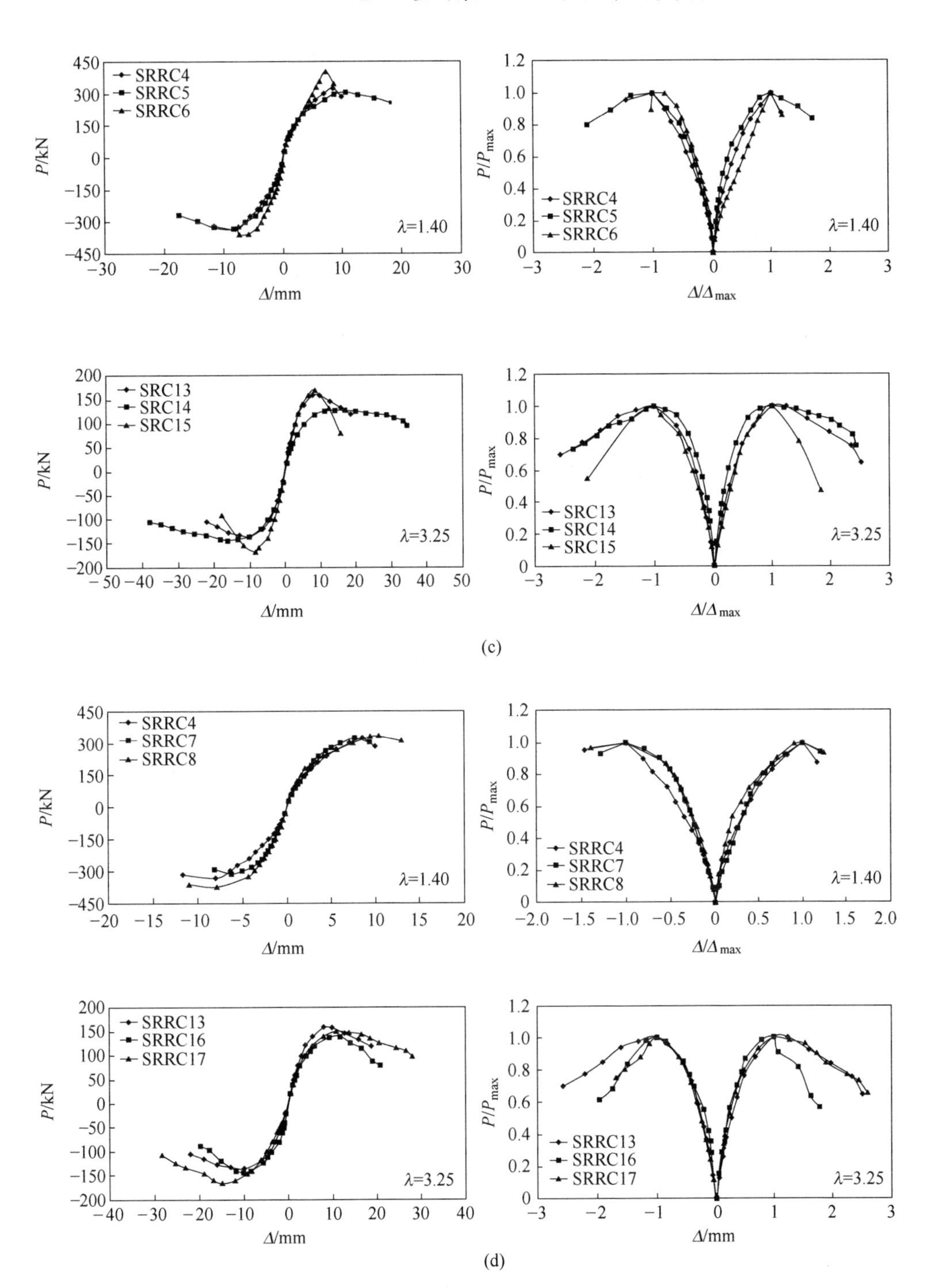

图 2-13 型钢再生混凝土柱试件的骨架曲线及无量纲骨架曲线

(a) 再生粗骨料取代率的影响；(b) 剪跨比的影响；(c) 轴压比的影响；(d) 体积配箍率的影响

（2）从图 2-13（a）可知，对小剪跨比型钢再生混凝土柱试件来说，当水平荷载小于 45%最大荷载 P_{max} 左右时，不同再生粗骨料取代率的试件骨架曲线基本重合，取代率对骨架曲线初始刚度影响很小；随着荷载增加和循环的增多，再生混凝土裂缝不断延伸发展且数量增多，试件骨架曲线出现明显偏差，一直伴随着试件达到最大水平荷载直至破坏。而对于大剪跨比试件来说，当试件水平荷载达到屈服荷载 P_y 之前，不同再生粗骨料取代率试件的骨架曲线基本上是重合的，说明取代率对大剪跨比试件加载前期的影响很小；当试件达到最大水平荷载后，试件骨架曲线的下降段出现一定的偏差，随着取代率的增大，骨架曲线下降段陡峭度有所增加，表现为试件延性有所降低。出现这种偏差主要原因是：当再生混凝土开裂后，由于再生粗骨料表面旧砂浆层存在，导致再生骨料之间以及骨料与型钢之间的黏结力降低，从而影响了再生混凝土与型钢之间的共同工作，使得型钢再生混凝土柱较普通混凝土情况的抗震性能有所降低。但从总体上看，再生粗骨料取代率对试件的骨架曲线影响并不是很明显。

（3）从图 2-13（b）可知，不同剪跨比下型钢再生混凝土柱试件的骨架曲线表现出较大差异。剪跨比对试件初始刚度影响较大，随着水平荷载的增加，试件骨架曲线斜率随着剪跨比的增大而逐渐减小，即试件骨架曲线逐渐向位移轴倾斜；随着荷载的继续增大和循环次数的增多，试件骨架曲线偏差程度随着剪跨比的增大而越来越大；当试件达到水平峰值荷载后，小剪跨比试件水平承载力下降较为迅速，下降段陡峭，表现出较差的延性变形能力；而大剪跨比试件达到水平峰值荷载后，骨架曲线下降段愈加平缓，承载力下降越慢，反映出试件延性变形能力越好，说明抗震性能越好。不同剪跨比情况下，各试件骨架曲线所表现出的不同特征与不同剪跨比试件产生不同破坏形态特征密切相关，当小剪跨比情况时，试件发生具有脆性破坏性质的剪切斜压破坏，一旦试件分割成的斜压小柱体被压溃，试件承载力迅速下降，表现出较差的抗震性能；而大剪跨比试件发生具有延性破坏性质的弯剪或者弯曲破坏，持续抵抗反复荷载作用的能力强，表现出较好的抗震性能。

（4）从图 2-13（c）可知，无论小剪跨比试件，还是大剪跨比试件，轴压比对型钢再生混凝土柱骨架曲线影响很明显。在达到开裂荷载前，试件骨架曲线基本重合，当试件进入带裂缝弹塑性工作阶段，其骨架曲线逐渐出现明显偏差；特别当达到其最大水平荷载后，随着轴压比的不同，试件骨架曲线的下降段表现出很大差异，小轴压比情况时，试件下降段很平缓，承载力下降很慢，延性好，抵抗持续反复荷载作用的能力较强，表现出良好的抗震性能；随着轴压比的增加，特别是高轴压比情况，试件骨架曲线下降段很陡峭，试件强度衰减加快且衰减幅度增大，延性差，表现较差的抗震性能。从破坏形态看，高轴压比试件的破坏更具突然性，而小轴压比试件的破坏过程持续时间较长。

（5）从图 2-13（d）可知，加载初期，小剪跨比试件的骨架曲线斜率随着体积配箍率的增加而有所增大，说明体积配箍率对小剪跨比型钢再生混凝土柱初始刚度有一定的影响，而大剪跨比试件骨架曲线初始斜率随着体积配箍率的增加而基本不变，说明配箍率对骨架曲线大剪跨比试件的初始刚度几乎没有影响。随着水平荷载的增加及循环次数的增多，试件骨架曲线出现较为明显差别，特别是达到最大水平荷载后，随着体积配箍率的增大，试件骨架曲线下降段较平缓，承载力下降越慢，极限变形增大，延性耗能越好，位移循环次数增多，表现出较好的抗震性能，这种现象在大剪跨比试件中更为明显。从总体上看，增大体积配箍率对小剪跨比试件承载力的提高具有一定作用，但对大剪跨比试件承载力影响不明显；试件延性随体积配箍率的增大而得到明显改善，主要原因是由箍筋与纵筋形成的骨架对再生混凝土具有一定的约束能力，箍筋配置越密，这种约束能力越强，使得型钢再生混凝土柱抵抗地震反复作用的能力得到提高，从而提高了型钢再生混凝土柱的延性及耗能能力。

2.2 型钢再生混凝土柱水平承载力计算方法

从现有研究成果看，目前型钢混凝土组合构件水平承载力计算方法主要有以下三种。（1）等效法。对格构式配钢的柱构件来说，将其斜腹杆等效为弯起钢筋而水平腹杆视作箍筋；对实腹式配钢的柱构件来说，将型钢腹板等效为连续分布的箍筋。然后采用钢筋混凝土柱构件的计算方法来计算上述两种情况下的水平承载力。（2）叠加法。假定不考虑型钢与混凝土之间的黏结作用，在水平荷载作用下，柱构件的组合元件可认为各自独立工作，故可分别根据型钢柱和钢筋混凝土柱的水平承载力计算方法来确定，然后将其承载力叠加，即为型钢混凝土柱构件的水平承载能力。我国《钢骨混凝土结构设计规程》（YB 9082—2006）及日本规范均采用了该方法，但这种方法的不足之处在于构件的剪力分配不易确定。（3）半经验半理论法。我国《型钢混凝土组合结构技术规程》（JGJ 138—2016）采用了该方法，主要是根据有关试验研究结果以及相关理论推导来建立型钢混凝土柱的水平承载力计算公式。

为了便于工程应用，有必要给出型钢再生混凝土柱的简单实用的计算公式。根据本次试验研究结果可知，型钢再生混凝土柱水平承载力的影响因素主要有再生粗骨料取代率、再生混凝土强度等级、轴压比、剪跨比、体积配箍率、型钢强度、配钢率以及箍筋强度等，且上述各个设计因素对型钢再生混凝土柱水平承载力的影响并不是独立的，而是存在一定的耦合作用，因此需给出符合型钢再生混凝土柱特征的水平承载力实用计算公式。对于发生剪切斜压破坏的型钢再生混凝土柱来说，可参照《型钢混凝土组合结构技术规程》（JGJ 138—2016）中型钢混凝土柱抗剪承载力计算表达形式，建立恰当数学模型并考虑各主要设计参数对柱构件抗剪承载力的影响，利用多元回归分析处理方法，最终建立柱构件抗剪承载力的实用计算公式。为了便于计算方便统一，发生弯曲型破坏的型钢再生混凝土柱仍然采用上述计算表达模型进行多元回归得到其实用承载力计算公式。从前面分析可知，再生粗骨料取代率对型钢再生混凝土柱的水平承载力具有不利的影响，故本节在实用计算公式中考虑了再生粗骨料取代率对柱构件承载力的影响。通过试验数据回归分析并适当调整，分别建立了型钢再生混凝土柱发生剪切斜压破坏和弯曲型破坏的实用计算公式如下。

（1）剪切斜压破坏：

$$V = \alpha \frac{1.65}{\lambda + 1.0} f_{rt} b h_0 + f_{yv} \frac{A_{sv}}{s} h_0 + 0.58 \frac{f_a t_w h_w}{\lambda} + 0.07N \tag{2-1}$$

（2）弯曲型破坏：

$$V = \alpha \frac{1.4}{\lambda + 1.0} f_{rt} b h_0 + \frac{1.2}{\lambda + 0.5} f_{yv} \frac{A_{sv}}{s} h_0 + 0.58 \frac{f_a t_w h_w}{\lambda} + 0.07N \tag{2-2}$$

式中　α——再生混凝土强度折减系数，可取 0.95；

λ——柱构件的计算剪跨比，$\lambda = \frac{H}{2h_0}$，H 为柱高，对剪切斜压破坏构件来说，当 $\lambda<1$ 时，取 $\lambda=1$，对弯曲型破坏构件，当 $\lambda>3$ 时，取 $\lambda=3$；

f_{rt}——再生混凝土轴心抗拉强度；

b——柱截面宽度；

h_0——柱截面有效高度；

f_{yv}——箍筋屈服强度；

A_{sv}——配置在截面内箍筋各肢的全部截面面积；

s——箍筋间距；

f_a——型钢屈服强度；

t_w——型钢腹板厚度；

h_w——型钢腹板高度；

N——型钢再生混凝土柱的轴力设计值，当 $N \geqslant 0.3(f_{rc}A_c + f_aA_a)$，取 $N = 0.3(f_{rc}A_c + f_aA_a)$，$A_c = A - A_a$，其中，$A$ 为柱截面面积，A_c 为再生混凝土截面面积，A_a 为型钢截面面积。

利用上述公式对本试验各试件的水平承载力进行计算，计算结果见表 2-7。从表 2-7 可知，试验结果与计算结果之比的均值为 1.011，标准差为 0.094，变异系数为 0.093，由此可见，计算值与实测值吻合较好，满足计算精度要求。

表 2-7 型钢再生混凝土柱水平承载力实用计算公式的计算结果

试件编号	λ	n	ρ_{sv}/%	V^t/kN	V^c/kN	V^t/V^c
SRRC1	1.40	0.6	1.36	325.5	322.0	1.011
SRRC2	1.40	0.6	1.36	335.4	323.1	1.038
SRRC3	1.40	0.6	1.36	331.2	323.6	1.023
SRRC4	1.40	0.6	1.36	328.6	317.3	1.036
SRRC5	1.40	0.3	1.36	318.6	295.3	1.079
SRRC6	1.40	0.9	1.36	380.4	317.3	1.199
SRRC7	1.40	0.6	1.02	318.7	289.1	1.102
SRRC8	1.40	0.6	2.04	354.8	373.6	0.950
SRRC9	1.85	0.6	1.36	283.6	284.7	0.996
SRRC10	2.35	0.6	1.36	224.8	189.1	1.189
SRRC11	3.25	0.6	1.36	146.9	163.9	0.896
SRRC12	3.25	0.6	1.36	154.6	166.1	0.931
SRRC13	3.25	0.6	1.36	147.5	161.9	0.911
SRRC14	3.25	0.3	1.36	135.7	140.0	0.970
SRRC15	3.25	0.9	1.36	168.9	161.9	1.043
SRRC16	3.25	0.6	1.02	142.4	152.3	0.935
SRRC17	3.25	0.6	2.04	158.3	181.2	0.873

注：λ 为剪跨比；n 为轴压比；ρ_{sv} 为体积配箍率；V^t 为柱斜截面承载力实测值；V^c 为柱斜截面承载力计算值。

2.3 本章小结

（1）型钢再生混凝土柱在低周反复荷载作用下主要发生剪切斜压破坏、弯剪破坏以及弯曲破坏三种破坏形态。当剪跨比 $\lambda=1.4<1.5$ 时，试件发生剪切斜压破坏；当剪跨比 $1.5<\lambda=1.85<2.0$ 时，试件发生以弯曲破坏为主的弯剪型破坏；当剪跨比 $\lambda>2$ 时，试件发生典型的弯曲型破坏。

（2）型钢再生混凝土柱的滞回曲线基本呈梭形。当试件发生剪切斜压破坏，滞回曲线饱满度较低，变形耗能能力较差，表现出较差的抗震性能；当试件发生弯曲破坏，试件滞回曲线较为饱满，变形耗能能力较强，表现出较好的抗震性能；当试件发生弯剪破坏，试件的抗震性能介于上述两者之间。

（3）再生粗骨料取代率对试件水平承载力的影响较小，试件延性及耗能能力随取代率的增加而降低，小剪跨比试件降低幅度要大于大剪跨比试件。此外，试件的刚度退化和强度衰减速率随取代率的增加而加快。随着剪跨比的增加，型钢再生混凝土柱的延性系数增大，耗能能力增强，刚度退化和强度衰减较为缓慢，抗震性能增强，但承载力降低。

（4）轴压比对型钢再生混凝土柱抗震性能影响很大，随着轴压比的增加，试件的延性及耗能能力降低幅度较大，且其刚度退化和强度衰减加快，合理确定柱构件轴压比限值对保证其抗震性能来说至关重要。随着体积配箍率的增加，型钢再生混凝土的耗能能力增强，延性系数增大，且强度衰减和刚度退化减缓，抵抗反复荷载作用的能力增强，故增大体积配箍率能改善柱构件的抗震性能。

（5）基于型钢再生混凝土柱低周反复荷载试验，提出了型钢再生混凝土柱在水平地震作用下的水平承载力实用计算方法。

3 型钢再生混凝土柱-钢梁组合框架节点低周反复荷载试验研究

型钢再生混凝土柱-钢梁组合框架不仅具有较高的承载力和较好的抗震性能，同时也融合了再生混凝土绿色环保、可持续发展的特点，因此具有较大的应用价值。此外，梁柱节点是连接结构各重要构件的关键，是保证结构安全运行的前提，故节点在设计中需重点考虑。本章设计并制作了 8 榀型钢再生混凝土柱-钢梁组合框架节点，对其进行低周往复加载试验研究，根据记录的试验数据对组合框架节点的破坏形态、滞回性能、承载能力、延性等抗震性能进行分析。

3.1 组合框架节点制作

设计制作了 8 榀组合框架节点其中包括 5 榀中节点以及 3 榀边节点，目前研究表明影响再生混凝土组合框架节点抗震性能的主要因素有轴压比和再生骨料取代率，故本书试验设计中变参量设定为轴压比和再生骨料取代率，其中中节点主要考虑轴压比以及再生骨料取代率对节点的抗震性能影响，其中轴压比分别取 0. 18、0. 36、0. 54，再生骨料取代率分别取 0、50%、100%。边节点主要考虑因素为轴压比，为能够验证不同节点形式的差异，边节点轴压比取值与中节点一致。型钢再生混凝土柱采用实腹式焊接型钢，并配适量的纵筋和箍筋进行构造，型钢梁与柱型钢钢骨之间采用的是焊接形式。图 3-1 为组合框架节点试件尺寸及配筋详图；图 3-2 为组合框架节点试件成型过程。再生混凝土材料的配合比见表 3-1；组合框架节点设计参数见表 3-2。

表 3-1 再生混凝土材料的配合比

再生混凝土强度	再生粗骨料取代率 r/%	单位体积用量/$kg \cdot m^{-3}$					
		水灰比	水泥	砂	天然粗骨料	再生粗骨料	水
C40	0	—	—	—	1187	0	—
	50	0. 43	464	585	593. 5	593. 5	195
	100	—	—	—	0	1187	—

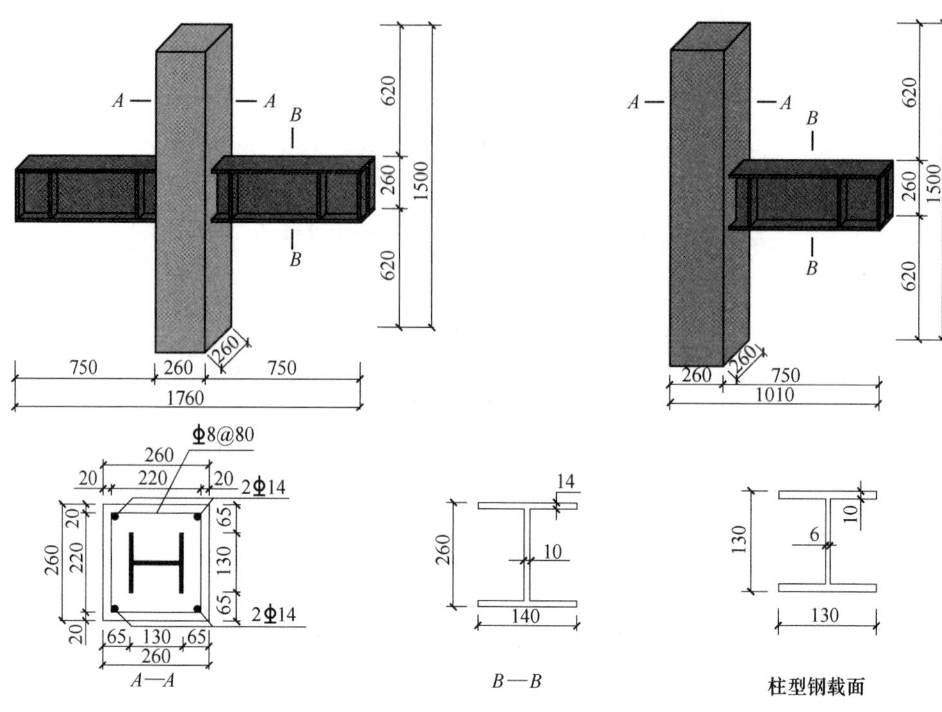

图 3-1 组合框架节点的试件尺寸及配筋详图（单位：mm）

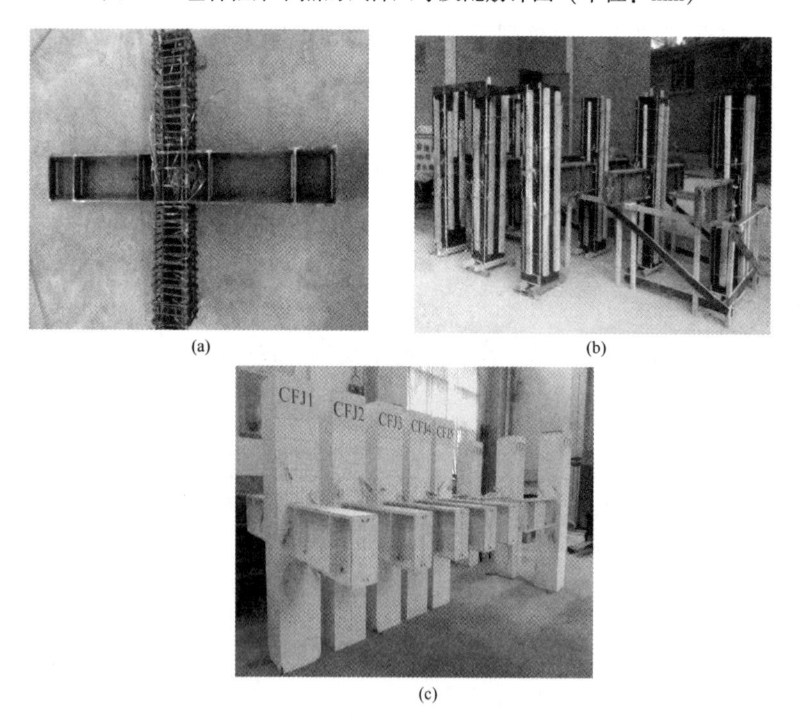

(a) (b) (c)

图 3-2 组合框架节点的试件成型过程

（a）钢筋笼及型钢骨架；（b）试件支模；（c）成型试件

表 3-2 组合框架节点的试件设计参数

试件编号	再生混凝土强度	再生骨料取代率 r/%	轴压比 n	配钢率 ρ_a/%	节点形式
CFJ1	C40	0	0.36	4.8	中节点
CFJ2	C40	50	0.36	4.8	中节点
CFJ3	C40	100	0.36	4.8	中节点
CFJ4	C40	100	0.18	4.8	中节点
CFJ5	C40	100	0.54	4.8	中节点
CFJ6	C40	100	0.18	4.8	边节点
CFJ7	C40	100	0.36	4.8	边节点
CFJ8	C40	100	0.54	4.8	边节点

注：$r=m_{RAC}/m$，m_{RAC}是再生骨料的质量，m 是整个骨料的质量。$\rho_a=A_a/A$，A_a是型钢的截面积，A 是柱截面面积。

3.2 试验加载装置

组合框架节点的试验在西安理工大学结构实验室进行，型钢再生混凝土柱顶设置 1500kN 的油压千斤顶，以施加预先设定的恒定轴压力 N，试验过程中轴压力 N 保持不变。型钢再生混凝土柱顶端采用一个 1000kN 的 MTS 作动器进行水平往复荷载 P 的模拟，试验全过程由伺服控制器及微机控制，组合框架节点试验装置如图 3-3 和图 3-4 所示，组合框架节点试件各测点布置如图 3-5 所示。

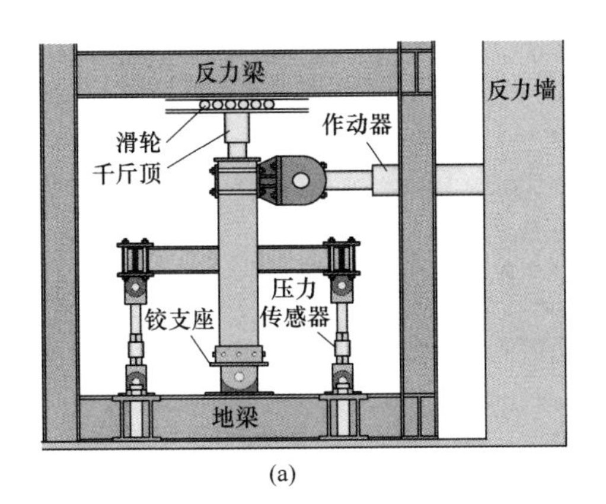

(a)

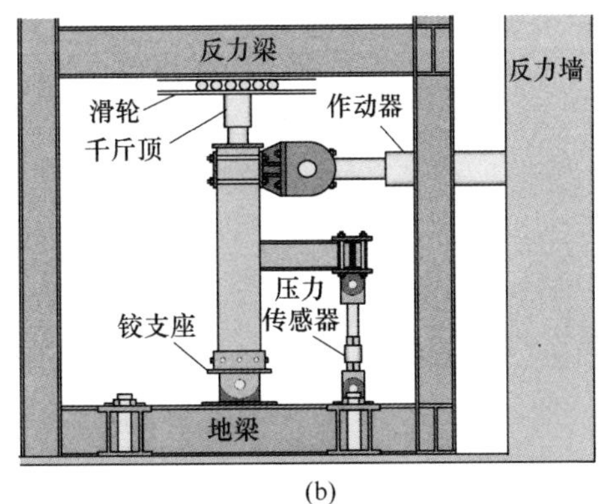

(b)

图 3-3 试验加载装置示意图

(a) 中节点；(b) 边节点

(a)

(b)

图 3-4 试验加载现场

（a）中节点；（b）边节点

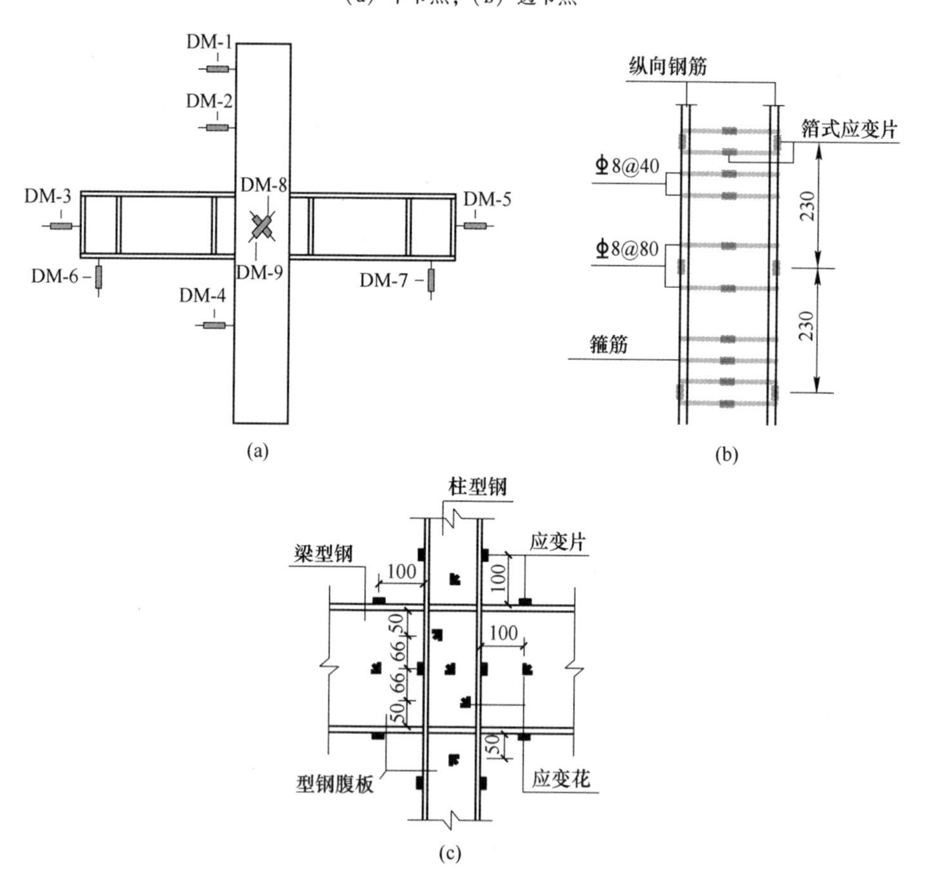

图 3-5 试件测点布置（单位：mm）

（a）位移计测点分布图；（b）钢筋应变测点分布图；（c）型钢应变测点分布图

试验加载采用《建筑抗震试验规程》(JGJ/T 101—2015) 中的荷载-位移混合分级加载制度，组合框架节点试件屈服（节点核心区出现交叉斜裂缝）之前采用力荷载分级控制，每级循环1次，荷载增量约10kN；裂缝开展后，每级依旧循环1次，荷载增量调整为20kN；节点屈服后，通过位移增量控制，每级位移增量为屈服位移的倍数，每级位移循环3次，直到试件水平承载力下降到峰值承载力的85%及以下，或者试件不能继续承受竖向荷载时，判定试件破坏，停止加载。

3.3 破坏过程及破坏特征

通过低周往复加载试验，得到8榀组合框架节点的破坏特征如图3-6所示，可知各组合框架节点在低周往复荷载下发生典型的剪切破坏，在节点核心区主要存在明显的剪切变形和对角斜裂缝。组合框架节点试件的破坏特征如下：从设计参数对组合框架节点开裂荷载的影响来看，再生骨料取代率几乎没有影响，而轴压比对节点的开裂影响较大。不同再生骨料取代率节点的开裂荷载基本都在70kN，且裂缝发展过程及分布特征无明显差异，而轴压比大的节点开裂荷载明显大于轴压比小的节点。例如，轴压比为0.18的试件CFJ4的开裂荷载为50kN，轴压比为0.54的试件CFJ5的开裂荷载则达到80kN。

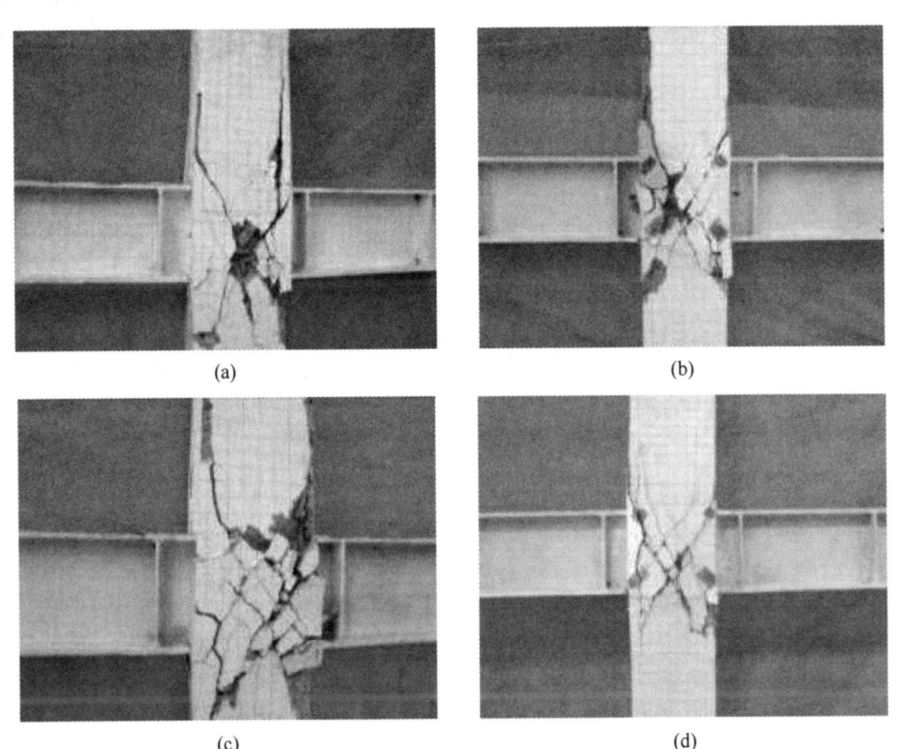

(a) (b)

(c) (d)

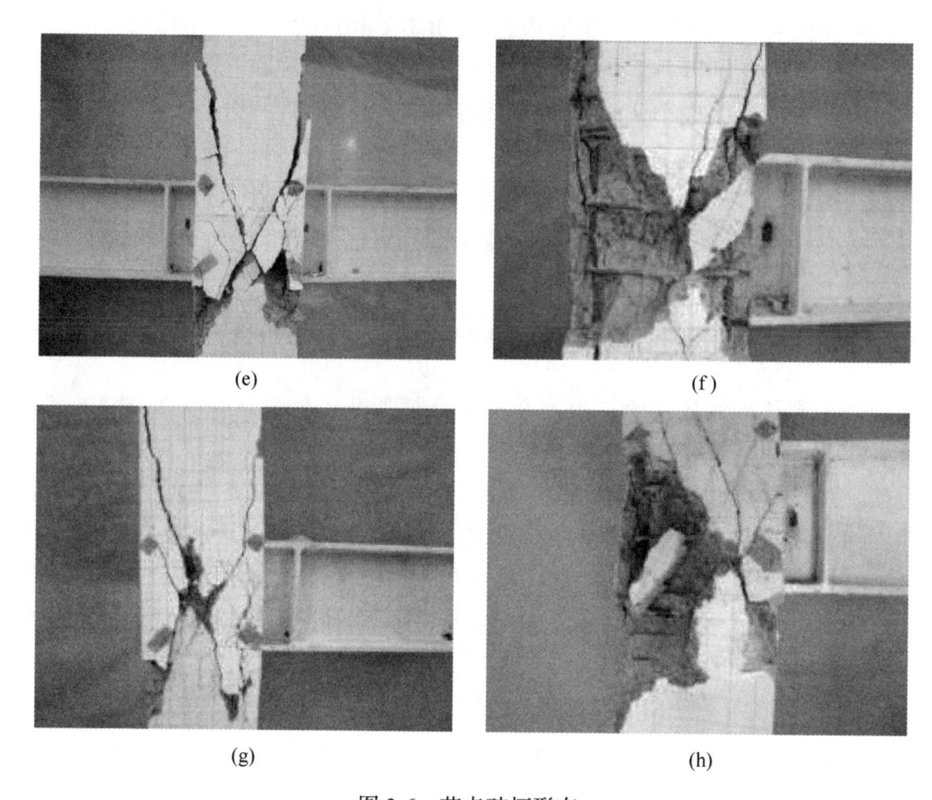

(e) (f)

(g) (h)

图 3-6 节点破坏形态

(a) CFJ1；(b) CFJ2；(c) CFJ3；(d) CFJ4；(e) CFJ5；(f) CFJ6；(g) CFJ7；(h) CFJ8

组合框架节点的破坏过程可分为出现裂缝阶段、裂缝贯通阶段、极限阶段和破坏阶段四个阶段。鉴于各组合框架节点试件破坏特征基本一致，在试验中，试件 CFJ3 完全由再生骨料材料制成，以此节点作为典型试件来详细说明这种节点的破坏过程及特征。在加载开始时，组合框架节点处于弹性阶段，在节点域未出现裂纹，表明荷载和位移呈近似线性关系。同时，试件各部位的应变和形变均较小。随着水平荷载的增加，在柱底部出现横向微裂缝。此时，水平荷载达到 70kN，试件进入开裂阶段。随着水平荷载的持续增大，在节点域开始出现几条对角斜裂缝，裂缝宽度约为 0.1mm。

当荷载增加到 80kN 时，节点区又出现了细小的斜向微裂缝，此时，节点核心区的型钢腹板开始屈服。随着荷载的增加，现有的对角裂缝继续延伸扩展，裂缝宽度持续增加，随后箍筋开始屈服。当荷载达到 120kN 时，节点核心区出现“X”形交叉斜裂纹。此刻是贯穿裂缝阶段的开始。已形成的裂缝宽度不断增大，最大裂缝宽度约为 0.5mm。此刻判定节点试件进入屈服阶段，对节点转为位移荷载控制，表明极限阶段开始。当位移达到 22mm 时，节点核心区的交叉斜裂缝的数量继续增加，裂缝宽度随着再生混凝土破碎声不断地扩大。当试件达到峰值荷载（即循环位移约为27mm）时，对角斜裂缝贯穿节点的核心区，裂缝宽度增加到1mm。此时，试件进入破坏阶段。当位移达到30mm时，节点核心区的对角斜裂缝宽度持续扩大，节点核心区一些小块再生混凝土碎片脱落。当位移达到34mm时，伴随着再生混凝土明显的撕裂声，节点核心区一些大块再生混凝土块开始脱落。此时，箍筋和再生混凝土基本失去承载能力，型钢完全屈服。最后，当位移达到约40mm时，箍筋完全裸露，节点的承载力明显降低，试验结束。在整个加载过程中，组合框架节点的柱顶轴向荷载保持稳定，钢梁的屈曲变形不明显。

3.4 组合框架节点抗震性能分析

3.4.1 滞回曲线

荷载-位移滞回曲线能较全面地反映结构或构件在循环荷载作用下的受力性能，对分析结构或构件的抗震性能具有重要意义。组合框架节点试件的滞回曲线如图3-7所示，P和Δ分别为组合框架节点试件柱端部加载点的水平承载力和水平位移。从图3-7可得到以下分析结果。

（1）在加载初期，滞回曲线近似呈直线，其包围面积较小。组合框架节点处于弹性阶段，表明荷载与相应的位移近似呈线性关系，未有明显的刚度退化，卸载后变形基本恢复。试件CFJ2和CFJ7曲线在加载初期呈非线性关系，这一现象可能是由于夹具之间空隙过大或者型钢、钢筋与混凝土之间黏结滑移引起的，为了保持试验数据的原始性与真实性，本书未对这两条曲线的滑移部分进行处理。随着载荷的增加，滞回曲线开始扩大，所包围的面积逐渐增大。同时，试件的刚度退化逐渐显现。当节点的水平荷载卸载时，卸载曲线不能返回到零点，表明节点试件的残余变形较大，试件已进入屈服阶段。在位移控制加载阶段，随着位移的增加，节点的滞回曲线开始变得饱满。在相同的位移幅值下，滞回曲线包围的面积随着循环次数的增加而增大，当节点达到峰值荷载时，水平荷载开始逐渐减小。此外，随着循环次数的增加，在相同位移水平下，组合框架节点试件的水平强度和刚度逐渐降低，这表明在循环荷载作用下，组合框架节点的强度和刚度退化被累积损伤放大。

（2）从CFJ1～CFJ3的滞回曲线发现，随着再生骨料取代率的增加，节点的滞回曲线形状保持不变，但其包围面积有所减小，宽度也略有减小，说明节点的耗能能力在下降。造成这一现象的原因是试验中使用的再生骨料在破碎过程中不可避免地会受到损伤，其强度在一定程度上低于天然骨料。另外，由于再生骨料的表面黏附旧水泥浆层，影响新水泥浆体的黏附能力。在这种情况下，特别是当试件承受循环荷载时，再生骨料与新水泥浆之间的弱界面最容易出现裂缝。尽管如此，在不同再生骨料取代率下，组合框架节点仍表现出良好的抗震性能。

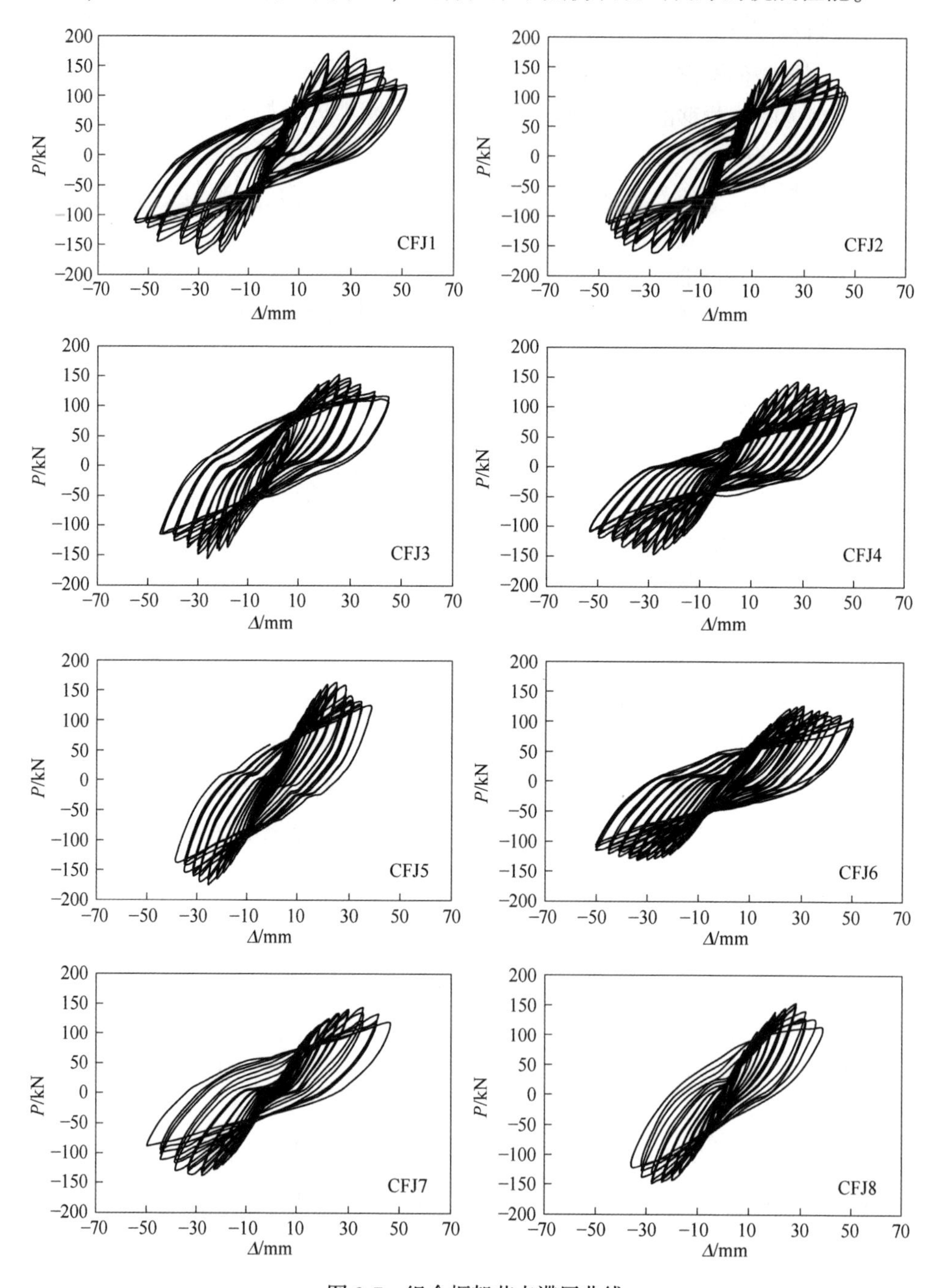

图 3-7　组合框架节点滞回曲线

（3）从 CFJ3～CFJ5 和 CFJ6～CFJ8 的滞回曲线发现，轴压比对中节点和边节点的滞回曲线具有显著的影响。在较小的轴压比下，节点位移越大，峰值荷载越大。峰值荷载后，滞回曲线趋于平滑，刚度和强度退化缓慢，极限位移较大。这一发现表明，较小的轴压比可使节点具有较高的延性。相反，在较大的轴压比下，节点出现峰值荷载时的位移相对较小。滞回曲线斜率在峰值荷载后迅速减小，这是因为随着位移的增加，节点的强度和刚度退化变得更加明显。随着轴压比的增大，节点的延性和耗能能力随之降低，抗震性能较差。因此，在实际工程中，必须控制组合框架节点的轴压比，以保证其抗震延性。

总之，虽然在加载过程中组合框架节点的滞回曲线表现出轻微的滑移和“捏缩”现象，但各滞回曲线呈现出相似的纺锤形，并在加载后期承载力下降相对缓慢。表明这种组合框架节点在循环荷载作用下具有良好的变形能力。

3.4.2 骨架曲线

骨架曲线能够反映结构的强度、刚度、延性及耗能情况。在位移控制阶段，当循环在相同的位移水平下进行时，只取第一个循环的峰值。图 3-8 为组合框架

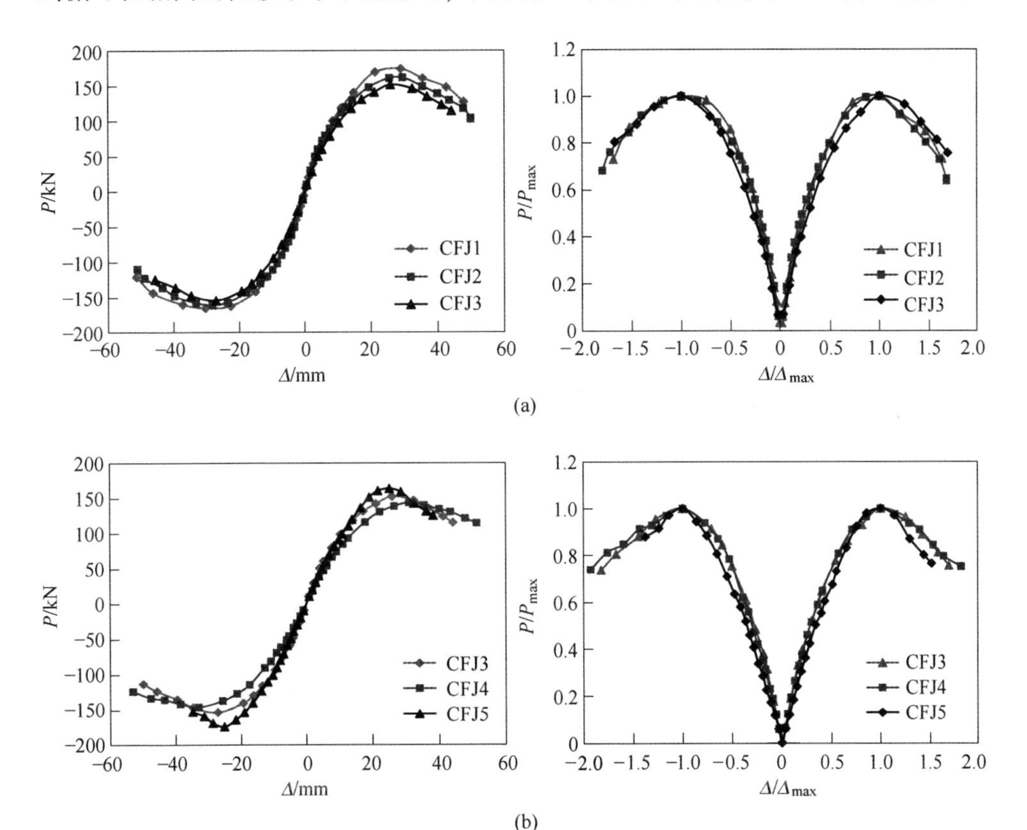

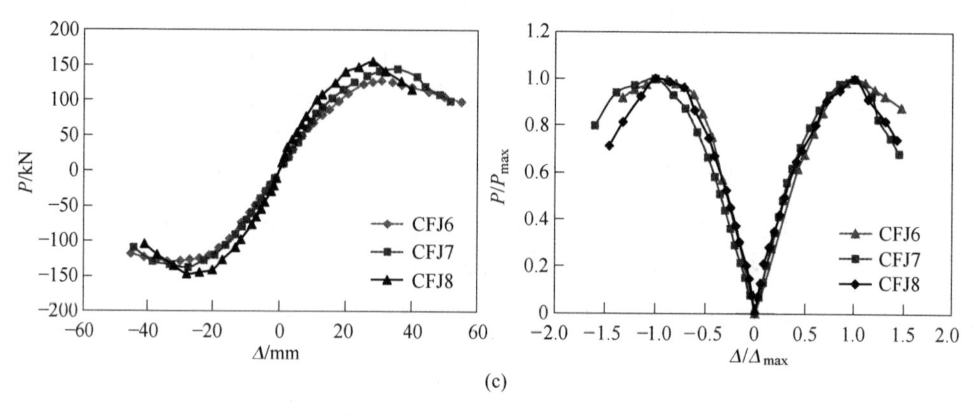

图 3-8　各试件的骨架曲线和无量纲骨架曲线

（a）中节点再生粗骨料取代率的影响；（b）中节点轴压比的影响；（c）边节点轴压比的影响

节点的骨架曲线和无量纲骨架曲线。在无量纲骨架曲线中，横坐标为 Δ/Δ_{max}，纵坐标为 P/P_{max}，其中 P 和 Δ 分别为组合框架节点的水平载荷和相对应的位移，P_{max} 和 Δ_{max} 分别为组合框架节点的峰值载荷和相对应的位移。

如图 3-8 所示，组合框架节点的骨架曲线可分为上升段、加强段和下降段三个阶段。这与节点的整个加载过程相对应，包括弹性阶段、开裂阶段、屈服和破坏阶段。

（1）再生骨料取代率对组合框架节点骨架曲线的影响如图 3-8（a）所示。不同再生骨料取代率的 3 个节点的骨架曲线上升段几乎重叠，这表明取代率对节点的初始刚度影响不大。但随着荷载的增加，组合框架节点的骨架曲线逐渐表现出差异。峰值荷载后，组合框架节点水平荷载开始减小，骨架曲线在下降阶段有明显差异，特别是随着取代率的增加，骨架曲线的下降段变陡。结果表明，再生骨料取代率的增加对组合框架节点的强度和延性不利。

（2）由图 3-8（b）和（c）可知，轴压比对中节点和边节点骨架曲线有显著影响。开裂前，各节点骨架曲线基本一致，其形状也相似。荷载与位移呈线性关系，表明组合框架节点试件处于弹性阶段。随着载荷的增加，节点核心区再生混凝土开始开裂，骨架曲线斜率逐渐减小，表明试件已进入开裂阶段。开裂后的各骨架曲线表现出一定的差异。轴压比小的节点在上升段的刚度相对较小。峰值荷载后，不同轴压比的节点骨架曲线表现出明显的差异，特别是在下降段。随着轴压比的增大，下降段愈加明显。结果表明，轴压比小的节点强度缓慢下降，具有良好的延性和变形能力。而随着轴压比的增大，节点的峰值荷载也增大，但骨架曲线的下降段更为陡峭，节点的延性显著降低。以上表明大轴压比在一定程度上有利于提高节点的强度，但对其延性有不利影响。因此，控制轴压比对该组合框架节点抗震设计具有重要意义。比较中节点与边节点的骨架曲线，可发现边节点的承载力小于中节点，且边节点骨架曲线下降段较陡，因此，边节点的后期延性不如中节点。

3.4.3 荷载与位移的特征点

表3-3为组合框架节点各特征点及位移延性系数。表中，P_{cr}是开裂荷载；P_y是屈服荷载；P_{max}是峰值荷载；P_u是极限荷载，后期其峰值荷载降低在85%；Δ_{cr}、Δ_y、Δ_{max}、Δ_u是分别对应于P_{cr}、P_y、P_{max}和P_u的位移。此外，计算了位移延性系数（$\mu=\Delta_u/\Delta_y$）来表示组合框架节点的延性能力。根据表3-3可知，除CFJ5和CFJ8节点外，其他节点的延性系数均大于3.0，表明大多数组合框架节点具有良好的抗震性能。图3-9和图3-10说明了试验设计参数对组合框架节点的承载力和延性系数的影响。

表3-3 组合框架节点各特征点及位移延性系数

试件编号	加载方向	开裂点		屈服点		峰值点		极限点		延性系数 μ	均值
		P_{cr} /kN	Δ_{cr} /mm	P_y /kN	Δ_y /mm	P_{max} /kN	Δ_{max} /mm	P_u /kN	Δ_u /mm		
CFJ1	推	73.2	5.57	130.24	13.05	175.1	26.7	148.8	42.67	3.27	3.38
	拉	-71.51	-5.62	-132.05	-13.37	-165.57	-27.38	-140.73	-46.65	3.49	
CFJ2	推	68.6	5.16	118.24	12.43	163.17	28.31	137.9	39.91	3.21	3.23
	拉	-70.12	-5.03	-125.06	-13.15	-161.1	-29.03	-136.94	-42.73	3.25	
CFJ3	推	70.31	7.81	112.06	12.67	152.13	26.94	129.31	39.01	3.08	3.13
	拉	71.06	-8	-115.27	-13.21	-154.24	-27.61	-131.1	-42.01	3.18	
CFJ4	推	52.13	6.23	91.29	12.60	143.23	31.68	121.75	47.61	3.78	3.84
	拉	-54.62	-6.7	-92.36	-13.37	-146.49	-33.15	-124.52	-52.15	3.90	
CFJ5	推	79	7.45	107.86	12.57	163.24	25.32	138.75	33.65	2.68	2.86
	拉	-81.21	-7.26	-109.67	-11.92	-174.61	-25.67	-148.42	-36.23	3.04	
CFJ6	推	50.01	7.32	82.37	13.67	127.14	30.79	108.07	47.85	3.50	3.56
	拉	-52.31	-7.64	-95.16	-14.49	-130.21	-32.86	-110.68	-52.47	3.62	
CFJ7	推	51.23	7.23	94.31	14.29	143.91	34.97	122.32	43.86	3.07	3.05
	拉	-55.23	-8.85	-96.82	-14.12	-138.15	-28.59	-117.43	-42.79	3.03	
CFJ8	推	60.23	6.56	108.26	13.64	154.4	27.89	131.24	34.98	2.56	2.61
	拉	-65.42	-6.74	-107.86	-13.15	-147.29	-27.01	-125.2	-35.01	2.66	

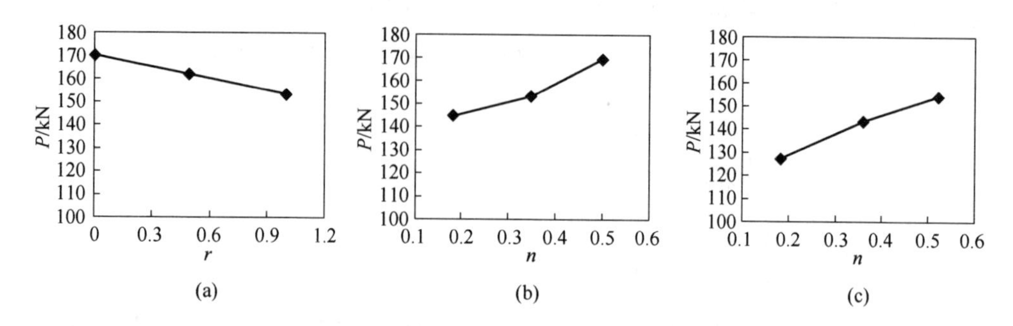

图 3-9 设计参数对组合框架节点水平荷载的影响

（a）再生骨料取代率（中节点）；（b）轴压比（中节点）；（c）轴压比（边节点）

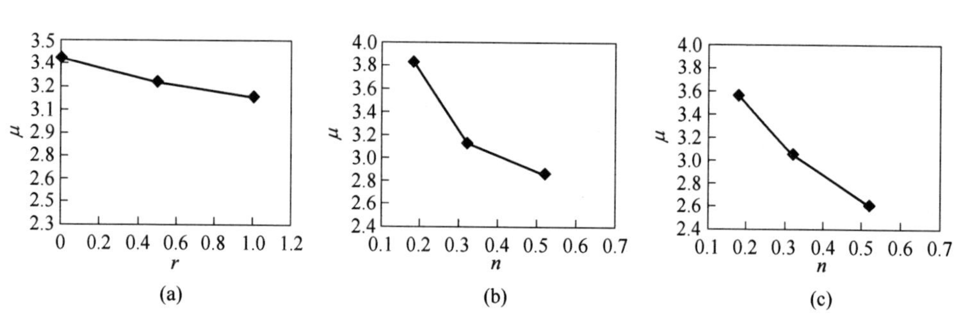

图 3-10 设计参数对组合框架节点延性系数的影响

（a）再生骨料取代率（中节点）；（b）轴压比（中节点）；（c）轴压比（边节点）

从图 3-9 和表 3-3 可以看出，随着再生骨料取代率的提高，组合框架节点的水平承载力略有下降，与普通混凝土试件 CFJ1 相比，CFJ2（$r=50\%$）和 CFJ3（$r=100\%$）的承载力分别降低了 4.81%和 10.07%。随着轴压比的增大，节点试件的水平承载力逐渐增大。与 CFJ4（$n=0.18$）相比，CFJ3（$n=0.36$）和 CFJ5（$n=0.54$）的承载力分别提高了 5.80%和 16.76%。与 CFJ6（$n=0.18$）相比，CFJ8（$n=0.54$）和 CFJ7（$n=0.36$）的承载力分别提高了 7.2%和 21.4%。再生骨料取代率对组合节点的水平位移影响较小，不同取代率的节点峰值荷载对应的位移基本相近，而随着轴压比的增大，组合框架节点峰值荷载下的对应水平位移有一定程度的减小。

如图 3-10 和表 3-3 所示，组合框架节点试件的延性系数随着再生骨料取代率的增加而逐渐降低。与普通混凝土试件相比，CFJ2（$r=50\%$）和 CFJ3（$r=100\%$）的位移延性系数分别降低了 4.44%和 7.4%。该结果表明，取代率对组合框架节点的延性性能影响不大。此外，CFJ5（$n=0.54$）和 CFJ8（$n=0.54$）大轴压比节点的延性系数均小于 3，表明延性相对较差。与 CFJ3（$n=0.36$）和 CFJ4（$n=0.18$）相比，CFJ5 的延性系数分别降低了 18.49%和 25.52%。与 CFJ6（$n=0.18$）和 CFJ7（$n=0.36$）相比，CFJ8 的延性系数分别降低了 26.7%和 14.4%。这些对比数据可看出轴压比越大，组合框架节点的延性性能越差。因此，轴压比的提高是不利于组合框架节点的抗震延性。

3.4.4 层间位移角

表 3-4 为组合框架节点各特征点的实测层间位移角。由表可知，该组合框架节点的极限层间位移角平均值为 1/35，而根据我国《建筑抗震设计规范》（GB 50011—2010）的规定，钢筋混凝土框架结构弹塑性层间位移角限值为 1/50。该组合框架节点的极限层间位移角的均值大于钢筋混凝土框架结构的允许弹塑性层间位移角，可说明在整个框架结构达到弹塑性层间位移角的允许值之前，组合框架节点并未破坏，这表明组合框架节点具有充分的变形能力，能够保证框架结构在地震作用下的安全性。

表 3-4 组合框架节点各特征点的实测层间位移角

试件编号	加载方向	Δ_{cr}/H	Δ_y/H	Δ_m/H	Δ_u/H	极限位移角均值
CFJ1	推	3/808	1/115	1/56	1/35	1/34
	拉	1/267	5/561	1/55	1/32	
CFJ2	推	3/872	3/362	1/53	2/75	1/37
	拉	3/895	8/913	1/52	1/35	
CFJ3	推	1/192	5/592	1/56	2/77	1/37
	拉	2/375	7/795	1/54	2/71	
CFJ4	推	4/963	1/119	2/95	2/63	1/30
	拉	1/224	5/561	2/91	3/86	
CFJ5	推	3/604	3/358	1/59	2/89	1/43
	拉	3/620	6/755	1/58	2/83	
CFJ6	推	1/205	4/439	1/49	3/94	1/30
	拉	3/589	2/207	2/91	2/57	
CFJ7	推	2/415	1/105	1/43	1/34	1/35
	拉	1/191	4/425	1/52	1/35	
CFJ8	推	3/686	1/110	1/54	1/43	1/43
	拉	2/445	1/114	1/56	1/43	

3.4.5 耗能能力

结构或构件的耗能能力是指其在循环荷载作用下能部分吸收输入的能量。在结构抗震分析中，可以用等效黏滞阻尼系数来评价结构的耗能能力。表 3-5 列出了在每个荷载特征点处计算的等效黏滞阻尼系数。在表 3-5 中，h_{ey}、h_{em}和h_{eu}分别是屈服荷载、峰值荷载和极限荷载对应的节点等效黏滞阻尼系数。由表可知，试件的等效黏滞阻尼系数随位移的增大而逐渐增大，说明节点的耗能能力随荷载的增大而增大。组合节点在极限荷载作用下的平均等效黏滞阻尼系数为 0.206。已有的研究表明，钢筋混凝土再生框架节点的等效黏滞阻尼系数一般在 0.1~0.2 之间。该组合框架节点的极限黏滞阻尼系数大于钢筋再生混凝土框架节点的极限黏滞阻尼系数，说明组合框架节点的耗能能力大于钢筋再生混凝土框架节点，增强了组合框架的抗震能力。

表 3-5 组合框架节点的等效黏滞阻尼系数

试件编号	h_{ey}	h_{em}	h_{eu}
CFJ1	0.079	0.138	0.233
CFJ2	0.076	0.137	0.216
CFJ3	0.074	0.135	0.206
CFJ4	0.090	0.147	0.241
CFJ5	0.066	0.105	0.185
CFJ6	0.081	0.137	0.218
CFJ7	0.069	0.122	0.184
CFJ8	0.064	0.114	0.162

试验参数对组合框架节点耗能能力的影响如图 3-11 所示。表 3-5 和图 3-11 表明，随着再生骨料取代率的增加，组合框架节点的耗能能力略有下降。与普通混凝土节点相比，CFJ2（$r=50\%$）和 CFJ3（$r=100\%$）的耗能能力分别降低了 7.3%和 11.6%。随着轴压比的增大，节点的等效黏滞阻尼系数逐渐减小。与 CFJ4（$n=0.18$）相比，CFJ3（$n=0.36$）和 CFJ5（$n=0.54$）的耗能能力分别降低了 14.5%和 23.2%。与 CFJ6（$n=0.18$）节点的耗能能力相比，CFJ8（$n=0.54$）节点的耗能能力降低了 25.6%。这一发现表明，轴压比的增加对节点的耗能能力是不利的。因此，在工程设计中，组合框架节点的轴压比必须受到控制。

3.4.6 刚度退化

刚度退化是由结构或构件在承受横向循环荷载时的塑性变形和损伤累积引起

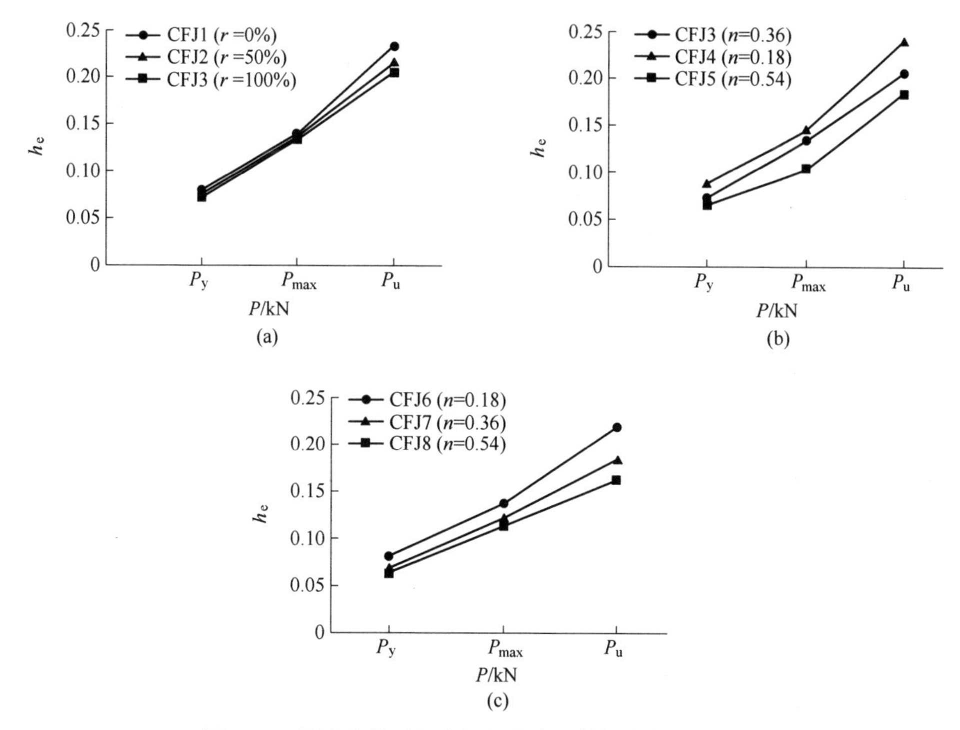

图 3-11 设计参数对组合框架节点试件耗能能力的影响

(a) 再生骨料取代率影响（中节点）；(b) 轴压比影响（中节点）；(c) 轴压比影响（边节点）

的。本书将骨架曲线的割线刚度定义为组合框架节点的刚度，即最大水平荷载与各荷载循环中相应位移的比值。图 3-12 描述了组合框架节点的刚度退化曲线，表 3-6 列出了组合框架节点主要特征点的割线刚度。

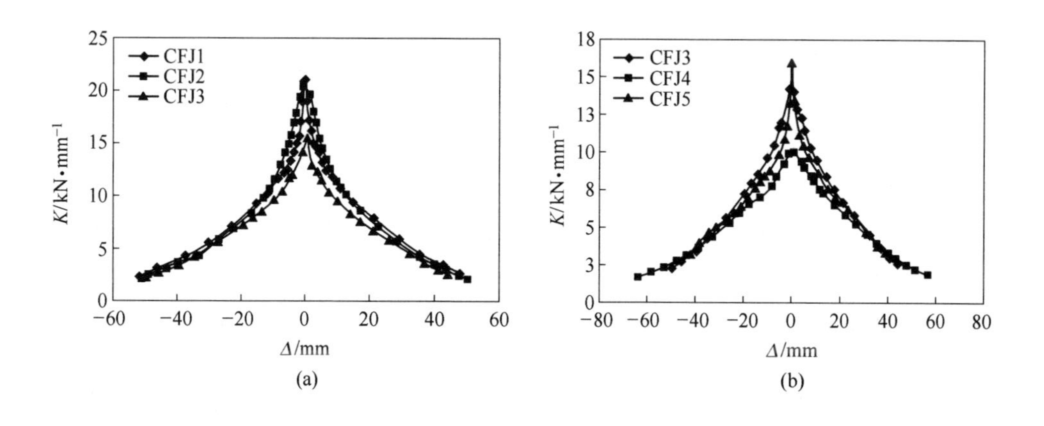

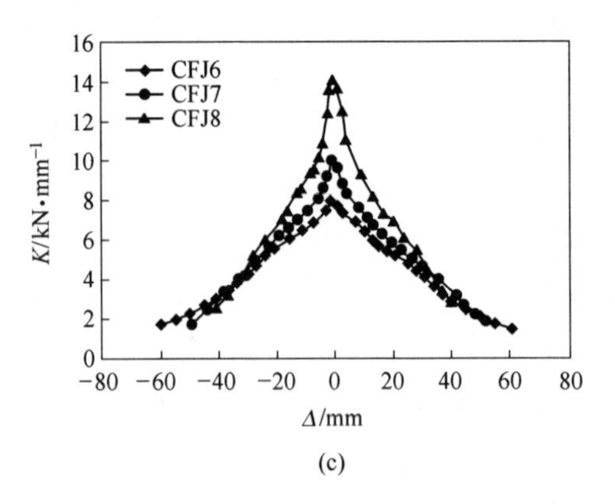

(c)

图 3-12 组合框架节点试件刚度退化曲线

(a) 再生骨料取代率(中节点);(b) 轴压比(中节点);(c) 轴压比(边节点)

表 3-6 组合框架节点试件各特征点刚度值 (kN/mm)

试件编号	开裂点 K_{cr}	屈服点 K_y	峰值点 K_m	极限点 K_u
CFJ1	12.93	9.93	6.30	3.25
CFJ2	13.62	9.51	5.66	3.33
CFJ3	10.21	8.79	5.62	3.22
CFJ4	8.26	7.08	4.47	2.47
CFJ5	9.87	8.89	6.62	4.11
CFJ6	6.84	6.30	4.05	2.18
CFJ7	7.06	6.73	4.47	2.77
CFJ8	9.44	8.07	5.49	3.66

由图 3-12 可知,组合框架节点试件的刚度随着水平荷载的增加而逐渐减小。在加载初期,试件的刚度退化不明显。再生混凝土开裂后,随着载荷的增加,损伤累积逐渐增加,加速了试件的刚度退化。随后,节点核心区的再生混凝土斜对角裂缝继续扩展,节点的有效截面积逐渐减小,导致损伤不断累积。这期间,试件的刚度退化明显。峰值荷载后,再生混凝土强度逐渐丧失,导致节点内力重分布,型钢和内部再生混凝土承受大部分荷载。再随着位移荷载的进一步增加,试件进入屈服阶段,刚度退化曲线逐渐向位移轴倾斜,退化速率进一步加快,直至组合框架节点完全破坏。

图 3-12 (a) 和表 3-6 表明,不同再生骨料取代率组合框架节点的初始刚度不同,加载初期随着取代率的增加,节点的刚度略有下降。显然,CFJ3 (r = 100%) 的初始刚度低于其他试件。当达到峰值荷载之前,各试件的刚度退化曲线差异明显,表明试件的刚度退化速率随取代率的增加而加快。峰值荷载后,随着位移循环次数的增加,试件的水平荷载逐渐减小,刚度退化不断加剧。总体而

言，在加载后期，不同取代率试件的刚度退化曲线趋势基本一致，且相对平缓。这一结果表明，再生骨料取代率对节点刚度退化的影响较小。综上所述，尽管组合节点采用了再生骨料混凝土，但组合节点仍具有较强的刚度，且刚度退化情况正常。由图 3-12（b）和（c）及表 3-6 可知，无论是中节点还是边节点，轴压比对节点刚度的影响显著。与轴压比小的节点相比，大轴压比的节点具有较大的初始刚度。随着循环荷载的增加，节点试件在明显开裂后进入弹塑性阶段，试件的刚度退化速率逐渐增大。不同轴压比试件的刚度退化速率有所不同。大轴压比节点的刚度退化速率明显快于轴压比小的节点试件。研究结果表明，轴压比较小的试件的刚度退化曲线较为平缓，该节点在峰值荷载后的循环荷载作用下表现出良好的延性变形和耗能能力。

3.4.7 强度衰减

通过将每级位移循环下的最大荷载与其第一次循环荷载的比值，绘制得到组合框架节点在往复荷载作用下的强度衰减规律如图 3-13 所示，通过研究发现如下几点。

（1）随着每级位移加载循环次数的增加，组合框架节点试件的强度衰减速率逐渐加快。分析原因主要是在水平往复荷载的作用下，随着裂缝的不断发展，节点核心区的再生混凝土开裂、脱落，逐渐丧失承载能力，从而导致试件受力截面积减小。同时，组合框架节点内部损伤不断积累，内力逐渐转移到型钢上，导致强度衰减速率加快。

（2）再生骨料取代率对组合框架节点（CFJ1～CFJ3）强度衰减的影响不显著。与 CFJ1（$r=0\%$）和 CFJ3（$r=100\%$）的强度衰减相比，CFJ2（$r=50\%$）的强度衰减在第二个循环后越来越快。这主要是因为 CFJ2 同时包含再生骨料和天然骨料，水泥浆体在两种骨料之间的黏结力不同，导致内部应力不均匀。因此，CFJ2 的强度退化速率比另外两个快。另一个原因可能是 CFJ2 的开裂荷载小于其他两种，说明 CFJ2 的开裂发展较快，导致强度下降较快。在位移循环下的第三个循环中，每个节点试件的每一级的残余强度一般保持在 90%左右，没有明显降低，因此再生骨料取代率的差异不会导致节点强度衰减的任何突变。因此，在该组合框架节点中采用不同的再生骨料取代率是可行的。

（3）轴压比对组合框架节点的强度衰减有显著影响，且轴压比对中节点与边节点的强度衰减的影响类似。轴压比小的节点的位移循环次数比轴压比大的节点高，这表明轴压比小的节点强度衰减速率比轴压比大的节点慢。如 CFJ4（$n=0.18$）在各级循环位移作用下的残余强度基本保持在 93%以上，加载过程中强度衰减相对稳定。而 CFJ5（$n=0.54$）的强度衰减速率明显高于轴压比小的 CFJ4，最终循环的残余强度约为 85%。这主要是由于再生混凝土在循环载荷下容易发生拉伸破坏，尤其在较大轴压比工况下承受的轴压力较大，导致再生混凝土早期失效，组合框架节点的有效承载面积减小，而强度衰减速率加快。

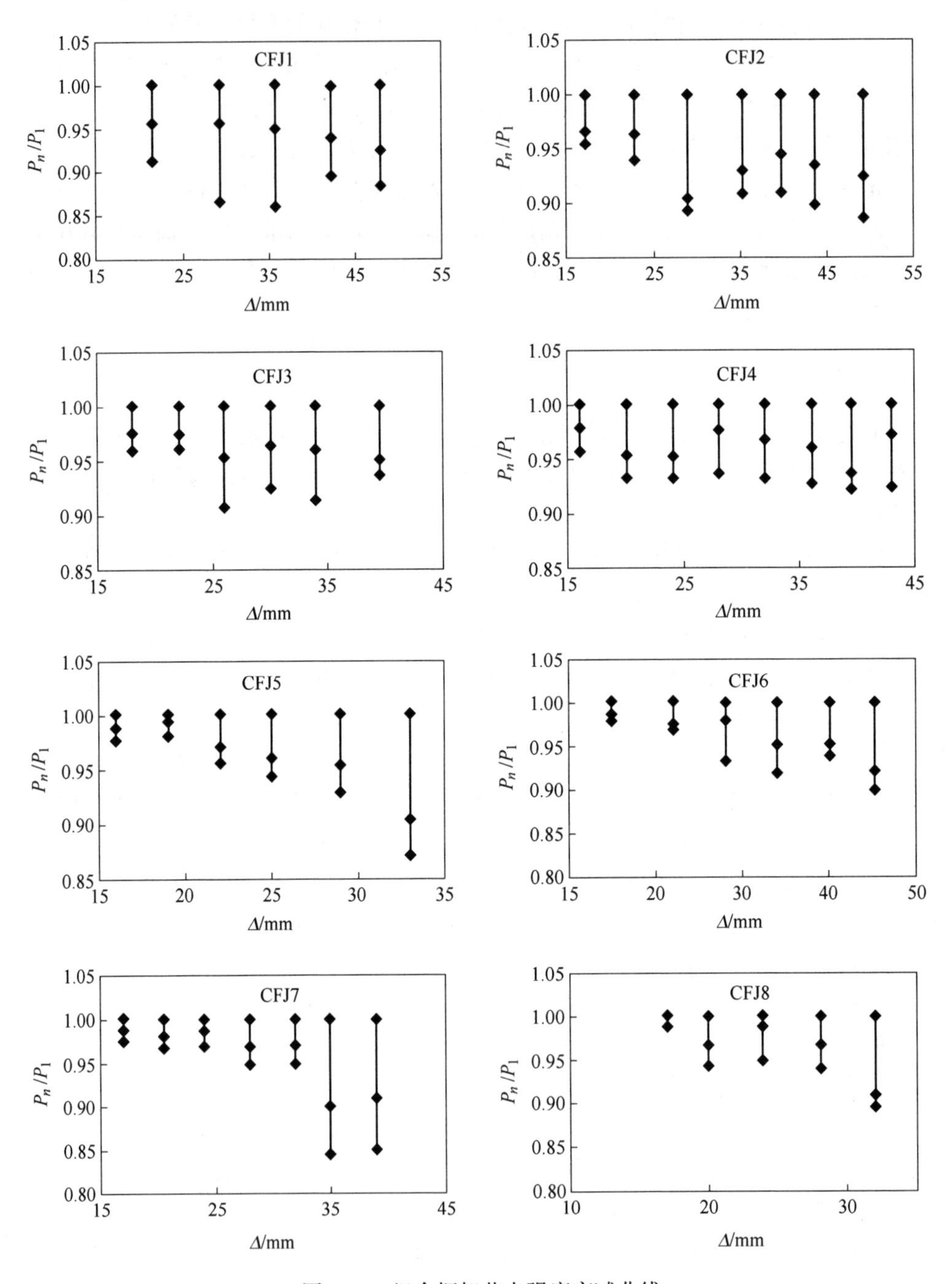

图 3-13　组合框架节点强度衰减曲线

3.5 节点核心区应变

在试验过程中通过TDS-303型采集仪对型钢以及钢筋应变进行采集，得到了不同荷载下组合框架节点核心区型钢、纵筋、箍筋以及钢梁应变如图3-14~图3-21所示，并对组合框架节点核心区受力机理进行分析，具体有如下发现。

（1）在组合框架节点试件达到开裂荷载前，各特征部位的应变值均较小，这段时间的型钢翼缘与纵筋的应变相对较大，且增加趋势相近，这主要由于此刻轴向压力占主导因素，此刻的水平荷载作用不明显，从核心区型钢腹板和箍筋的应变值也可反映这一现象。节点核心区的型钢腹板与箍筋此时只承担了一小部分剪力，大部分剪力由节点核心区的再生混凝土承担。当节点达到屈服荷载时，节点核心区的型钢腹板和箍筋应变迅速增加，型钢腹板基本达到局部屈服，而这时的型钢翼缘和纵筋的应变增长速度反而有所减缓。这说明型钢腹板和箍筋的承担剪力的比例逐渐增大，轴压力对型钢翼缘与纵筋的应变影响趋于稳定。当节点达到峰值荷载时，节点核心区的再生混凝土严重开裂，此刻型钢腹板完全屈服，但箍筋并未完全屈服，此现象表明，型钢腹板和箍筋承担剪力的比例进一步提高，这二者在组合框架节点抗剪承载力方面发挥了重要作用。随后，节点试件的水平承载力逐渐降低，但由于型钢和箍筋的作用，节点水平承载力并未急剧减小，而是以越来越平缓的速率在降低，充分地说明该组合框架节点在试验加载后期仍具有良好的抗剪承载力和变形能力。当节点达到极限荷载时，节点核心区出现典型的剪切破坏现象，型钢腹板明显进入强化阶段。在此阶段，节点核心区的大部分箍筋已达到屈服状态，部分钢翼缘和纵向钢筋均已局部屈服。随着荷载的持续增加，节点核心区大量的再生混凝土脱落，直至节点的水平承载力丧失。

（2）由于试验中钢梁未出现明显的屈曲破坏，梁端腹板应变较小，基本处于弹性段，故本书只对梁端翼缘应变进行分析。在峰值荷载之前，组合框架节点的梁端翼缘应变基本呈线性增长趋势，但钢梁整体应变值小于核心区型钢的应变值，符合组合节点试验的设计初衷，探究节点核心区破坏形态，这与标准设计节点的破坏机制不同。峰值荷载之后，随着水平荷载的进一步增大，节点的变形随之增大，梁端应变也增加。当节点加载后期，达到极限荷载，节点核心区再生混凝土明显脱落，箍筋外露，组合框架节点基本失去承载能力，此时部分钢梁翼缘应变值达到屈服。

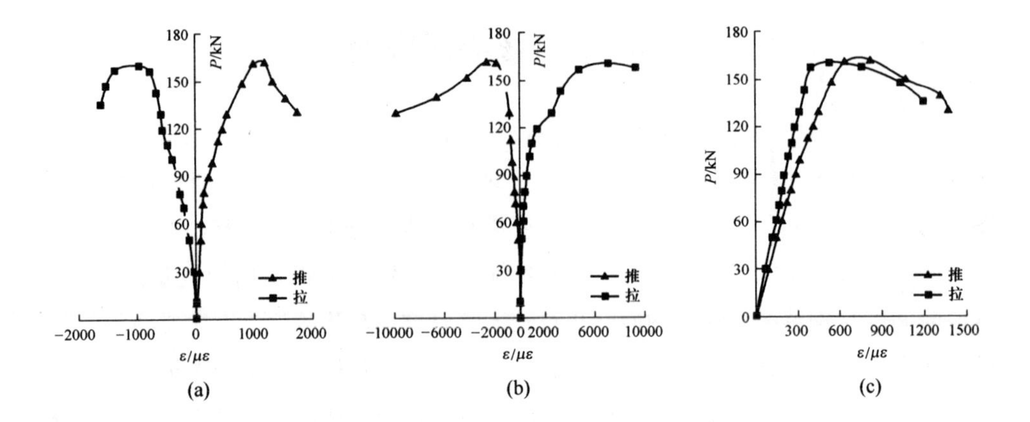

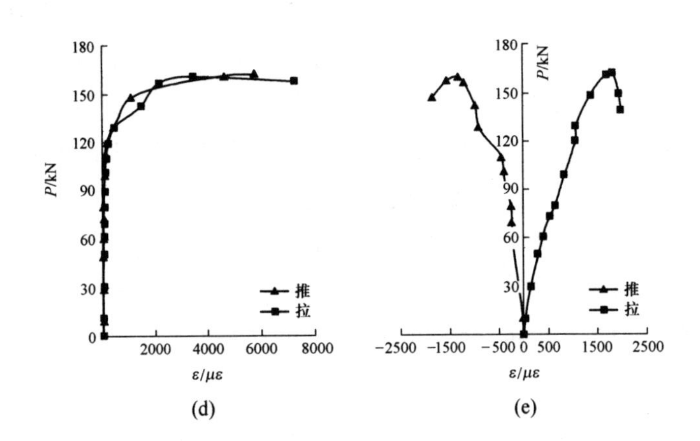

图 3-14　CFJ1 组合框架节点核心区各特征部位应变

（a）型钢翼缘应变；（b）型钢腹板应变；（c）钢梁翼缘应变；

（d）箍筋应变；（e）纵筋应变

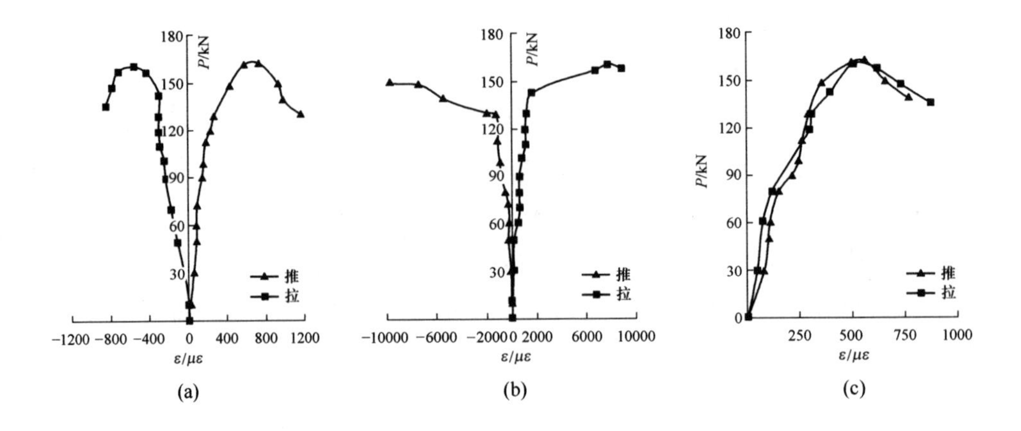

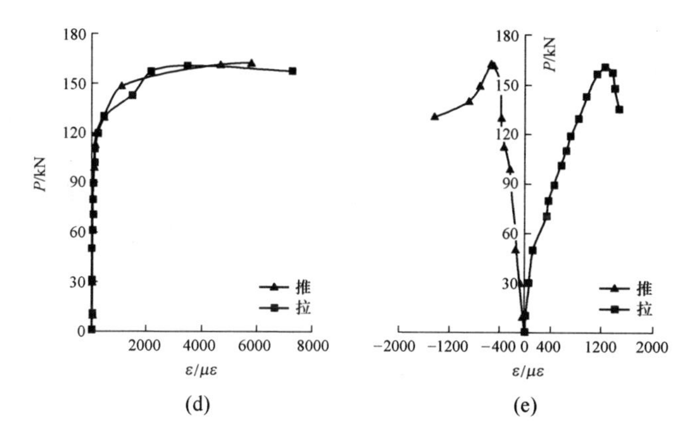

图 3-15 CFJ2 组合框架节点核心区各特征部位应变

（a）型钢翼缘应变；（b）型钢腹板应变；（c）钢梁翼缘应变；（d）箍筋应变；（e）纵筋应变

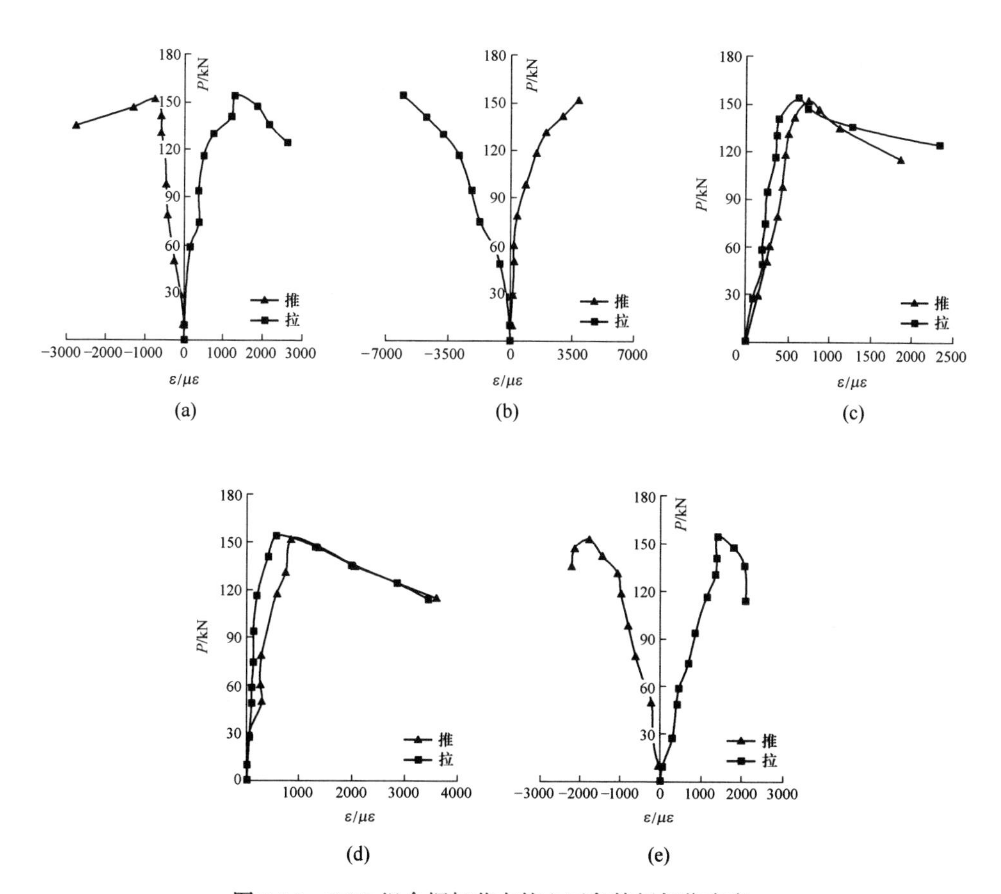

图 3-16 CFJ3 组合框架节点核心区各特征部位应变

（a）型钢翼缘应变；（b）型钢腹板应变；（c）钢梁翼缘应变；（d）箍筋应变；（e）纵筋应变

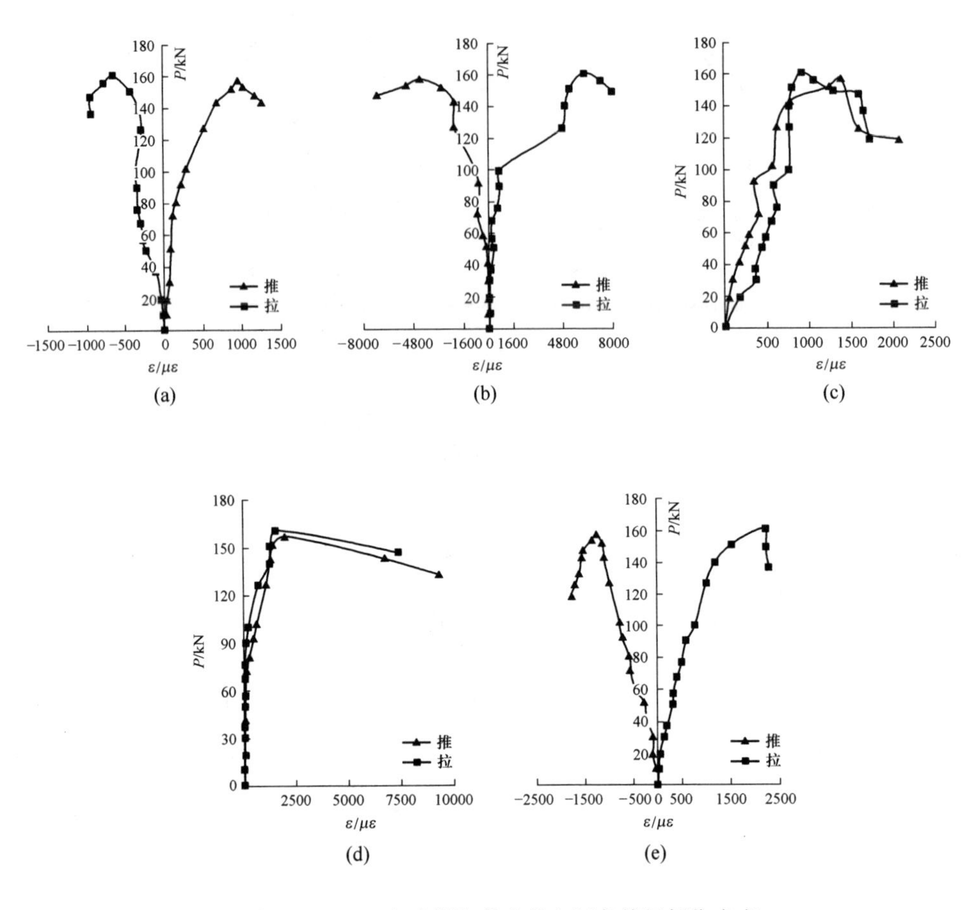

图 3-17　CFJ4 组合框架节点核心区各特征部位应变

（a）型钢翼缘应变；（b）型钢腹板应变；（c）钢梁翼缘应变；（d）箍筋应变；（e）纵筋应变

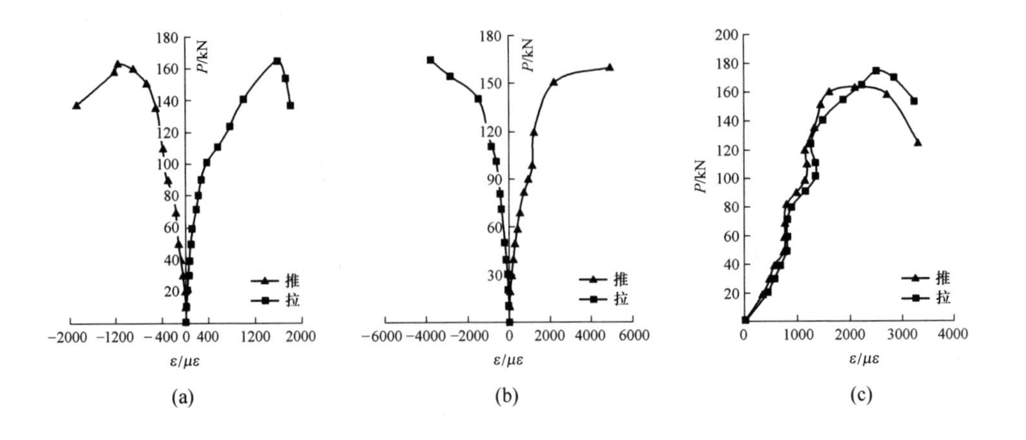

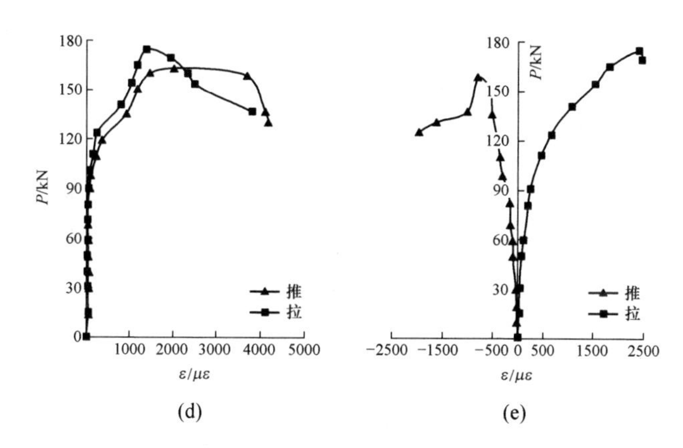

图 3-18 CFJ5 组合框架节点核心区各特征部位应变

（a）型钢翼缘应变；（b）型钢腹板应变；（c）钢梁翼缘应变；（d）箍筋应变；（e）纵筋应变

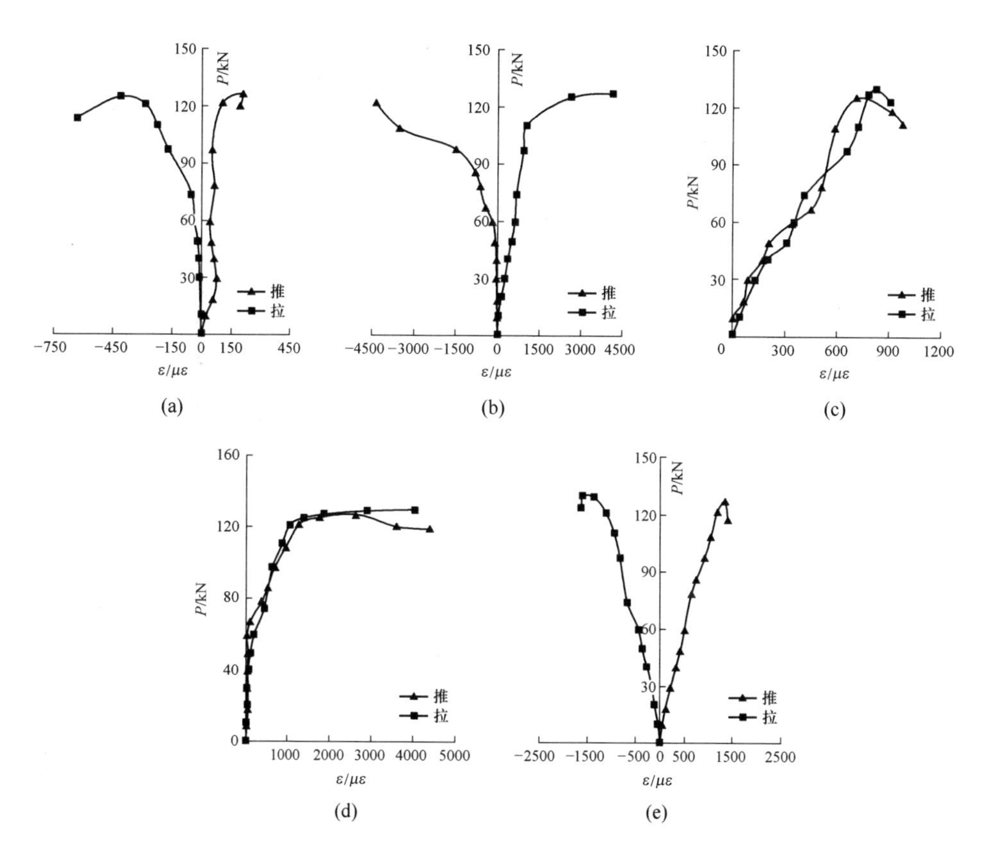

图 3-19 CFJ6 组合框架节点核心区各特征部位应变

（a）型钢翼缘应变；（b）型钢腹板应变；（c）钢梁翼缘应变；（d）箍筋应变；（e）纵筋应变

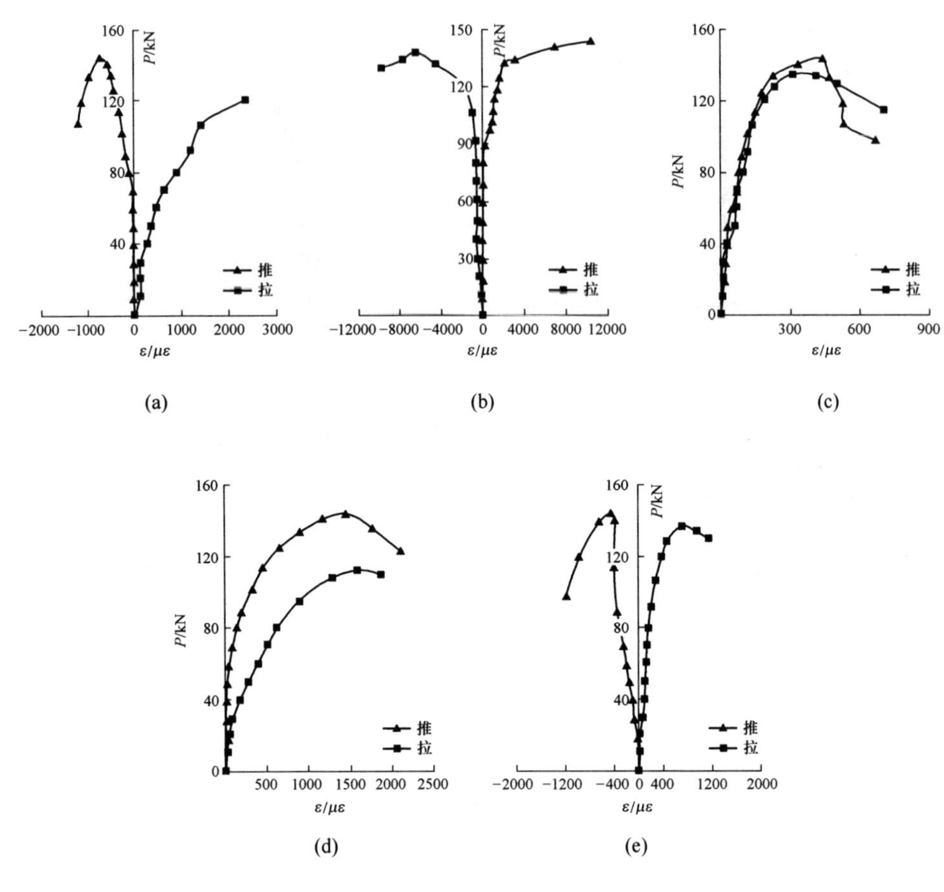

图 3-20 CFJ7 组合框架节点核心区各特征部位应变
（a）型钢翼缘应变；（b）型钢腹板应变；（c）钢梁翼缘应变；
（d）箍筋应变；（e）纵筋应变

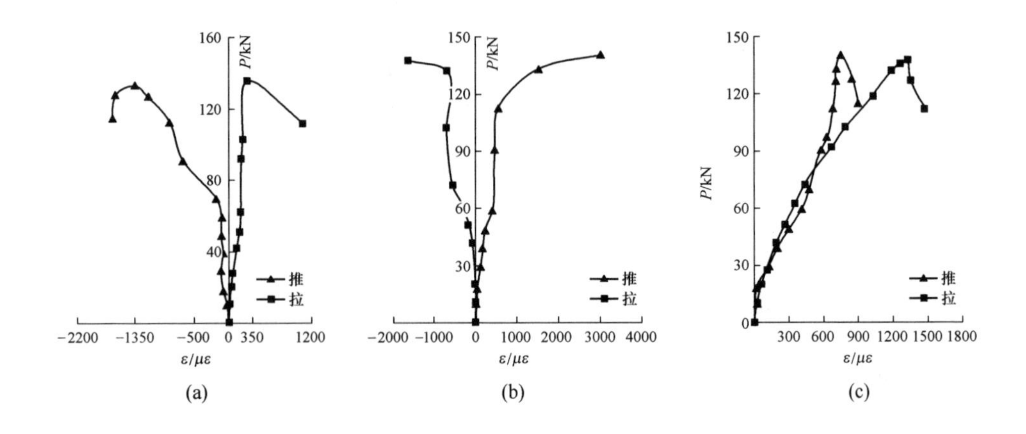

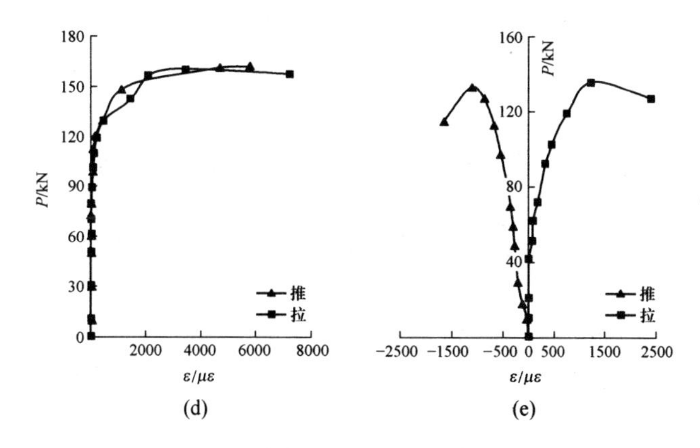

图 3-21 CFJ8 组合框架节点核心区各特征部位应变

（a）型钢翼缘应变；（b）型钢腹板应变；（c）钢梁翼缘应变；（d）箍筋应变；（e）纵筋应变

3.6 本 章 小 结

本章对 8 榀型钢再生混凝土柱-钢梁组合框架节点进行了低周反复荷载试验研究，研究了各设计参数对该类型组合节点抗震性能的影响，结论如下。

（1）在低周往复荷载作用下，不管中节点还是边节点的破坏过程与破坏特征均比较相似，且发生典型的剪切破坏。不同再生骨料取代率的组合框架节点裂缝的发展和分布规律具有相似性。轴压比对组合框架节点的开裂荷载影响较大，开裂荷载随轴压比的增大而增大。

（2）组合框架节点的滞回曲线均呈现典型的梭形，延性系数的均值大于 3.0，表明该组合框架节点具有良好的抗震性能。随着取代率的提高，组合框架节点的水平承载力和延性略有下降；而随轴压比的提高，组合框架节点的水平承载力有所提高，但其刚度退化速率加快，耗能能力也明显下降，故在该类组合框架节点设计中需严格控制轴压比。

（3）组合框架节点的等效黏滞阻尼比随着再生骨料取代率和轴压比的增大而逐渐减小，说明组合框架节点的耗能能力随着这两个设计参数的增大而降低。组合框架节点的平均等效黏滞阻尼比为 0.206，表明该类型组合框架节点具有良好的耗能能力。

（4）组合节点试件的实测极限侧移角均值为 1/35，大于普通钢筋混凝土框架的侧移角限值，表明该类组合框架节点在地震作用下能够表现出更好的变形和耗能能力。

4　型钢再生混凝土柱-钢梁组合框架节点静力弹塑性非线性分析

非线性有限元分析方法能够解决较为复杂的结构应力和变形问题，并拥有丰富的材料数据库，可以模拟金属、混凝土等各式各样的材料性能。目前，较普遍地采用 ABAQUS 和 ANSYS 两个分析软件对型钢混凝土梁柱节点进行数值模拟，其中 ABAQUS 作为通用的数值模拟软件，能解决大量结构方面的应力或者位移相关问题，并且其具有较好的可靠性，因此在各行各业的数值研究中具有普遍的运用。本章结合前文的试验研究，选取合适的材料本构模型和非线性分析理论，采用 ABAQUS 建立合理的组合框架节点数值模型，验证模型的合理性与适用性，进而对该组合框架节点展开参数拓展分析。

4.1　型钢再生混凝土柱-钢梁组合框架节点的有限元模型建立

4.1.1　材料本构

在 ABAQUS 有限元分析软件中，材料特性直接表现为本构模型的选择。合理的本构模型即为更接近实际的本构方程或应力-应变模型，能够反映出实际的试验模型在发生破坏时材料的破坏特点。依照组合框架节点试验的基础，针对型钢、钢筋和再生混凝土三种材料属性，选择下列各材料本构模型进行该组合框架节点的有限元非线性分析。

4.1.1.1　型钢本构关系

试验型钢钢材均为 Q235 低碳钢，它属于各向同性的弹塑性材料，具有明显的屈服点，其应力-应变关系曲线一般采用简化的二次塑流模型，此模型认为钢材纵向应力达屈服应力后直接进入强化阶段，而塑流阶段强度不变。二次塑流模型不仅可以考虑到钢材的强化作用，而且能够反映出真实的材料特性，因此本节选取此模型作为型钢本构模型，钢材应力-应变曲线如图 4-1 所示。其应力-应变数学表达式按式（4-1）确定：

$$\sigma_{\mathrm{i}}=\begin{cases}E_{\mathrm{s}}\varepsilon_{\mathrm{i}} & \varepsilon_{\mathrm{i}}\leqslant\varepsilon_{\mathrm{y}}\\ f_{\mathrm{s}} & \varepsilon_{\mathrm{y}}<\varepsilon_{\mathrm{i}}\leqslant\varepsilon_{\mathrm{st}}\\ f_{\mathrm{s}}+\zeta E_{\mathrm{s}}(\varepsilon_{\mathrm{i}}-\varepsilon_{\mathrm{st}}) & \varepsilon_{\mathrm{st}}<\varepsilon_{\mathrm{i}}\leqslant\varepsilon_{\mathrm{u}}\\ f_{\mathrm{u}} & \varepsilon_{\mathrm{i}}>\varepsilon_{\mathrm{u}}\end{cases}\tag{4-1}$$

式中 σ_i——钢材等效应力；

f_s——钢材屈服强度；

f_u——钢材极限强度；

E_s——钢材弹性模量；

ζ——强化系数，$\zeta = 1/216$；

ε_i——钢材等效应变；

ε_y——钢材屈服时的应变；

ε_u——钢材极限时的应变，$\varepsilon_u = 120\varepsilon_y$；

ε_{st}——钢材强化阶段开始时的应变，$\varepsilon_{st} = 12\varepsilon_y$。

钢材的泊松比假定为：

$$\nu_s = \begin{cases} 0.285 & \varepsilon_i \leqslant 0.8\varepsilon_y \\ 1.075(\sigma_i/f_s - 0.8) + 0.285 & 0.8\varepsilon_y < \varepsilon_i \leqslant \varepsilon_y \\ 0.5 & \varepsilon_i > \varepsilon_y \end{cases} \tag{4-2}$$

上述钢材皆使用 Miss 屈服准则，其等效应力数学表达式为：

$$\sigma_s = \sqrt{\frac{1}{2}[(\sigma_1 - \sigma_2)^2 + (\sigma_2 - \sigma_3)^2 + (\sigma_1 - \sigma_3)^2]} \tag{4-3}$$

式中，σ_1、σ_2、σ_3 分别为三个方向主应力。

在 3D 空间中，Miss 屈服面是一个以 $\sigma_1 = \sigma_2 = \sigma_3$ 为轴的圆柱面，而在 2D 平面中，屈服面则是一个椭圆，屈服面内的任何应力状态都是弹性的，而屈服面之外的任何应力状态都会引起屈服，Miss 屈服准则适用于韧性较好的材料。Miss 屈服准则在空间的表示如图 4-2 所示。

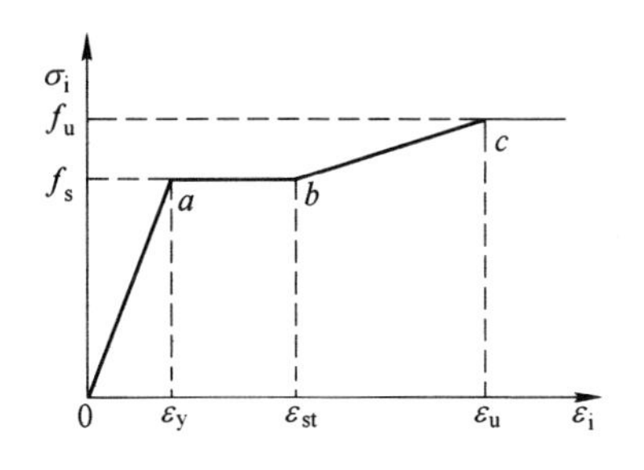

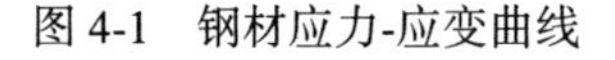
图 4-1 钢材应力-应变曲线

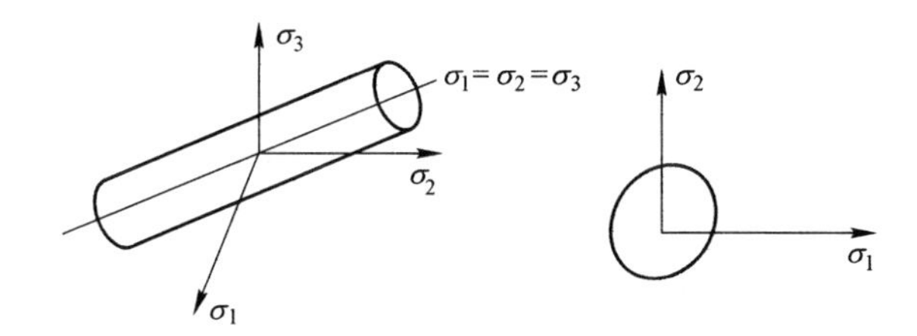

图 4-2 Miss 屈服准则示意图

4.1.1.2 钢筋模型

现有研究发现，混凝土与钢筋之间的黏结滑移在结构滞回分析中的直接表现则是“捏缩”现象的出现，故如何准确描述“捏缩”现象是数值分析中的难点之一。深圳大学方自虎建立了考虑黏结滑移效应的钢筋滞回模型。与其他模型相比较，该模型对结构滞回性能的模拟具有较好的数值效果，且基于 ABAQUS 平台进行了该钢筋模型的二次开发，其编写的小程序便于后期的研究应用与工程设计。因此，本书选取该钢筋模型进行组合节点的滞回性能模拟，模型如图 4-3 所示。

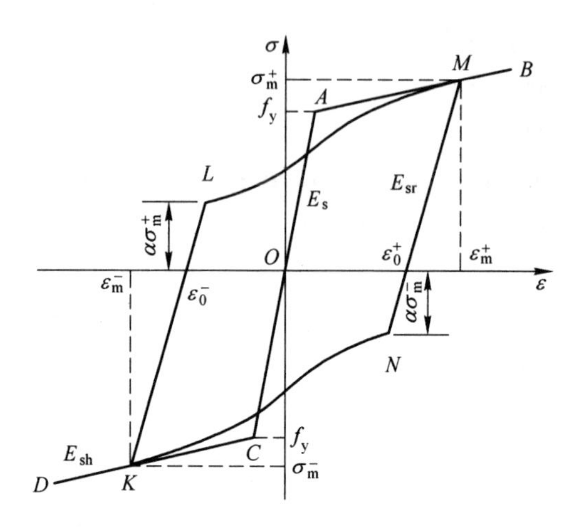

图 4-3 钢筋模型

图 4-3 中 *OAB* 段为钢筋的受拉包络线；*OCD* 段为钢筋的受压包络线；*MN* 和 *KL* 分别为对应的卸载段；*LM* 和 *NK* 分别为重加载段；*M* 点为历史最大拉应力应变点；*K* 点为历史最大压应力应变点；σ_{m}^{+} 和 σ_{m}^{-} 分别为最大拉应力和最大压应力；$\varepsilon_{\mathrm{m}}^{+}$ 和 $\varepsilon_{\mathrm{m}}^{-}$ 分别为最大拉应变和最大压应变；分别用 ε_{0}^{+} 和 ε_{0}^{-} 表示拉、压卸载段与应变坐标轴交点的应变；α 为滞回能耗影响系数；E_{s}、E_{sh} 和 E_{sr} 分别为初始刚度、硬化刚度和卸载刚度。

4.1.1.3 再生混凝土模型

本书研究的型钢再生混凝土柱组成主要为再生混凝土、型钢钢骨和构造钢筋。此外，再生混凝土部分会受到不同形式的约束，大致可分为钢筋约束部分和型钢钢骨约束部分；两者对再生混凝土的约束强弱程度的不同，可将钢筋约束区域称为弱约束区，型钢钢骨约束区域称为强约束区，图 4-4 为型钢再生混凝土柱截面约束区域划分详图。

为建模方便，将图 4-4 中的弧形区域划分简化为直线形，借鉴此直线型划分方法将研究的型钢再生混凝土柱截面约束区域进行划分如图 4-5 所示。

无约束再生混凝土区域、弱约束再生混凝土区域和强约束再生混凝土区域的应力-应变曲线如图 4-6 所示。

A 无约束区域再生混凝土

目前为止，国内外研究学者对再生混凝土的应力-应变模型各持己见，未形

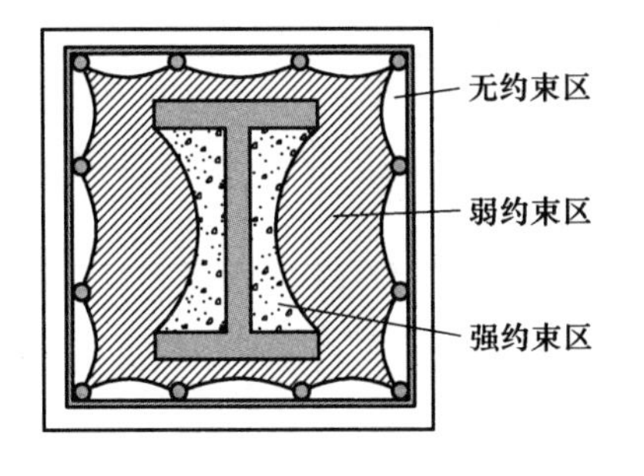

图 4-4 型钢组合柱截面区域划分

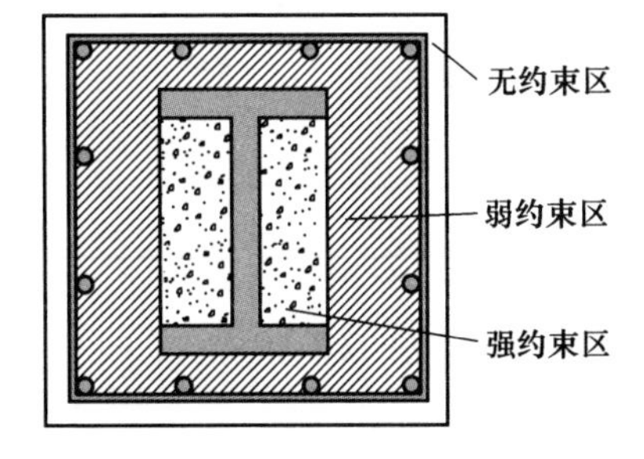

图 4-5 组合柱截面区域简化

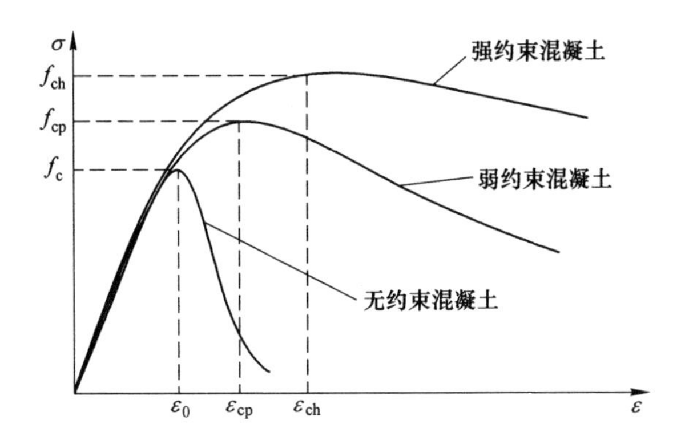

图 4-6 再生混凝土本构关系曲线

成统一的定论。因此，无约束区域的再生混凝土的弹性模量和抗压强度采用试验实测值，然后根据文献中提出的再生混凝土本构关系计算各参数，其具体表达式见式（4-4）。

$$y=\begin{cases}ax+(3-2a)x^2+(a-2)x^3 & 0\leqslant x<1\\ \dfrac{x}{b(x-1)^2+x} & x\geqslant 1\end{cases}\tag{4-4}$$

其中，$x=\varepsilon/\varepsilon_0$，$y=\sigma/f_c$，$\varepsilon_0$ 为再生混凝土的峰值应变，f_c 为再生混凝土轴心抗压强度，a、b 为与再生粗骨料取代率 r 相关的参数。

表 4-1 为本书中使用的再生粗骨料取代率对应的再生混凝土参数 a、b 取值。其计算表达式如下：

$$a=2.2(0.748r^2-1.231r+0.975)\tag{4-5}$$

$$b=0.8(7.6483r+1.142)\tag{4-6}$$

表 4-1　参数 *a* 和 *b* 在不同取代率下的取值

再生粗骨料取代率 r	0	50%	100%
a	2.2	1.26	1.04
b	0.8	3.96	7.5

B　弱约束区域再生混凝土

弱约束区域的再生混凝土采用 Mander 钢筋约束混凝土本构模型，其应力应变数学表达式如下：

$$\sigma = \frac{f_{cp} x r}{r - 1 + x^r} \tag{4-7a}$$

$$x = \frac{\varepsilon}{\varepsilon_{cp}} \tag{4-7b}$$

$$r = \frac{E_c}{E_c - E_{sec}} \tag{4-7c}$$

$$k_{p1} = \frac{f_{cp}}{f_c'} \tag{4-7d}$$

$$k_{p2} = \frac{\varepsilon_{cp}}{\varepsilon_0} = 1 + 5\left(\frac{f_{cp}}{f_c'} - 1\right) \tag{4-7e}$$

式中 f_{cp}——弱约束区域再生混凝土峰值应力；

E_{sec}——弱约束区域再生混凝土割线模量，$E_{sec} = f_{cp}/\varepsilon_{cp}$；

ε_{cp}——弱约束区域再生混凝土峰值应变；

k_{p1}，k_{p2}——弱约束区域再生混凝土强度提高系数和应变提高系数，取值见表 4-2。

表 4-2　约束混凝土强度和应变提高系数

再生骨料取代率/%	立方体抗压强度 f_{rcu}/MPa	弱约束混凝土		强约束混凝土	
		k_{p1}	k_{p2}	k_{h1}	k_{h2}
0	45.98	1.29	2.60	1.60	4.00
50	44.46	1.29	2.60	1.60	4.00
100	40.65	1.31	2.80	1.50	3.80

C　强约束区域再生混凝土

强约束区域再生混凝土与弱约束区域再生混凝土本构曲线类似，其数学表达式如下：

$$\sigma = \frac{f_{ch} x r}{r - 1 + x^r} \tag{4-8a}$$

$$x = \frac{\varepsilon}{\varepsilon_{ch}} \tag{4-8b}$$

$$r = \frac{E_c}{E_c - E_{sec}} \tag{4-8c}$$

$$k_{h1} = \frac{f_{ch}}{f'_c} \tag{4-8d}$$

$$k_{h2} = \frac{\varepsilon_{ch}}{\varepsilon_0} = 1 + 5\left(\frac{f_{ch}}{f'_c} - 1\right) \tag{4-8e}$$

式中 f_{ch}——强约束区域再生混凝土峰值应力；

E_{sec}——强约束区域再生混凝土割线模量，$E_{sec} = f_{ch}/\varepsilon_{cp}$；

ε_{cp}——强约束区域再生混凝土峰值应变；

k_{h1}，k_{h2}——强约束区域再生混凝土强度提高系数和应变提高系数，取值见表4-2。

混凝土受拉作用对结构分析的影响较小，特别是循环荷载作用下影响更小。对于混凝土受拉的应力-应变曲线关系，只有我国规范《混凝土结构通用规范》（GB 55008—2021）作出规定，而欧盟规范和美国规范均未有所规定。因此，建议将再生混凝土受拉上升段取为直线，下降段则采用我国规范的公式。

4.1.2 再生混凝土损伤定义

ABAQUS 在混凝土往复荷载模拟时提供的是混凝土塑性损伤模型，在往复荷载作用下，混凝土模型的损伤指数对模拟结果影响比较明显，而且本书试验中采用的再生粗骨料是由废弃混凝土破碎所得，其内部存在损伤对再生混凝土的性能亦有较大的影响。为了提高 ABAQUS 在非线性计算的精度，国内外诸多学者在进行有限元模拟时，均考虑了再生混凝土的损伤情况。目前，针对混凝土建立的损伤模型较多，结合上文中选取的再生混凝土模型，采用 Mander 法中损伤因子计算，其公式如下：

$$d_c = 1 - \frac{E_{sec2}}{E_c} \tag{4-9}$$

确定混凝土峰值应变 ε_{cc} 和反向卸载点（ε_{un}，σ_{un}）是 Mander 法求解损伤因子的关键。

对于材料的屈服函数和塑性势函数是影响再生混凝土性能的关键因素，本书采用子午面（p、q）和偏平面（q、θ）来表示。屈服条件准则如下：

$$\sigma \leqslant 0: f = q - 3\alpha p + \gamma\sigma_1 - (1-\alpha)\sigma_{ci} = 0 \tag{4-10}$$

$$\sigma_1 > 0: f = q - 3\alpha p + \beta\sigma_1 - (1-\alpha)\sigma_{ci} = 0 \tag{4-11}$$

图 4-7 和图 4-8 为再生混凝土塑性损伤模型的平面应力屈服面和偏平面上的应力屈服面。

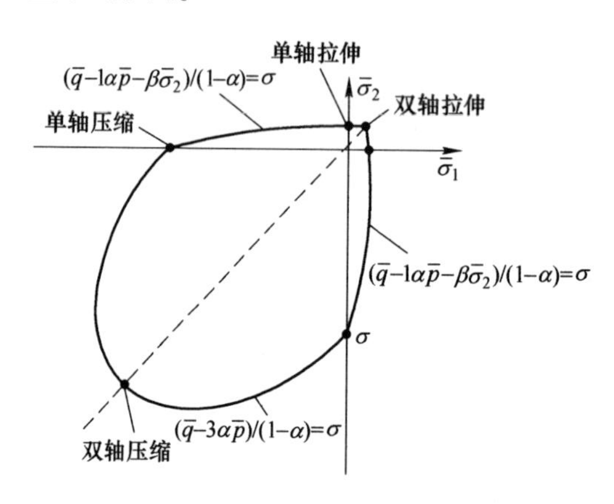

图 4-7　平面应力状态上的屈服面

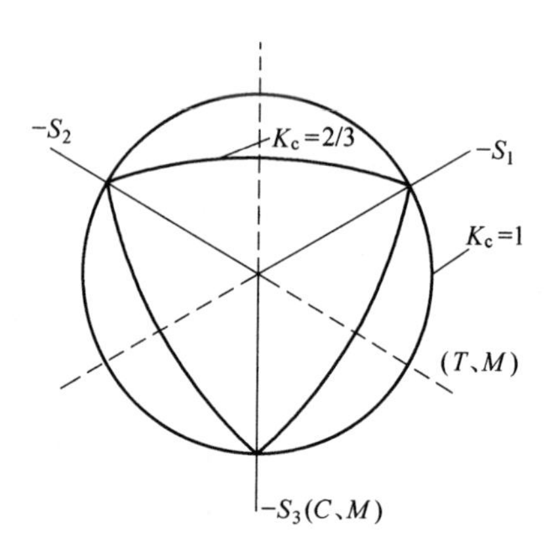

图 4-8　偏应力状态上的屈服面

4.1.3　单元类型选择及接触设置

本书在使用 ABAQUS 有限元软件建模时，选择实体单元类型和桁架单元类型。其中型钢梁、内置柱型钢以及再生混凝土均采用 C3D8R 单元类型，即为八节点六面体减缩积分实体单元。组合柱中纵筋和箍筋则使用 T3D2 单元类型，即为双节点三维桁架单元。采用这两种单元类型混合建模，一定程度上不但提高了计算精度，又保证了运算速度，适合本书组合框架的非线性有限元模型分析。

钢筋部分则通过 ABAQUS 中的 embed 功能嵌入到再生混凝土中。试件制作过程中，型钢与再生混凝土之间未设置栓钉等抗滑构造措施，因此需要对型钢与再生混凝土之间的相互作用进行定义，二者接触面法线方向接触选用运动学接触，又称“硬”接触，即除相互接触外，表面之间不产生相互作用力，而且允许接触后分离。切线方向的黏结滑移采用库仑摩擦模型，如图 4-9 所示。当界面所传递的剪应力超过临界值 τ_{crit}后，作用界面之间会发生相对滑动，在滑动过程中，界面剪应力保持在临界值 τ_{crit}。图 4-10 为临界剪应力 τ_{crit}与法向压力 p 的关系，数学表达式如下：

$$\tau_{crit} = \mu \cdot p \geqslant \tau_{bond} \tag{4-12}$$

式中　τ_{bond}——平均界面黏结力；

μ——摩擦系数，钢与混凝土界面摩擦系数在 0.2~0.6 之间，结合本书所用再生混凝土性质参考文献研究结果将摩擦系数取为 0.25。

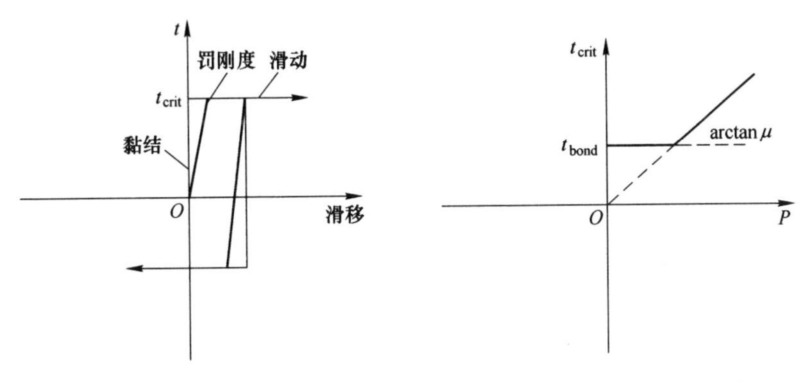

图 4-9 界面剪应力与滑移　　图 4-10 界面临界剪应力

4.1.4 边界条件及网格划分

型钢再生混凝土柱-钢梁组合框架节点的有限元整体模型按试验的尺寸建模，如图 4-11（a）所示。组合框架节点模型的边界条件与试件实际试验的加载条件一致，在型钢再生混凝土柱顶施加水平往复荷载和轴向力，钢梁端部采用连杆连接，柱底采用铰接。组合框架节点在试验时，采用的是力和位移混合加载方式，考虑到有限元模拟采用位移控制更容易实现计算收敛，因此，在 ABAQUS 有限元模拟时，组合框架节点试件均采用位移控制来近似模拟试验时的力和位移混合控制方式。

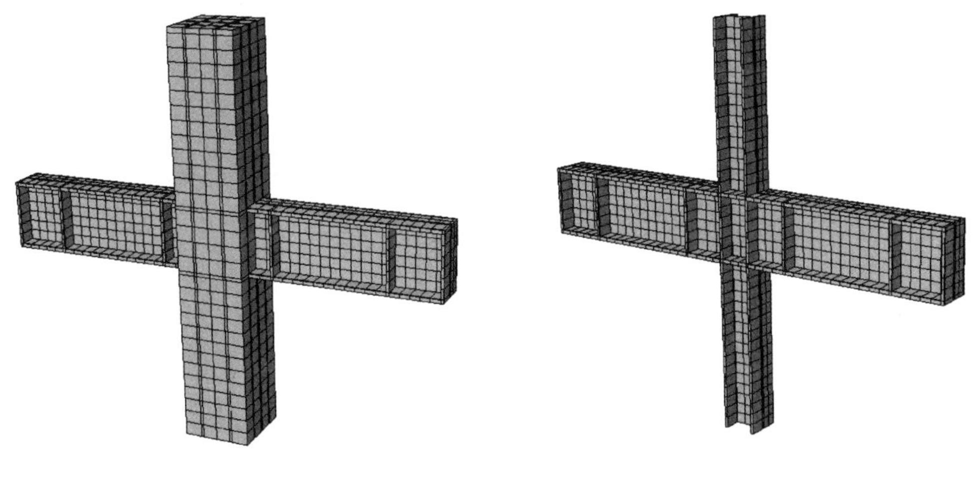

(a)　　(b)

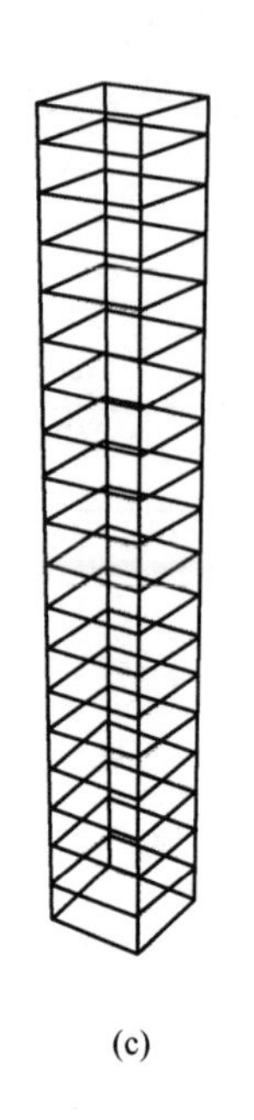

(c)

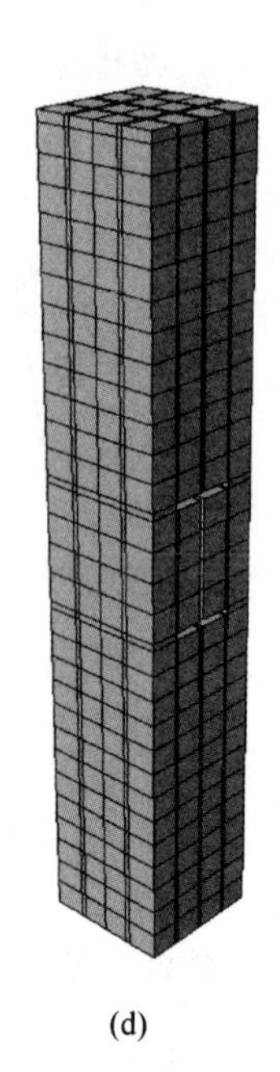

(d)

图 4-11 组合框架节点单元网格划分

(a) 试件整体；(b) 型钢骨架；(c) 钢筋笼；(d) 再生混凝土

本书在进行网格划分时，先将整体模型切割成若干规则形状的单元模型，再采用结构网格划分，考虑到计算结果的精确和运算效率，本书在经过多次试算后，选择网格尺寸为 50mm×50mm，组合框架节点的型钢骨架、钢筋笼、再生混凝土的网格划分如图 4-11 所示。

4.1.5 非线性方程求解

在 ABAQUS 的非线性分析中，非线性方程不能直接使用线性方法求解，必须采用迭代法，本次计算模型中采用迭代法中较为经典的 Newton-Raphson 迭代法进行计算。

一般非线性问题经过一系列计算转化为代数方程组：

$$K(a)a - f = 0 \tag{4-13}$$

假定：

$$\psi = Ka - f \neq 0 \tag{4-14}$$

将 $\psi(a^{(r+1)})$ 在近似解 $a^{(r)}$ 展开为保留线性项的 Taylor 展开式：

$$\psi(a^{(r+1)}) = \psi(a^{(r)}) + K_T(a)\Delta a^{(r)} = 0 \tag{4-15}$$

其中：

$$a^{(r+1)} = a^{(r)} + \Delta a^{(r)} \tag{4-16}$$

$$\Delta a^{(r)} = (K_T^{(r)})^{-1}(f - P^{(r)}) \tag{4-17}$$

上述迭代循环的计算过程，达到收敛目标之前，反复运算直至达到要求。这整个迭代的循环过程就是 Newton-Raphson 迭代法，针对本书的非线性问题，将荷载离散化为无数个荷载增量，建立单个增量的平衡方程，每一步求解完成后调节刚度矩阵以继续进行下一步运算。

4.2 组合框架节点的有限元模型验证

4.2.1 试验结果与模拟结果对比分析

通过对组合框架节点试件 CFJ1~CFJ8 的建模计算，得到了各节点试件的荷载-位移滞回曲线，试验结果与有限元模拟结果的滞回曲线对比图如图 4-12 所示。通过滞回曲线数据处理可以得到各个组合框架节点试件的骨架曲线，试验结果与有限元模拟结果的骨架曲线对比图如图 4-13 所示。

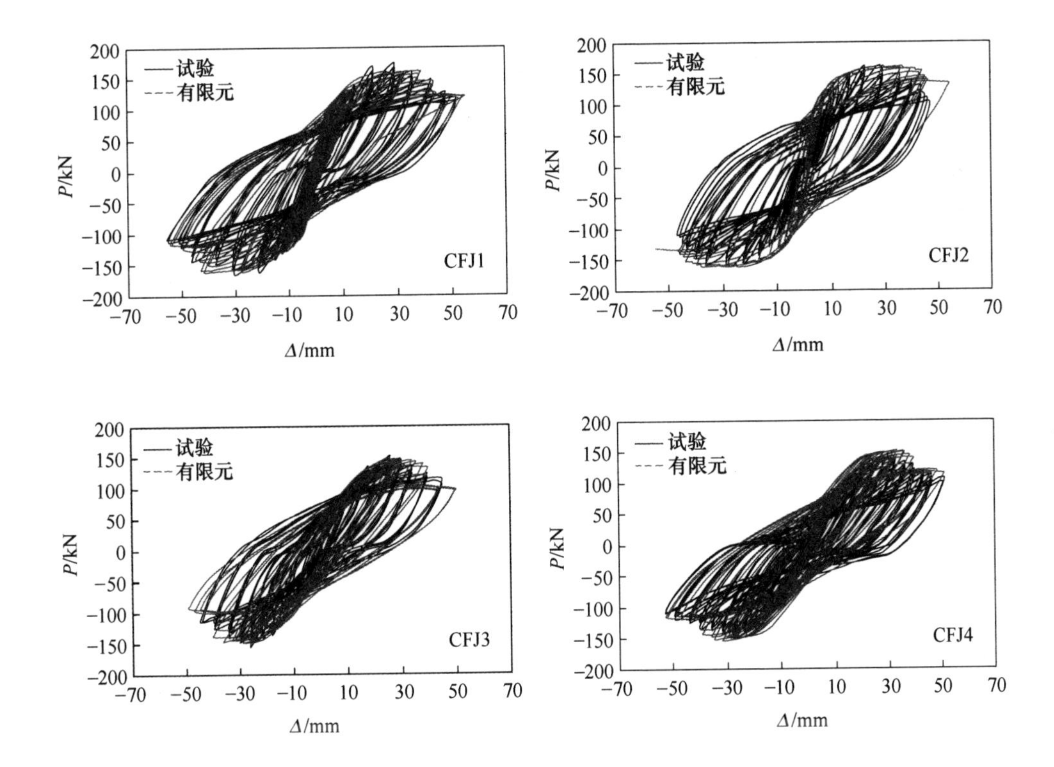

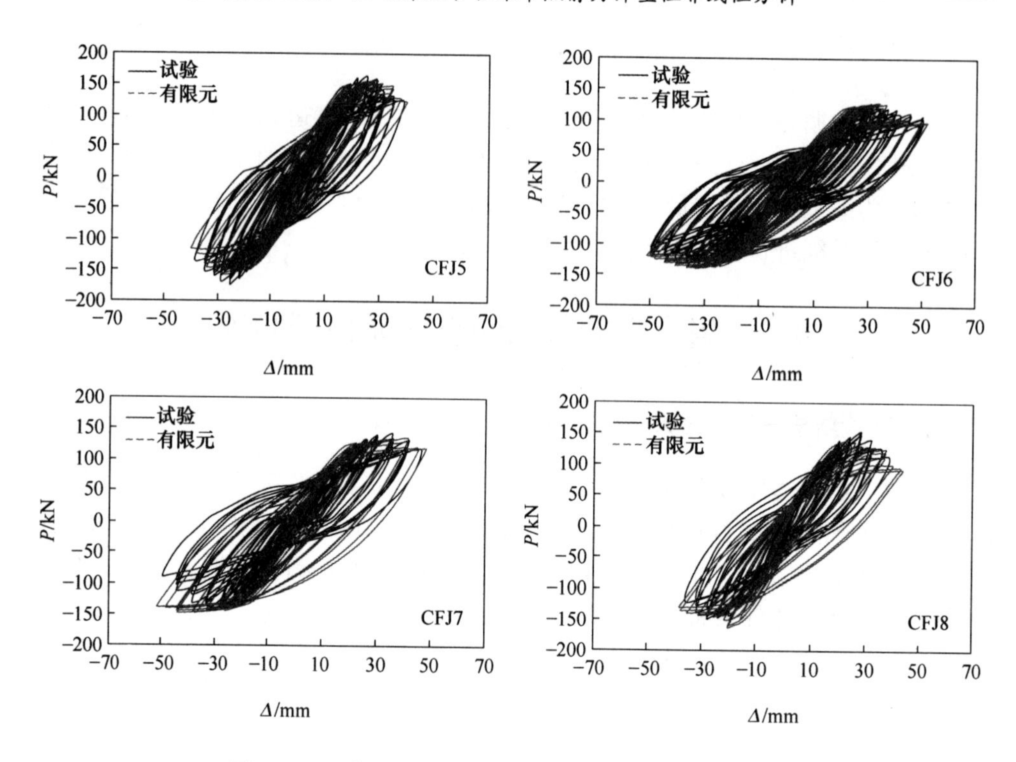

图 4-12 组合框架节点滞回曲线的试验与模拟结果对比

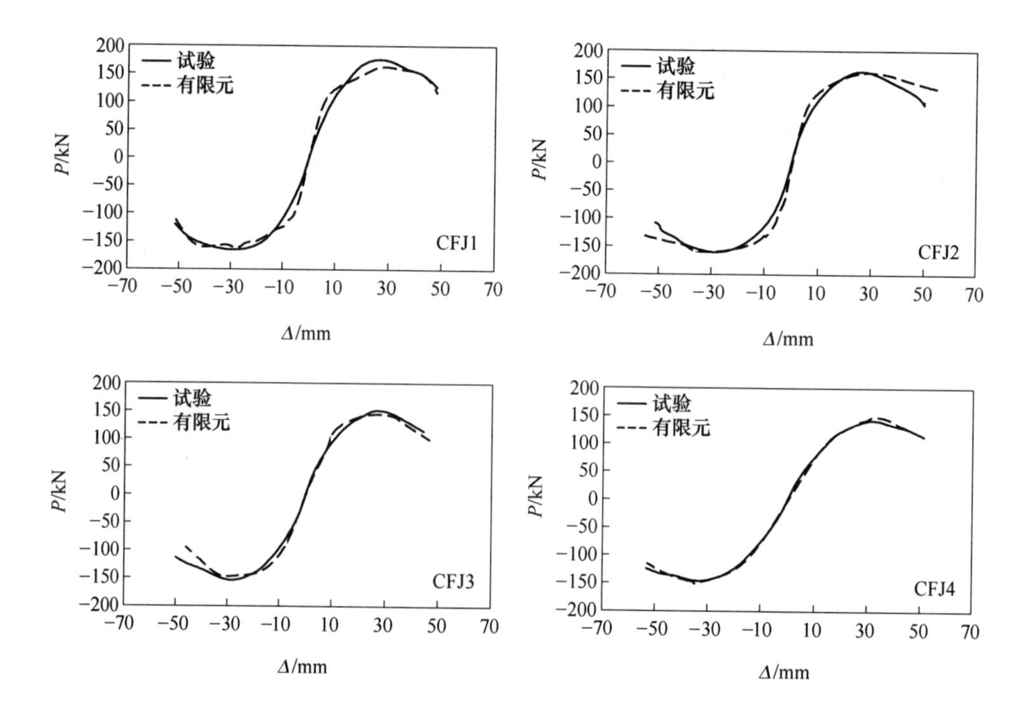

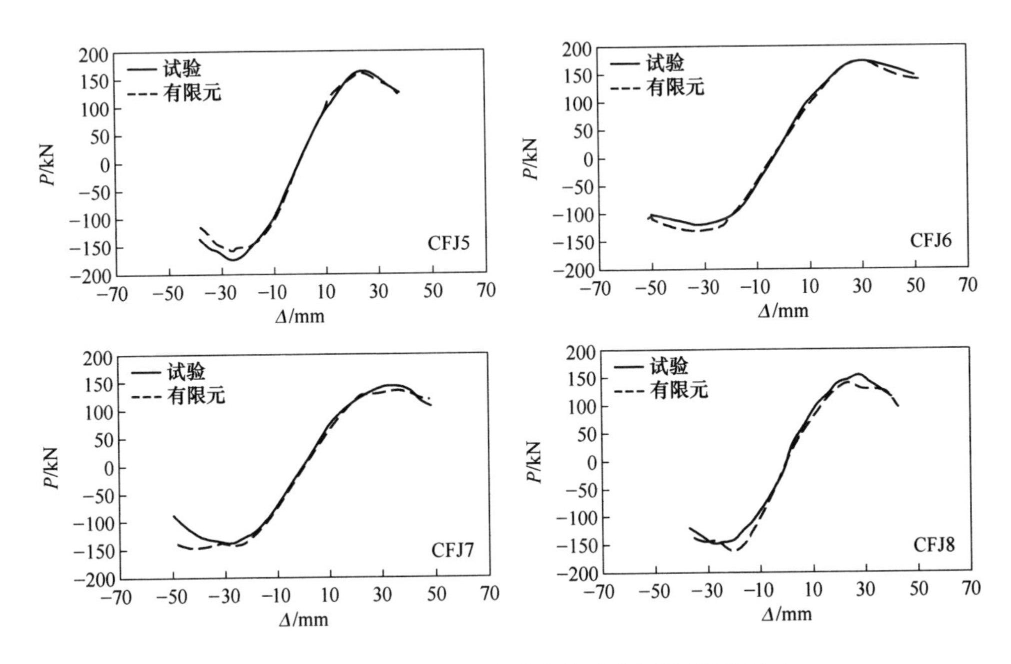

图 4-13 组合框架节点骨架曲线的试验与模拟结果对比

由图 4-12 的滞回曲线对比和图 4-13 的骨架曲线对比可以看出，基于 ABAQUS 有限元分析软件建立的实体单元模型对组合框架节点滞回特性的模拟结果与试验结果基本吻合良好。但是边节点试件 CFJ6～CFJ8 的滞回曲线与试验曲线相比较，“捏缩”效应不是很理想，模拟曲线的卸载刚度较大，主要原因可能是边节点为非对称结构，在模拟中正向加载的累积损伤大于负向加载的累积损伤，当正向损伤累积到一定程度时，持续荷载对正向的破坏程度大于负向的破坏程度，以至于在模拟曲线的卸载刚度较大。从边节点的骨架曲线中也反映出了这样的现象，模拟曲线的负向加载的刚度均略大于试验曲线的刚度。这是因为真实的试验过程中，边节点在正负向加载的损伤累积是比较均匀的。但总体来讲，数值模拟与试验结果吻合较好，验证数值模拟方法的可用性与正确性，可作为下文进一步分析的可靠数值方法。

4.2.2 各特征点对比分析

表 4-3 中列出了数值模拟与试验得到的组合框架节点试件在各特征点的荷载与相应的位移值，并进行了对比分析。各阶段的荷载与位移值，均为该阶段对应正、负向荷载及位移的绝对值的均值。由表 4-3 中对比差值可知，各特征点的荷载误差基本都在 6%以内，说明承载力吻合较好，但部分位移的差值较大，这主要因为真实试验中各试验设备之间存在间隙，造成一定的组装误差，同时有限元

模拟中型钢、钢筋与再生混凝土之间的黏结滑移与试验中的真实引起的黏结滑移还是存在一定的差异。综合因素导致了两者间的位移差值相对较大，但也在可接受范围内。总体分析各阶段的数据差值，说明 ABAQUS 的有限元模拟结果具有较好的精确性，适用于该类型组合框架节点的有限元模拟应用。

表 4-3　组合框架节点试验和有限元承载力及位移对比

试件编号		屈服荷载 P_y/kN	屈服位移 Δ_y/mm	峰值荷载 P_{max}/kN	峰值位移 Δ_{max}/mm	极限荷载 P_u/kN	极限位移 Δ_u/mm
CFJ1	试验	131. 15	13. 37	170. 34	27. 04	144. 77	44. 66
	有限元	128. 21	11. 54	160. 86	26. 53	141. 98	44. 89
	δ	-2. 24%	-13. 69%	-5. 57%	-1. 89%	-1. 93%	0. 52%
CFJ2	试验	121. 65	12. 79	162. 14	28. 67	137. 42	41. 32
	有限元	137. 51	12. 98	159. 74	28. 94	144. 22	43. 64
	δ	13. 04%	1. 49%	-1. 48%	0. 94%	4. 95%	5. 61%
CFJ3	试验	113. 67	12. 94	153. 19	27. 28	130. 21	40. 51
	有限元	103. 27	12. 89	145. 19	31. 87	136. 06	39. 68
	δ	-9. 15%	-0. 39%	-5. 22%	16. 83%	4. 49%	-2. 05%
CFJ4	试验	91. 83	12. 98	144. 68	32. 42	123. 14	49. 88
	有限元	94. 82	12. 15	150. 64	35. 08	116. 86	50. 51
	δ	3. 26%	-6. 39%	4. 12%	8. 20%	-5. 10%	1. 26%
CFJ5	试验	108. 76	12. 25	168. 93	25. 05	143. 59	34. 94
	有限元	115. 38	13. 74	158. 64	28. 63	140. 53	37. 52
	δ	6. 09%	12. 16%	-6. 09%	14. 29%	-2. 13%	7. 38%
CFJ6	试验	88. 76	14. 08	128. 68	31. 83	109. 38	50. 16
	有限元	90. 82	14. 32	135. 56	33. 61	120. 85	49. 82
	δ	2. 32%	1. 70%	5. 35%	5. 59%	10. 49%	-0. 68%
CFJ7	试验	95. 56	14. 21	141. 03	31. 78	119. 88	43. 33
	有限元	90. 66	13. 15	140. 16	35. 71	115. 26	44. 17
	δ	-5. 13%	-7. 46%	-0. 62%	12. 37%	-3. 85%	1. 94%
CFJ8	试验	108. 06	13. 39	150. 85	27. 45	128. 22	35. 01
	有限元	110. 86	11. 53	150. 36	22. 02	127. 68	37. 59
	δ	2. 59%	-13. 89%	-0. 32%	-19. 78%	-0. 42%	7. 37%

注：差值 δ=(模拟结果-试验结果)×100%/试验结果。

4.2.3 节点应力云图

所有试件采用有限元分析得到的变形特征和破坏形态与试验结果基本一致，为避免篇幅重复，本节仅列出具有代表性的中节点试件 CFJ5 和边节点试件 CFJ7 的对比结果，如图 4-14 和图 4-15 所示。

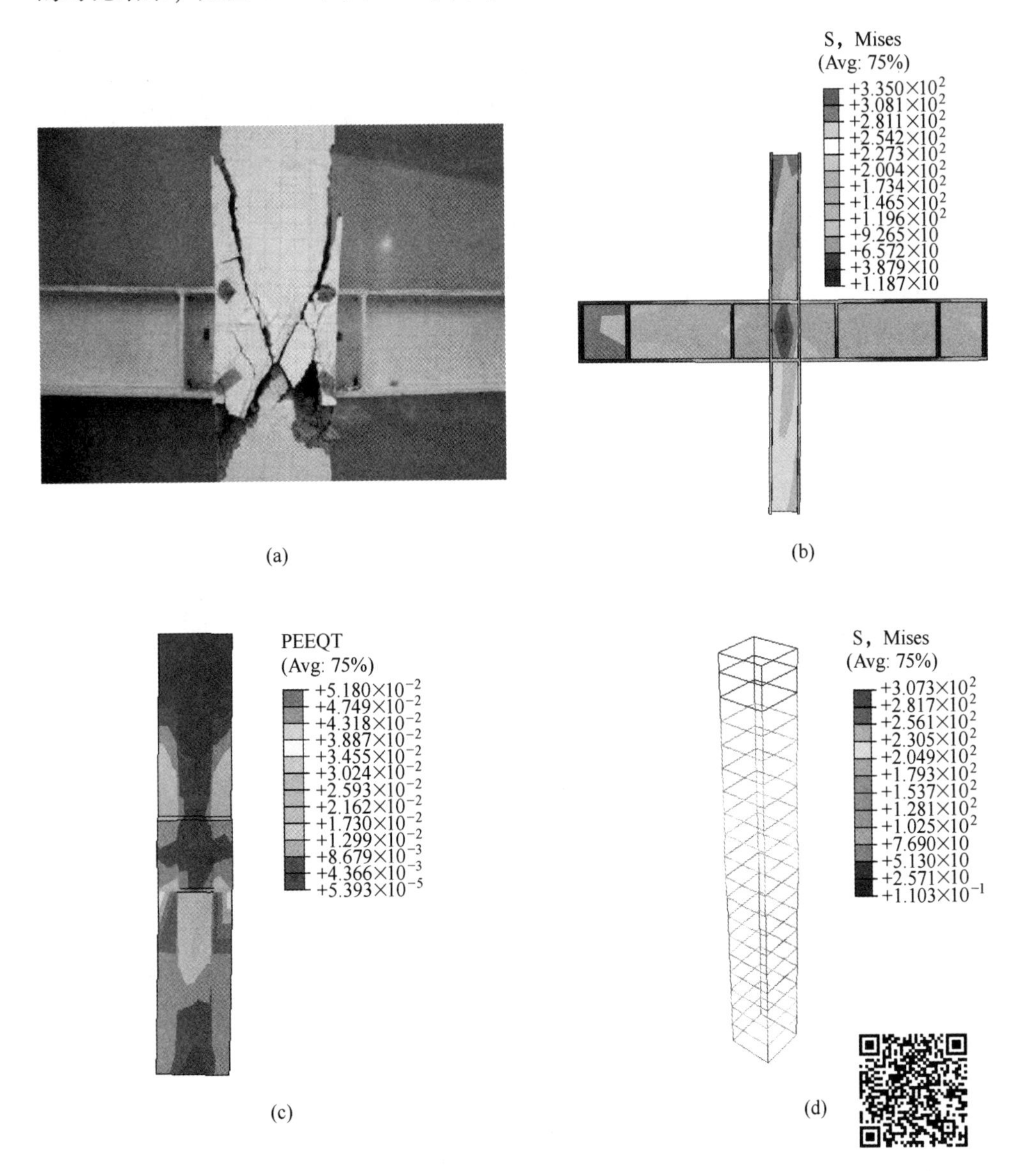

图 4-14 试件 CFJ5 的试验与模拟结果对比（单位：MPa）

(a) 试验破坏；(b) 型钢；(c) 再生混凝土柱；(d) 钢筋

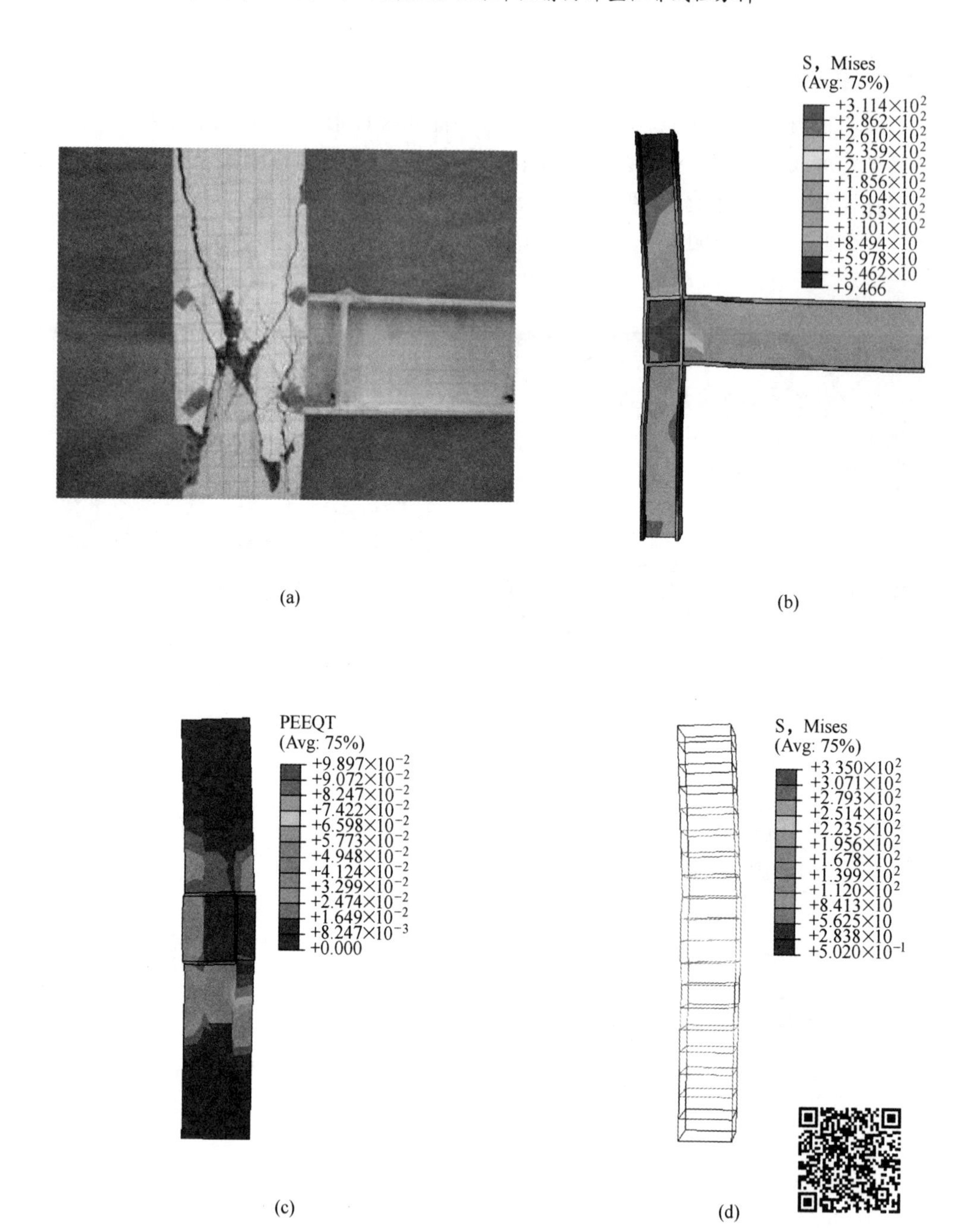

图 4-15 试件 CFJ7 的试验与模拟结果对比（单位：MPa）
（a）试验破坏；（b）型钢；（c）再生混凝土；（d）钢筋

在 ABAQUS 中查看混凝土破坏主要查看压缩等效塑性应变（PEEQ）与拉伸

等效塑性应变（PEEQT），本书主要查看再生混凝土裂缝开展情况对比试验时节点核心区的破坏，所以图 4-14 和图 4-15 中以拉伸等效塑性应变来反映再生混凝土的破坏情况。由图 4-14 和图 4-15 可知，节点在极限荷载时，节点核心区再生混凝土均形成一条带状受压区域，大致形成沿对角线方向的斜裂缝，吻合组合节点在破坏时的斜压杆受压机理，与试验中节点核心区产生的“X”状对角斜裂缝相符。因此，可以说明有限元分析得到的破坏形态与试验结果相似，具有较高的吻合度。

同时，为了进一步分析组合节点的受力机理，分别提取了再生混凝土和型钢的应力分析结果。图 4-14 和图 4-15 分别给出组合框架节点达到极限荷载时型钢骨架和钢筋笼的 Mises 应力图。由图可看出，组合框架节点核心区型钢腹板的屈服是由中间局部区域逐渐向外侧扩张，且屈服时，钢梁端和柱端均没有出现塑性铰，主要在节点核心区发生破坏，这一现象与试验破坏过程相吻合，且节点核心区的箍筋屈服明显，进而导致节点核心区的再生混凝土破坏掉落，这与试验现象相符，可说明本书建立的 ABAQUS 节点有限元模型可以较为准确地反映出该类型组合框架节点的受力情况，此有限元分析方法可应用于后续的参数分析。

4.3 组合框架节点的参数分析

通过以上模型验证，本书建立的 ABAQUS 有限元模型可以较为合理地模拟型钢再生混凝土柱-钢梁组合框架节点的受力状况及破坏模式。在试验过程中，由于财力和人力的限制，对每一个影响抗震性能的参数都进行试验研究是不切实际的。因此，有限元模型参数分析可以弥补上述的不足，丰富节点试件的多样性，进一步深入研究各参数对此类型节点的受力影响规律。影响组合框架节点的主要参数有再生混凝土强度、型钢的屈服强度以及柱型钢腹板厚度等。

从上节组合框架节点模型验证中的荷载-位移骨架曲线可知，节点的骨架曲线能够详细地反映节点的全受力过程，并且从计算效率考虑，在节点有限元参数分析中，以本书全再生混凝土中节点试件为基本试件，进行 Pushover 分析，对比各组合框架节点试件在不同参数下荷载-位移骨架曲线。

4.3.1 再生混凝土强度

考虑再生混凝土强度因素影响时，在数值分析中仅改变再生混凝土强度这单一参数，其他参数保持不变。再生混凝土强度 f_{cu} 分别取 35MPa、45MPa、55MPa 和 65MPa。数值模拟结果如图 4-16 所示，表 4-4 列出了再生混凝土强度对组合框架节点各特征点的影响。

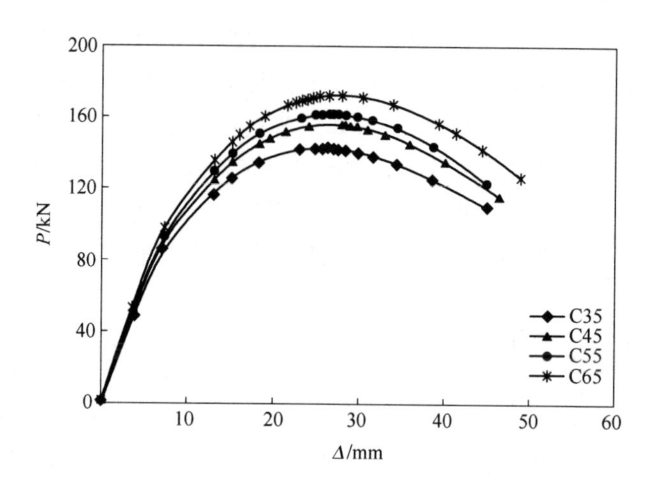

图 4-16　再生混凝土强度对组合框架节点的影响

表 4-4　再生混凝土强度对组合框架节点各特征点的影响

再生混凝土强度	屈服荷载 P_y/kN	屈服位移 Δ_y/mm	峰值荷载 P_{max}/kN	峰值位移 Δ_{max}/mm	极限荷载 P_u/kN	极限位移 Δ_u/mm
C35	117. 39	13. 12	142. 85	25. 59	110. 35	45. 08
C45	124. 98	14. 13	156. 16	28. 04	116. 18	46. 53
C55	129. 55	13. 98	162. 36	26. 59	123. 38	45. 08
C65	136. 08	14. 87	172. 67	27. 99	126. 67	49. 06

由图 4-16 和表 4-4 可以看出，再生混凝土强度对该类型组合框架节点的初始刚度影响较小，加载前期的曲线基本重叠，但对峰值承载力及后期强度的影响较大。组合框架节点的水平承载力随着再生混凝土强度的提高而增加，与强度等级为 C35 的节点峰值承载力相比，C45 的节点承载力提高了 9. 31%，C55 的节点承载力提高了 13. 66%，C65 的节点承载力提高了 20. 87%，这说明再生混凝土强度的提高可以显著地改善该类型组合节点的强度，并且较高强度等级的再生混凝土对内部型钢表现出更强的握裹能力，同时，内部型钢对再生混凝土具有约束性，故组合框架节点的水平承载力及后期强度退化能力均有所提高。峰值荷载相对应的位移相差不大，说明再生混凝土强度对该类型组合框架节点的变形能力影响不大。加载结束时，水平荷载随着再生混凝土强度的提高，也逐渐呈现增加的趋势，骨架曲线具有明显的下降段，各试件的极限荷载相对于各峰值荷载的降幅分别为 22. 75%、25. 60%、24. 01%和 26. 64%。各组合框架节点的承载力下降幅值呈逐渐增大的趋势，但差异不明显，说明再生混凝土强度对该类型节点的后期延性影响不明显，主要可以提高承载力和刚度。

4.3.2 型钢屈服强度

钢材作为塑性材料，对结构的延性有很大影响，尤其本书研究的是组合结构，其中型钢钢骨的占比较大，因此钢材强度对组合框架节点的影响不可忽略。现在实际工程中常用钢材为Q235、Q345、Q390、Q420钢，并选取其作为影响参数进行数值模拟。数值模拟结果如图4-17所示，表4-5列出了各型钢屈服强度对组合框架节点各特征点的影响。

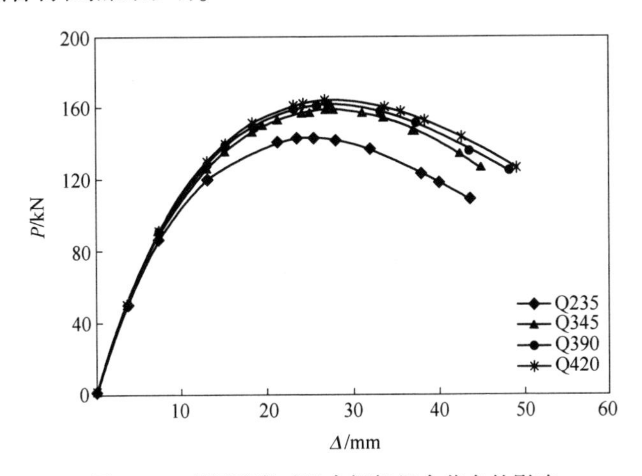

图4-17 型钢强度对组合框架组合节点的影响

表4-5 型钢屈服强度对组合框架节点各特征点的影响

型钢屈服强度	屈服荷载 P_y/kN	屈服位移 Δ_y/mm	峰值荷载 P_{max}/kN	峰值位移 Δ_{max}/mm	极限荷载 P_u/kN	极限位移 Δ_u/mm
Q235	120.04	13.12	143.71	25.32	109.06	43.63
Q345	130.34	14.51	159.57	27.68	127.03	44.99
Q390	130.74	13.98	162.41	27.12	125.21	48.11
Q420	132.66	14.33	164.64	26.76	126.87	49.09

由图4-17和表4-5可以看出，型钢屈服强度对该类型组合框架节点的弹性段及屈服前期的刚度影响不显著，各型钢屈服强度的荷载-位移曲线前期基本重叠，曲线后期下降趋势也相近。组合框架节点的水平承载力随着型钢屈服强度的提高而略有增大，与型钢为Q235的组合框架节点的峰值承载力比较，型钢分别为Q345、Q390和Q420的组合节点的峰值承载力分别增加了11.04%、13.02%和14.57%，而它们三者的峰值承载力差异较小。不同型钢强度节点的峰值荷载相对应的位移比较接近，可说明型钢屈服强度对组合框架节点的变形能力影响较

小。各型钢强度节点的骨架曲线具有明显的下降段，各试件的极限荷载相对于各峰值荷载的降幅分别为24.11%、20.39%、22.91%和22.94%，可见各组合节点的下降幅值基本持平，说明型钢屈服强度对该组合框架节点的延性影响不大，总体表现出较好的延性。

4.3.3 型钢腹板厚度

本章为研究不同型钢再生混凝土柱的型钢腹板厚度对组合框架节点性能的影响，取d=4~10mm进行参数影响分析，d分别取4mm、6mm、8mm和10mm。数值模拟结果如图4-18所示，表4-6列出了型钢再生混凝土柱型钢腹板厚度对组合框架节点各特征点的影响。

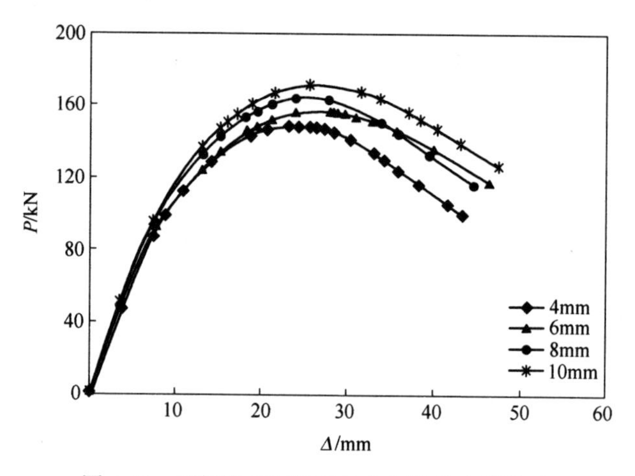

图4-18　型钢腹板厚度对组合框架节点的影响

表4-6　型钢腹板厚度对组合框架节点各特征点的影响

厚度 d/mm	屈服荷载 P_y/kN	屈服位移 Δ_y/mm	峰值荷载 P_{max}/kN	峰值位移 Δ_{max}/mm	极限荷载 P_u/kN	极限位移 Δ_u/mm
4	117.39	13.12	149.14	24.37	100.33	43.34
6	124.98	14.13	156.79	28.04	118.04	46.53
8	129.55	13.98	164.11	24.03	117.39	44.74
10	136.08	14.87	171.41	25.66	127.45	47.59

由图4-18及表4-6可以看出，型钢再生混凝土柱型钢腹板对该类型组合框架节点初期弹性段的刚度影响较小，但对峰值承载力及后期承载力退化的影响较大。与腹板厚度为4mm的节点峰值承载力相比，腹板厚度为6mm、8mm和10mm的节点峰值承载力分别增加了5.13%、10.04%和14.93%，这说明组合框

架节点的水平承载力随着柱型钢腹板厚度的增加而不断提高，型钢再生混凝土柱型钢腹板厚度对提高节点强度具有明显作用。加载结束时，极限水平承载力随着柱型钢腹板厚度的增加，也表现出增加的趋势，但骨架曲线的下降段依然明显可见，且下降趋势相近。腹板厚度为 6mm 的节点试件的下降段最为平缓，表现出较好的后期延性。主要原因是本节中的影响参数为柱型钢腹板厚度，而柱型钢腹板厚度的改变，将会影响到型钢柱的刚度，进而影响组合节点的梁柱线刚度比；而梁柱线刚度比是影响框架内力的一个重要因素，在抗震设计时需要考虑其变化范围。因此，可判断腹板厚度为 6mm 时的组合框架节点具有最佳的梁柱线刚度比，故而表现出较好的延性。

综上所述，型钢再生混凝土柱型钢腹板厚度的增加可以提高组合框架节点的水平承载力，并且合理的腹板厚度还可以提高组合框架节点的抗震延性。

4.4 本章小结

本章主要在型钢再生混凝土柱-钢梁组合框架节点的抗震性能试验研究基础上，通过有限元分析软件对各试件进行研究，得出以下结论：

(1) 通过非线性有限元软件 ABAQUS 对组合框架节点的受力性能进行了滞回模拟分析，对比分析了有限元模拟结果与试验结果，结果表明模拟结果与试验结果吻合较好，说明本书的模拟方法对该类型组合节点的模拟具有较好的适用性，并对该类型组合框架节点进行了参数分析；

(2) 随着再生混凝土强度的提高，该类型组合框架节点的水平承载力明显提高，其弹性段的刚度略有增加，但再生混凝土强度对组合框架节点的变形能力影响不大；

(3) 型钢屈服强度的提高对组合框架节点的水平承载力以及延性性能影响不明显；

(4) 型钢再生混凝土柱型钢腹板厚度的增加可以提高组合框架节点的水平承载力，并且合理的腹板厚度还可以提高组合框架节点的抗震延性。

5　型钢再生混凝土柱-钢梁组合框架节点地震损伤模型研究

前文已经通过试验研究了组合框架节点的抗震性能，同时也利用有限元方法对组合框架节点进行了参数分析。在此基础上，本章主要研究该组合节点地震损伤计算模型，并分析设计参数对地震损伤的影响；同时，给出组合框架节点不同伤态水平的量化指标，旨在为该组合框架的抗震设计和震害评估提供参考。

5.1　组合框架节点地震损伤模型

5.1.1　组合框架节点特征值

本书第 3 章中研究发现，在循环荷载作用下，组合框架节点的滞回曲线较为饱满，各项抗震性能指标均表明该种节点具有良好的抗震性能。各组合框架节点的特征值见表 5-1。表中的延性系数为推、拉两个方向延性系数的均值，累积耗能为第 3 章中试验的滞回曲线所包围的面积。由表 5-1 可知，随着再生粗骨料取代率和轴压比的增加，组合节点的延性和累积耗能均呈下降趋势，说明组合节点的累积滞回耗能变化规律与其延性发展规律相一致。与第 3 章中定义一致，组合框架节点的开裂、屈服、峰值、极限荷载及相应的位移分别对应 P_{cr}、P_{y}、P_{max}、P_{u} 与 Δ_{cr}、Δ_{y}、Δ_{max}、Δ_{u}。

表 5-1　组合框架节点的特征值、延性系数及累积耗能

试件编号	加载方向	开裂荷载		屈服荷载		峰值荷载		极限荷载		延性系数 μ	累积耗能/J
		P_{cr}/kN	Δ_{cr}/mm	P_{y}/kN	Δ_{y}/mm	P_{max}/kN	Δ_{max}/mm	P_{u}/kN	Δ_{u}/mm		
CFJ1	推	73.2	5.57	130.24	13.05	175.1	26.7	148.8	42.67	3.38	10648.36
	拉	−71.51	−5.62	−132.05	−13.37	−165.57	−27.38	−140.73	−46.65		
CFJ2	推	68.6	5.16	118.24	12.43	163.17	28.31	137.9	39.91	3.23	10525.14
	拉	−70.12	−5.03	−125.06	−13.15	−161.1	−29.03	−136.94	−42.73		
CFJ3	推	70.31	7.81	112.06	12.67	152.13	26.94	129.31	39.01	3.13	10308.44
	拉	71.06	−8	−115.27	−13.21	−154.24	−27.61	−131.1	−42.01		

续表 5-1

试件编号	加载方向	开裂荷载		屈服荷载		峰值荷载		极限荷载		延性系数μ	累积耗能/J
		P_{cr}/kN	Δ_{cr}/mm	P_y/kN	Δ_y/mm	P_{max}/kN	Δ_{max}/mm	P_u/kN	Δ_u/mm		
CFJ4	推	52.13	6.23	91.29	12.60	143.23	31.68	121.75	47.61	3.84	11901.60
	拉	-54.62	-6.7	-92.36	-13.37	-146.49	-33.15	-124.52	-52.15		
CFJ5	推	79.0	7.45	107.86	12.57	163.24	25.32	138.75	33.65	2.86	8812.854
	拉	-81.21	-7.26	-109.67	-11.92	-174.61	-25.67	-148.42	-36.23		
CFJ6	推	50.01	7.32	82.37	13.67	127.14	30.79	108.07	47.85	3.56	10811.57
	拉	-52.31	-7.64	-95.16	-14.49	-130.21	-32.86	-110.68	-52.47		
CFJ7	推	51.23	7.23	94.31	14.29	143.91	34.97	122.32	43.86	3.05	9343.94
	拉	-55.23	-8.85	-96.82	-14.12	-138.15	-28.59	-117.43	-42.79		
CFJ8	推	60.23	6.56	108.26	13.64	154.4	27.89	131.24	34.98	2.61	8072.21
	拉	-65.42	-6.74	-107.86	-13.15	-147.29	-27.01	-125.2	-35.01		

5.1.2 现有地震损伤模型的研究

由众多学者的研究成果可知，再生混凝土结构在受力作用下的初始损伤较为严重，主要是由于在提炼再生粗骨料时，废弃的混凝土块经破碎清洗加工而产生了大量的内部损伤以及与砂浆界面的损伤，这些损伤对整体结构性能造成了一定的影响。由于再生混凝土材料存在初始损伤，因此使得再生混凝土结构的地震损伤性能和普通混凝土结构相比较为复杂多变，且存在着较大的不同。

本章结合型钢再生混凝土柱-钢梁组合框架节点的地震损伤性能试验研究结果，并在前期学者研究的地震损伤模型的基础上，计算组合框架节点在不同地震损伤模型条件下的损伤指数，并分析在低周往复荷载作用下组合框架节点试件的损伤破坏机理。

结构或者构件的损伤指标用一定的数值表示，用来评价结构的损伤行为演化。国内外研究中对结构或构件的应变、位移、应力、强度、耗散能量、刚度和动力特性等提出了不同的损伤指数。所有这些损伤指数可以分为两类，即累积损伤指数和非累积损伤指数。累积损伤指数通常衡量结构的损伤程度与荷载幅值和荷载循环次数的关系。而非累积损伤指数则是由位移、旋转、曲率等最大力学参数计算所得。结构损伤指数的主要计算方法和模型讨论如下。

5.1.2.1 基于位移的地震损伤模型

基于最大位移的地震损伤模型是忽略其他加载因素（加载方式、加载过程）

的影响，只利用地震作用下结构的最大位移来确定结构在低周反复荷载作用下的损伤指数。国外著名学者 Banon 和 Stephens 给出了基于最大位移条件下的地震损伤计算模型，该地震损伤模型由 D_1 和 D_2 两部分组成，见式（5-1）：

$$D = D_1 + D_2 \tag{5-1}$$

其中，D_1 表示了结构在弹性阶段的线性累积损伤值，表达式见式（5-2）：

$$D_1 = \frac{e^{n\beta_w} - 1}{e^n - 1} \tag{5-2}$$

$$\beta_w = c\sum_i \frac{\delta_i}{\delta_f} \tag{5-3}$$

式中　δ_i——整个受力循环过程中的最大位移；

δ_f——在单调荷载作用下构件的极限破坏位移；

c——参数，$c=0.1$；

n——当结构节点部分被加强时，$n=1$，相反，$n=-1$。

$$D_2 = \sum_i \left(\frac{\Delta\delta_+}{\Delta\delta_f}\right)^{1.77} \tag{5-4}$$

式中　$\Delta\delta_+$——构件在整个受力过程中的正向位移增量；

$\Delta\delta_f$——构件高度 H 的 10%。

将低周反复荷载作用下的试验结果代入式（5-4）中进行计算，可得每个组合框架节点试件在不同特征荷载作用下的地震损伤指标，绘制了组合框架节点基于最大位移条件下的地震损伤指标-层间位移角曲线图，如图 5-1 所示。

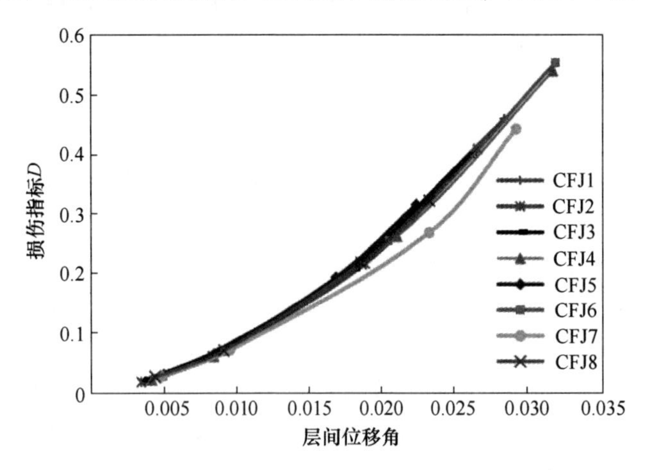

图 5-1　组合框架节点试件基于位移的损伤累积曲线

由图 5-1 可知，各个组合框架节点试件在低周反复荷载作用下的损伤指标发展规律较为相似，均呈近似的线性趋势发展。不同再生骨料取代率条件下组合框架节点试件（CFJ1、CFJ2、CFJ3）的损伤指标曲线基本重合，但随着再生骨料取代率的增加，试件达到极限破坏状态时的损伤指标越小，但幅度不大，这就说明再生骨料取代率对结构在低周反复荷载作用下的损伤发展变化影响较小。而不同轴压比对试件的损伤发展趋势有较大的影响，轴压比较大的节点试件CFJ5和CFJ8显示出较差的延性性能，并有着较快的损伤发展速率；相反，轴压比较小的节点试件CFJ4和CFJ6延性性能较好，且其地震损伤速率发展较为缓慢。整体而言，在试件的整个受力过程中，损伤指标和层间位移角的损伤发展过程基本呈线性关系增长，这与试验所得的试件损伤发展过程并不一致。因此，基于最大位移条件下的地震损伤模型并不能正确地反映组合框架节点试件在地震作用下损伤指标的发展过程。

5.1.2.2 基于耗能的地震损伤模型

结构或构件在地震作用的损伤破坏主要是由于外部荷载的累积作用造成的，而仅仅依据最大反应位移来定义结构的地震损伤是不够的。国内外众多学者通过对大量试验的整理与震后数据的处理，可以将建筑结构的破坏形式归结为两类：一类是首次超越破坏（即上述描述的基于最大位移形式的破坏方式）；另一类是累积损伤破坏。累积损伤破坏认为节点试件的地震损伤是随着荷载的不断循环而累积产生的，主要考虑建筑结构在地震作用下的能量累积效应。

国外学者Gosain和Meyer给出了基于累积滞回耗能条件下的损伤模型，该地震损伤模型由各加载周期的耗散能量与结构总耗散能量之比构成，具体表达式如下：

$$D = \sum_i \frac{\int \mathrm{d}E}{E} \tag{5-5}$$

式中 $\int \mathrm{d}E$——每次循环加载形成的滞回环所围成的面积；

E——试件从开始加载到结束加载的整个过程中结构的总耗散能量。

根据第3章中型钢再生混凝土柱-钢梁组合框架节点的低周往复作用下的试验研究结果分别计算组合框架节点的滞回曲线累积耗能，并代入式（5-5）中进行计算，可以得到在不同特征点条件下组合框架节点试件的损伤指标值，并绘制组合框架节点试件层间位移角和基于能量条件下损伤指标量值的曲线图，如图5-2所示，即组合框架节点试件在基于累积滞回耗能条件下地震损伤指标的发展规律。

由图5-2可知，各个组合框架试件的损伤指标发展规律基本呈线性关系变化，但不同试件曲线的斜率有较大差别。不同再生骨料取代率条件下试件损伤的发展情况明显不同，但其损伤发展规律较不明显。轴压比对试件的损伤发展影响

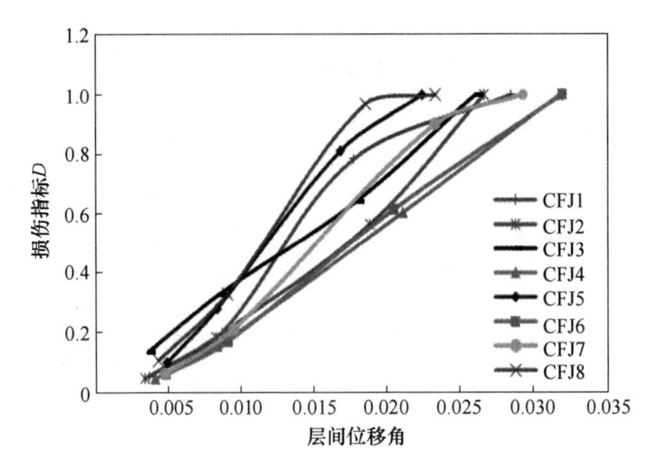

图 5-2　组合框架节点基于能量的损伤累积曲线

较大，在相同的层间位移角条件下，轴压比较小的试件 CFJ4 和试件 CFJ6 的损伤指标均低于其他各试件，而轴压比较大的试件 CFJ5 和试件 CFJ8 的损伤指标却高于其他试件，由此可以说明轴压比越大，损伤指标越大，节点试件的地震损伤发展速率越快，同时，随着轴压比的增大，试件延性和抗震性能越差；然而，组合框架节点基于累积滞回耗能条件下的损伤发展过程和节点试件在实际加载过程中损伤破坏过程并不一致。因此，组合框架节点试件基于累积耗能的地震损伤发展过程并不能准确地表达试件实际的损伤破坏过程。

5.1.2.3　Park-Ang 模型的地震损伤计算

对结构和构件的试验研究表明，过大的变形和滞回耗能是引起结构震害的重要因素。因此，结合最大变形和滞回能量的地震损伤模型显得更加合理，其中 Park-Ang 模型是最著名和广泛使用的累积损伤模型之一，见式（5-6）：

$$D = \frac{\delta_{\max}}{\delta_u} + \beta \frac{E_h}{F_y \delta_u} \tag{5-6}$$

式中　D——损伤指数；

$\delta_{\max}$——循环下的最大变形；

δ_u——单调荷载下的极限变形；

F_y——屈服强度；

E_h——累积滞回耗能；

β——耗能因子。

Park 等人经回归分析得到组合系数耗能因子的经验公式见式（5-7）：

$$\beta = (-0.447 + 0.073\lambda + 0.24n_0 + 0.314\rho_t) \times 0.7^{\rho_w} \tag{5-7}$$

式中 λ——构件剪跨比；

n_0——构件轴压比；

ρ_w——构件体积配箍率。

由试验结果可知，β 取值一般在 0~0.85 之间，通常取 0.25 左右。

Park-Ang 地震损伤模型结合了混凝土的脆性破坏和型钢钢筋的延性破坏。式（5-6）等号右侧第一项 $\frac{\delta_{max}}{\delta_u}$ 代表了构件的标准化位移，第二项 $\frac{E_h}{F_y\delta_u}$ 表示了钢材屈服荷载对应之下的累积滞回耗能标准值。

根据组合框架节点试件的试验数据，可得到节点试件的最大变形、极限变形以及各个特征荷载条件下的滞回曲线累积耗能，并代入 Park-Ang 地震损伤模型的计算式（5-6）中，可以得到在不同特征点条件下组合框架节点试件的损伤指标值，并绘制各试件的层间位移角和损伤指标量值的曲线，如图 5-3 所示。

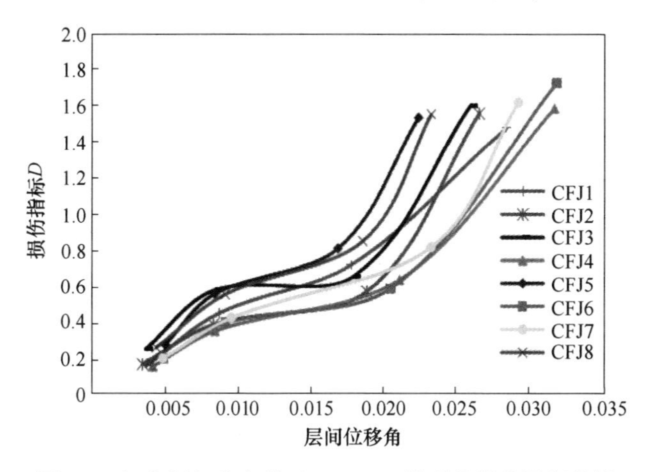

图 5-3 组合框架节点基于 Park-Ang 模型的损伤累积曲线

由图 5-3 可知，在试验加载的初始阶段，各组合框架节点的损伤指标值较小，且损伤发展速率较为缓慢，随着加载的继续进行，组合节点的损伤指标值逐渐增大，同时曲线斜率即地震损伤发展速率急剧增加，整体而言，该 Park-Ang 地震损伤模型所表达的试件的损伤变化过程和试件在实际低周反复荷载作用下的破坏过程较为相似，即采用位移和累积滞回耗能共同表达的地震损伤破坏模型比用单一参数的位移或变形表达的损伤变化规律更为可靠。不同的再生骨料取代率条件下试件的损伤发展过程略有不同，但影响不大；不同轴压比条件下各个试件的损伤发展规律有较大差别，在位移角相同的条件下，试件 CFJ4 和试件 CFJ6 两个轴压比较小的试件损伤指标比其他试件的损伤指标略低，而试件 CFJ5 和试件 CFJ8 两个轴压比较大的试件损伤指标却高于其他试件，由此可以说明随着轴压比的增大，节点试件的地震损伤指标越大，损伤发展速率越快，试件延性和抗震性能越差。然而，该 Park-Ang 地震损伤模型表达的损伤过程在损伤指标上界处并不收敛，即在试件达到破坏水平后，损伤指数应该为 1.0 而该计算结果指数大于 1.0。因此，Park-Ang 地震损伤模型并不能合理准确地评价该组合框架节点在低周反复荷载作用下的地震损伤性能。

5.1.3　修正 Park-Ang 地震损伤模型分析

由于型钢再生混凝土柱-钢梁组合框架节点结合了新型再生混凝土材料和钢梁力学性能的优缺点，其力学性能与普通混凝土结构的力学性能存在较大的差异，并且上述现有的地震损伤模型不能合理准确地评价该类组合框架节点的地震损伤性能。鉴于此问题，本节以第 3 章中组合框节点的抗震性能试验为研究基础，根据变形和能量的双参数准则规律，在 Park-Ang 地震损伤模型的基础上进行修正，考虑轴压比 n 和再生骨料取代率 r 两个试验参数对结构损伤性能的影响，通过引入组合系数 α 来精准地体现变形损伤分量 D_{δ} 和耗能损伤分量 D_{e} 之间的关系。具体表达式如下：

$$D_{P-A}^{M} = (1 - \alpha) D_{\delta} + \alpha D_{e} \tag{5-8}$$

其中，变形损伤分量 D_{δ} 和耗能损伤分量 D_{e} 分别为：

$$D_{\delta} = \frac{\delta_{max} - \delta_{y}}{\delta_{u} - \delta_{y}} \tag{5-9}$$

$$D_{e} = \frac{E_{h}}{F_{y}\delta_{u}} \tag{5-10}$$

将式（5-9）和式（5-10）代入式（5-8）中，可以得到基于变形和能量双参数的修正地震损伤模型：

$$D = (1 - \alpha)\frac{\delta_{max} - \delta_{y}}{\delta_{u} - \delta_{y}} + \alpha\frac{E_{h}}{F_{y}\delta_{u}} \tag{5-11}$$

严格来讲，当 $D_{P-A}^{M} = 0$ 时，节点无损伤；当 $D_{P-A}^{M} = 1$ 时，节点完全破坏；当 $0 < D_{P-A}^{M} < 1$ 时，节点介于无损伤与完全破坏之间的某一损伤状态。为了保证该修正后的模型在边界条件下收敛，假定节点在极限状态下损伤指数 $D = 1.0$，采用数值反演的方法确定组合系数 α 的计算，其具体计算公式如下：

$$\alpha = \frac{F_{y}\delta_{u}(\delta_{u} - \delta_{max})}{E_{h}(\delta_{u} - \delta_{y}) - F_{y}\delta_{u}(\delta_{max} - \delta_{y})} \tag{5-12}$$

结合试验研究，推拉荷载作用下组合框架节点的组合系数 α 计算值见表 5-2。由表 5-2 可知，8 个组合框架节点的组合系数 α 均值为 0.055，标准差为 0.0397，变异系数为 72.1%。

表 5-2 组合框架节点地震损伤模型组合系数 α 值

节点试件	加载方向	CFJ1	CFJ2	CFJ3	CFJ4	CFJ5	CFJ6	CFJ7	CFJ8
系数 α	推	0.0022	0.0054	0.0153	0.0703	0.0721	0.0374	0.0742	0.0352
	拉	0.0098	0.0892	0.0714	0.1262	0.1425	0.0529	0.0399	0.0367

本书使用 SPSS 软件对组合系数 α 进行多元线性方程拟合，引入再生骨料取代率 r 和轴压比 n，得到组合系数 α 的如下计算公式：

$$\alpha = -0.005 + 0.055r - 0.003n \tag{5-13}$$

代入上述组合系数 α 计算组合框架节点基于修正 Park-Ang 地震损伤模型的损伤指标 D，然后对损伤指数 D 值进行归一化处理：

$$D_{\mathrm{n}} = \frac{D_{\mathrm{i}}}{D_{\mathrm{u}}} \tag{5-14}$$

式中 D_{n}——归一化处理后的损伤指标；

D_{i}——节点试件在各个特征荷载作用下的损伤指标；

D_{u}——节点试件在极限状态下的损伤指标。

通过对这些数据分析处理，可以绘制组合框架节点基于修正后 Park-Ang 地震损伤模型的损伤发展过程，如图 5-4 所示。

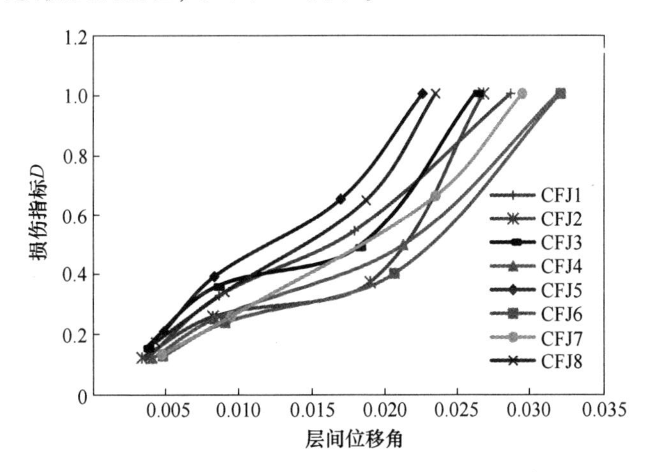

图 5-4 组合框架节点基于修正 Park-Ang 模型的损伤累积曲线

由图 5-4 可知，在低周反复荷载作用下组合框架节点试件的地震损伤是一个相对稳定的发展过程。在加载初期，组合框架节点试件基本完好，此时试件的地震损伤指标较小、地震损伤发展速率较为缓慢；随着荷载的逐渐增大，节点试件开始出现裂缝并在荷载作用下试件开裂越来越严重，在这个过程中节点试件的损伤指标值较大且损伤发展速率加快，曲线斜率增大；当节点试件达到破坏状态时，经过归一化处理之后的损伤指标达到峰值 1.0，此时认为试件丧失承载能力，试验结束。总体上，基于修正 Park-Ang 地震损伤模型的组合框架节点试件在整个加载历程中的损伤指标发展过程和试件在实际加载过程中的破坏过程基本一致，说明该修正模型能够合理地表达型钢再生混凝土柱-钢梁组合框架节点在地震作用下的损伤发展过程和地震损伤性能。此外，通过归一化的处理，修正的 Park-Ang 地震损伤模型能够弥补 Park-Ang 模型在上下界限不收敛的问题，能够合理地描述组合框架节点在反复荷载作用下的地震损伤发展过程。

5.2 组合框架节点地震损伤分析

5.2.1 组合框架节点损伤过程分析

根据节点地震损伤计算结果，将组合框架节点在循环荷载作用下的地震损伤过程分为 5 个主要阶段，如图 5-5 所示。

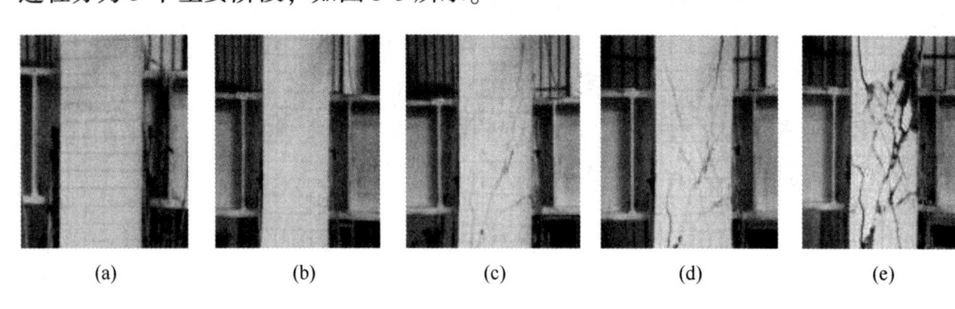

(a) (b) (c) (d) (e)

图 5-5 典型组合框架节点的地震损伤发展过程

(a) 无损伤阶段；(b) 损伤初始阶段；(c) 损伤稳定发展阶段；(d) 损伤急剧发展阶段；(e) 试件破坏阶段

(1) 无损伤阶段。在加载初期，节点核心区再生混凝土基本完好，组合框架节点试件并未产生明显变化，结构仍然以弹性变形为主且变形基本可以完全恢复。同时，节点核心区再生混凝土、纵向钢筋、横向箍筋以及型钢的应变微小，均处于弹性受力阶段，组合框架节点试件的刚度、强度基本未发生退化，此时试件基本完好，损伤可以忽略不计，可认为该组合框架节点试件处于无损伤阶段，损伤指数约为 0.15。

(2) 损伤初始阶段。随着加载过程的进行，水平微裂缝逐渐出现在节点核心区再生混凝土的表面，节点试件开始进入开裂阶段；在这个过程中节点试件纵向钢筋、横向箍筋以及型钢的应变逐渐增大，试件强度、刚度有较小的退化但退化幅度不明显，剪切力主要由再生混凝土承担。此时，节点试件轻微破坏，处于损伤初始阶段，损伤指数约为 0.3。

(3) 损伤稳定发展阶段。随着荷载的不断增大，节点核心区开始出现斜裂缝，原有裂缝不断延伸。同时，型钢腹板开始逐渐屈服，箍筋应变迅速增加，直至屈服。在这一阶段，节点的剪力由型钢腹板和箍筋承担。在这种状态下，节点的损伤指数约为 0.55。

（4）损伤急剧发展阶段。随着荷载的增加，组合节点核心区开始形成交叉斜裂缝，并不断扩展。当达到峰值荷载时，斜交裂缝逐渐贯通。同时，小块再生混凝土在节点核心区脱落，并伴有再生混凝土撕裂的声音。此时，节点出现较大的残余应变，损伤指数约为 0.9。

（5）试件破坏阶段。峰值荷载后，组合节点核心区再生混凝土继续脱落，箍筋屈服，且部分外露。当节点承载力降至峰值荷载的85%时，组合节点的强度和刚度急剧降低，节点破坏，表明组合节点基本丧失了承载力。现阶段，损伤指数取 1.0。

综上所述，组合节点的地震损伤是随着循环荷载的增加而逐渐演化的过程。图 5-5 为试件 CFJ3 在试验过程中不同加载阶段的典型损伤破坏过程。

5.2.2 损伤参数影响分析

根据型钢再生混凝土柱-钢梁组合框架节点的损伤指数计算结果和地震损伤累积曲线可知，设计参数再生骨料取代率 r 和轴压比 n 均对组合框架节点试件的地震损伤发展规律具有一定的影响，如图 5-6 所示。

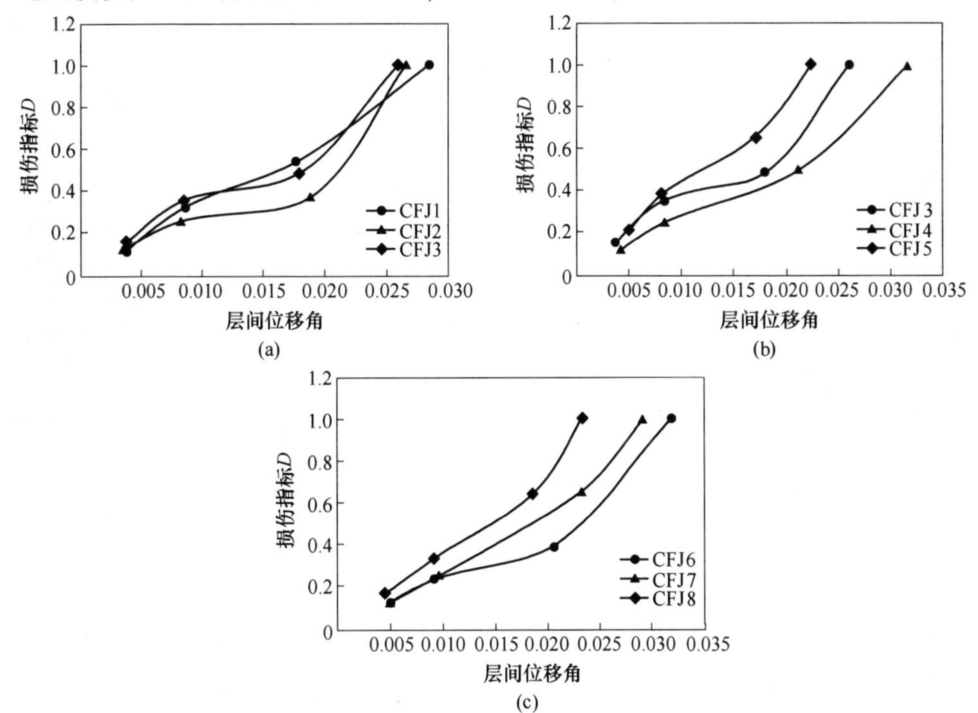

图 5-6 设计参数对组合框架节点损伤指数的影响

（a）取代率对节点试件损伤指数的影响；（b）轴压比对中节点试件损伤指数的影响；（c）轴压比对边节点试件损伤指数的影响

由图5-6（a）可知，加载初期损伤指数很小，再生骨料取代率对组合框架节点损伤发展影响不明显。随着荷载的增加，节点开始开裂并不断发展，箍筋、纵筋和型钢的应变急剧增加。此时，不同取代率下组合框架节点的损伤指标曲线出现一些偏差，表明节点的损伤指标发展速率随再生骨料取代率的增大而加快，试件的损伤指数 D 较之前有所提高。从曲线上可以看出较高的取代率对组合框架节点试件损伤发展较为不利。图 5-6（b）和（c）展示了轴压比对组合框架节点损伤发展的影响。由图可看出，随着轴压比的增加，组合框架节点的损伤指标发展迅速；在相同层间位移角条件下，较大轴压比的节点试件比较小轴压比节点试件具有更高的损伤指标值和较大的地震损伤发展速率。这现象主要是由于轴压比较高的节理延性变形能力较差，导致组合框架节点地震破坏迅速发展。

5.3　组合框架节点的抗震性能量化指标

目前，我国已经将基于性能的抗震理论设计方法编入了《建筑抗震设计规范》（GB 50011—2010）中，该规范同时规定了“三水准设防目标，两阶段设计步骤”的抗震设计思想，一般情况下可以简单概括为“小震不坏，中震可修，大震不倒”。它们采用承载力设计和变形验算的方法，以满足抗震性能的要求，即在强震作用下，允许建筑结构发生弹塑性变形或局部破坏，或结构在一定程度上可以产生较大的塑性变形甚至破坏。因此，研究建筑结构在地震作用下的损伤性能与累积损伤演化规律具有重要意义，而抗震设计和结构震害评估分析中的核心问题是建立能够合理反映结构构件地震损伤性能的计算模型。

将建筑结构的量化指标和抗震性态目标建立起了相应的对应关系，以此来确保构件在地震荷载作用下的经济性和安全性。到目前为止，众多学者主要将层间位移角作为控制指标来对建筑结构在不同抗震性态水平下的量化指标进行研究。因此，本书也将层间位移角作为组合节点抗震性态水平的量化指标，并对位移角进行数理频数统计。文献基于不同特征点条件下构件的位移角频数分布规律，运用数理统计的方法对试验数据进行分析，并认为其频数分布规律均近似服从正态分布；通过从位移角平均值中减去标准偏差得到结构的概率可靠度 84. 13%，它既符合我国建筑业的现行标准又满足当前的经济发展水平。同样地，本书将利用相同的方法对试验的特征点——开裂点、屈服点、荷载极限点和破坏点时的层间位移角进行统计分析。试件的破坏点定义为当试件承载能力下降到峰值荷载 85%时的状态。在此基础上，根据不同的地震损伤水平，确定组合节点的特征点，即将开裂点对应于基本完好状态，屈服点对应于轻微破坏状态，峰值点对应于中等破坏状态，极限点对应于严重破坏状态。由于样本数量较少，为了得到更多的试件位移角统计频数，本文将试件在正向和反向加载时的位移角进行分类统计，从而扩大层间位移角的取值范围。

图 5-7 为各特征点条件下组合框架节点位移角的统计分析结果，并结合试验研究结果，可得到以下统计规律：当组合框架节点进入开裂状态时，节点层间位移角介于 1/298~1/188 之间，平均值 1/222，标准差为 1/1578。当组合节点的概率保证率为 84.13%时，其位移角值约为 1/258。为了满足“小震不坏”的抗震设防要求，取 1/260 作为“基本完好”状态下的性态水平量化指标。

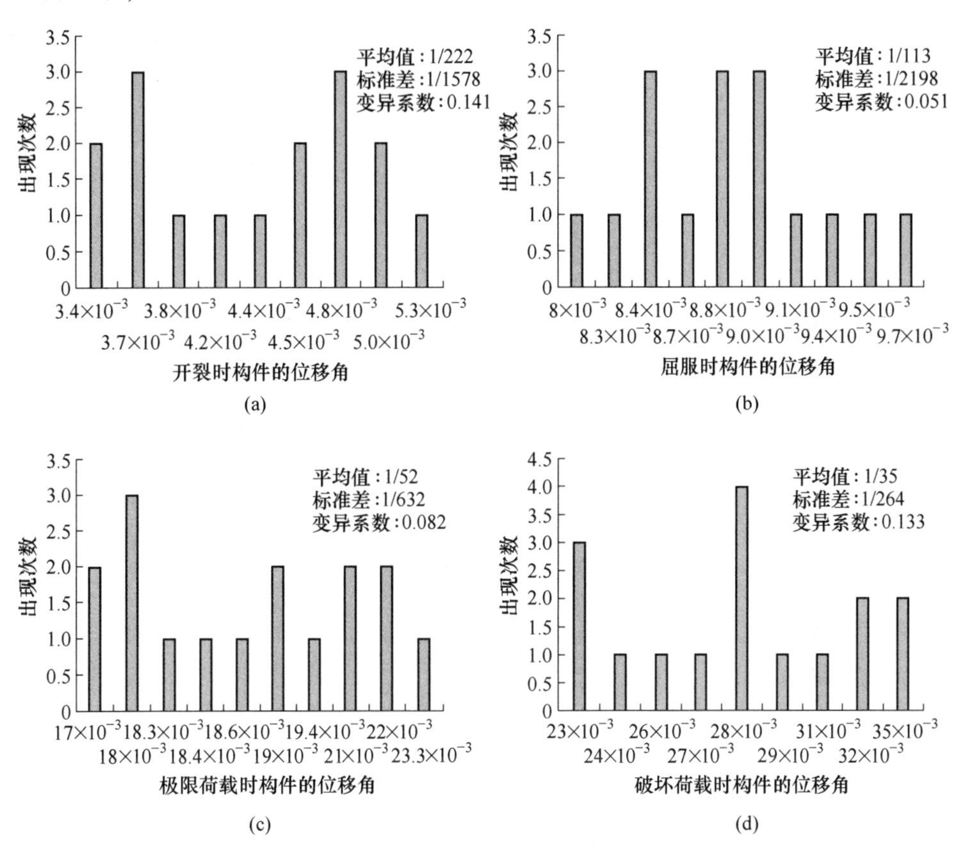

图 5-7 节点特征点层间位移角统计结果

(a) 开裂时构件的位移角统计；(b) 屈服时构件的位移角统计；

(c) 极限荷载时构件的位移角统计；(d) 破坏荷载时构件的位移角统计

在屈服状态下，组合节点的位移角介于 1/126~1/104 之间，平均值为1/113，标准差为 1/2198，当概率保证率为 84.13%时，组合节点的位移角值为 1/119。根据《建筑抗震鉴定标准》(GB 50023—2009) 和《建筑工程抗震设防分类标准》(GB 50223—2008) 中有关抗震加固与鉴定的标准，取 1/120 作为组合节点“轻微破坏”状态下的性能量化指标值。

（1）当试件达到峰值荷载时，组合节点的位移角介于1/59～1/43之间，平均值为1/52，标准差为1/632。当概率保证率为84.13%时，组合节点的位移角值为1/57。此时，试件刚度显著退化，变形开始急速增加。为满足“中震可修”抗震设防标准，采用1/60作为“中等破坏”水平下的弹性位移角值。

（2）峰值载荷后，节点的位移角介于1/45～1/29，平均值为1/35，标准偏差为1/264。当节点的概率保证率为84.13%时，位移角为1/40。此时，组合框架节点试件已经丧失大半承载力，试件变形急剧增加，并且在短时间内达到了极限变形条件，试件已经接近倒塌，但组合框架节点尚且还有一定的塑性变形能力，为了确保人员的生命财产安全，需要考虑一定的安全系数。因此，根据《建筑抗震设计规范》（GB 50011—2010）中的有关弹塑性变形指标的规定，可将“严重破坏”状态下的量化指标取为1/45。

（3）根据现有型钢混凝土构件的极限倒塌研究，可将该组合框架节点倒塌时的位移角取为1/35。

在上述分析结果的基础上，本书给出了型钢再生混凝土柱-钢梁组合框架节点的性态水平、破坏程度和地震损伤指数的一一对应关系，见表5-3。在后续的研究过程中，当需要对型钢再生混凝土组合结构的地震损伤性能进行评价分析时，可以利用本书提出的修正地震损伤模型来计算不同状态下试件的损伤指标值，并依据表5-3的损伤指数范围来确定组合框架节点在不同破坏阶段的损伤状态和破坏程度。

表5-3 组合框架节点抗震性态水平与震害损伤指数界限值

性态水平	破坏等级	可修复程度	界限层间位移角	损伤指数界限值
正常使用	基本完好	不需修复	1/260	0～0.15
暂时使用	轻微破坏	可能修复	1/120	0.15～0.3
修复后使用	中等破坏	少量修复	1/60	0.3～0.55
生命安全	严重破坏	需要修复	1/45	0.55～0.9
防止倒塌	倒塌	不可修复	1/35	0.9～1.0

5.4 本章小结

本章主要在组合框架节点试验研究基础上，对节点的地震损伤进行了分析与评估，得出结论如下。

（1）基于最大位移、累积滞回耗能和Park-Ang地震损伤模型分别对该组合框架节点试件的地震损伤指数进行计算，并对其损伤指标-层间位移角的关系曲线图进行过程分析，表明基于最大位移、累积滞回耗能和 Park-Ang 地震损伤模型的表达式不能合理表达该组合框架节点的地震损伤性能规律。

（2）建立了修正的 Park-Ang 地震损伤模型，基于试验结果，利用 SPSS 软件拟合出了修正系数 α 的数学表达式，得出再生骨料取代率对组合框架节点损伤发展不利，较大的轴压比会明显加快节点损伤发展的结果。

（3）以层间位移角为性态水平的量化指标，运用数理统计的方法给出了不同性态水平下组合框架节点的位移角，分别为 1/260、1/120、1/60、1/45 和 1/35，并分别对应正常使用、暂时使用、修复后使用、生命安全和防止倒塌五个抗震性态水平等级。

6　型钢再生混凝土柱-钢梁组合框架节点抗剪承载力计算研究

受外荷载作用时，框架节点不仅承受梁传递来的压力、弯矩和剪力的作用，同时还承受上部结构的竖向荷载，受力十分复杂，节点安全是保证结构正常运营的前提，因此，研究节点的受力特点、传力特征、破坏机理以及极限承载能力具有重要的意义。近年来，国内外许多学者对钢筋混凝土节点、钢管混凝土组合节点、型钢混凝土组合节点以及其他类型节点的力学性能进行了深入的研究。本章在试验研究的基础上，展开对型钢再生混凝土柱-钢梁组合框架节点抗剪承载力的研究，分析组合框架节点的受力特征和受力机理，并分别求得节点区再生混凝土、型钢腹板和箍筋三部分的抗裂、抗剪承载力，最终通过叠加法得到适用于型钢再生混凝土柱-钢梁组合框架节点的抗剪承载力计算公式。

6.1　组合框架节点区受力分析及水平剪力的计算

6.1.1　组合框架节点区受力分析

在地震作用下，组合框架节点有两种受力破坏模式，分别为梁端塑性铰破坏和节点核心区剪切破坏。本书将节点区剪切破坏作为研究对象，以了解组合框架节点的受力机理，从而得到组合框架节点的抗剪承载力及其计算方法。

组合框架节点在低周反复荷载作用下，节点区受上下柱端传来的压力、弯矩和剪力作用，同时受到左右梁端传来的弯矩和剪力作用，组合框架节点试件及其节点区受力示意图如图6-1（a）和（b）所示。梁端、柱端在节点区产生的弯矩可转化为力偶，使节点区两对角受到垂直和水平方向的压力，而另外两对角受到垂直和水平方向的拉力，节点区弯矩转化为力偶后的等效受力示意图如图6-1（c）所示。

6.1.2　组合框架节点区水平剪力的计算

在图6-1（c）中，取组合框架节点区上半部分作为研究对象，利用平衡原理分析其水平方向的受力情况，如图6-2所示。

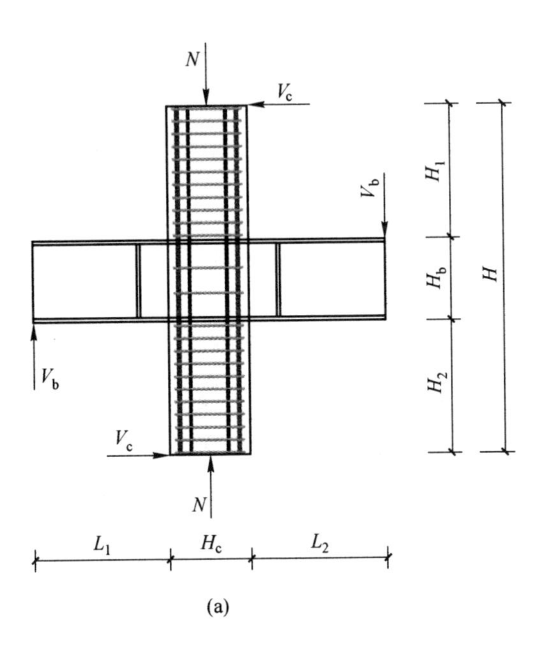

(a)

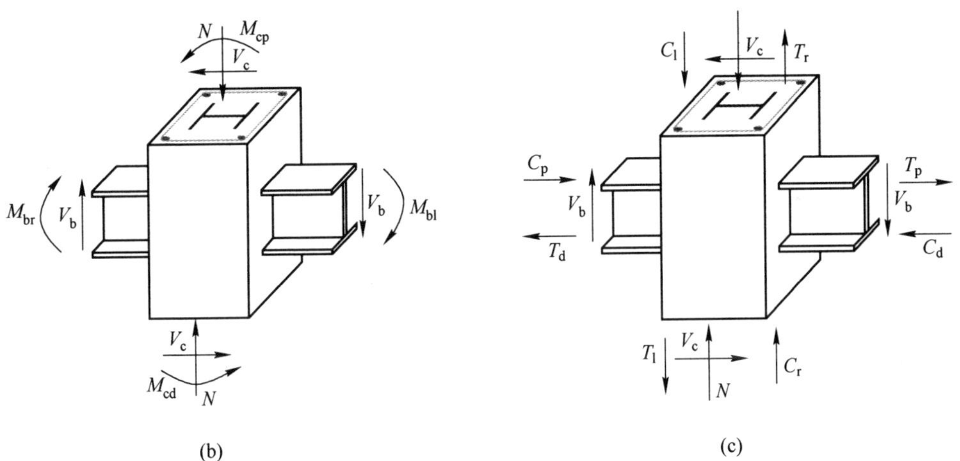

(b) (c)

图 6-1 组合框架节点受力分析

(a) 节点试件受力示意图；(b) 节点受力；(c) 节点等效受力

由静力平衡条件可得组合框架节点核心区总水平剪力 V_u 为：

$$V_u = T_p + C_p - V_c \tag{6-1}$$

式中 V_u ——节点核心区总水平剪力；

V_c ——上柱反弯点处水平剪力；

T_p，C_p ——左右梁端传递到节点区的拉力和压力。

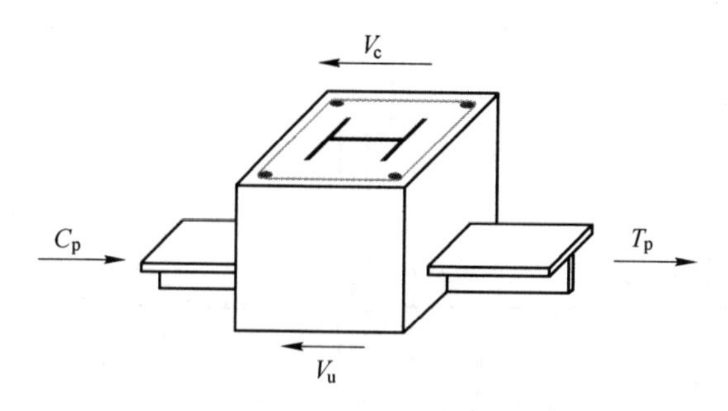

图 6-2　组合框架节点的剪力计算简图

T_p 和 C_p 由左右梁端弯矩转化成的力偶所得，其算法如下：

$$T_p = \frac{M_{bl}}{h_{bw}} \tag{6-2}$$

$$C_p = \frac{M_{br}}{h_{bw}} \tag{6-3}$$

式中　M_{bl}，M_{br} ——左右梁端弯矩；

h_{bw} ——梁端截面拉、压合力点之间的距离，梁为型钢梁，可近似取梁型钢上、下翼缘重心之间的距离。

将式（6-2）、式（6-3）代入式（6-1）中，得：

$$V_u = \frac{M_{bl} + M_{br}}{h_{bw}} - V_c \tag{6-4}$$

根据图 6-1（b），由组合框架节点弯矩平衡，可得：

$$M_{bl} + M_{br} = M_{cp} + M_{cd} \tag{6-5}$$

并且由图 6-1（a）可得：

$$M_{cp} + M_{cd} = V_c H_1 + V_c H_2 = V_c (H - H_b) \tag{6-6}$$

从而得：

$$V_c = \frac{M_{cp} + M_{cd}}{H - H_b} \tag{6-7}$$

式中　H ——上下柱反弯点之间的距离；

H_1，H_2 ——上下柱端到相应反弯点之间的距离；

H_b ——梁截面的高度。

将式（6-5）代入式（6-7）中得：

$$V_c = \frac{M_{bl} + M_{br}}{H - H_b} \tag{6-8}$$

将式（6-8）代入式（6-4）中得：

$$V_u = \frac{M_{bl} + M_{br}}{h_{bw}} - \frac{M_{bl} + M_{br}}{H - H_b} = \frac{M_{bl} + M_{br}}{h_{bw}}\left(1 - \frac{h_{bw}}{H - H_b}\right) \tag{6-9}$$

通过梁端力传感器确定加载过程中梁端支座反力的大小，并将梁端支座反力与相应力臂相乘，所得之积即为左右梁端弯矩 M_{bl} 和 M_{br}，进而由式（6-9）可得节点核心区剪力值见表6-1。

表6-1 组合框架节点核心区水平剪力实测值

试件编号	开裂水平剪力/kN	屈服水平剪力/kN	极限水平剪力/kN	破坏水平剪力/kN
CFJ1	262.95	476.60	619.02	526.10
CFJ2	252.06	442.09	589.22	500.84
CFJ3	239.85	413.08	556.70	473.18
CFJ4	193.97	333.71	526.44	447.49
CFJ5	263.86	395.27	613.90	521.81
CFJ6	185.92	322.59	467.62	397.48
CFJ7	193.45	347.30	512.52	435.64
CFJ8	228.32	392.71	548.19	465.97

6.1.3 节点区各部分承担的水平剪力

由上述应变分析可知，型钢再生混凝土柱-钢梁组合框架节点的抗剪承载力主要由节点核心区型钢腹板、节点区箍筋、节点区再生混凝土三部分构成，下面对各部分的剪力分别计算。

6.1.3.1 节点核心区型钢腹板部分

根据材料力学中的公式可得：

$$V_w^t = \frac{I_w t_w}{S_w}\tau_w \tag{6-10}$$

其中：

$$\tau_w = G_w \gamma_w \tag{6-11}$$

$$G_w = \frac{E}{2(1 + \nu)} \tag{6-12}$$

式中 V_w^t ——节点核心区型钢腹板承担的剪力试验值；

t_w，I_w ——柱型钢腹板的厚度和截面惯性矩；

S_w ——柱型钢腹板截面中心轴以上面积矩；

τ_w ——柱型钢腹板中心处剪应力；

G_w，E ——柱型钢腹板的剪切弹性模量和弹性模量；

γ_w ——柱型钢腹板剪应变，由应变花实测数据按照材料力学相关公式求得；

ν ——柱型钢腹板泊松比。

关于型钢翼缘的抗剪作用，根据已有的研究表明：其所承担的剪力仅是型钢腹板所承担剪力的5%左右，对组合框架节点的核心区总水平剪力影响很小，为了便于计算，可认为型钢部分承担的剪力主要由腹板来承担，翼缘承担的剪力可以忽略不计。

6.1.3.2　节点区箍筋部分

节点区箍筋承担的剪力为：

$$V_{sv}^t = aE_{sv}\overline{\varepsilon}_{sv}A_{sv1} \tag{6-13}$$

式中　V_{sv}^t ——节点区箍筋承担的剪力试验值；

a ——同一截面内箍筋总肢数；

E_{sv}，$\overline{\varepsilon}_{sv}$ ——箍筋的弹性模量和平均应变；

A_{sv1} ——同一截面内单肢箍筋截面面积。

6.1.3.3　组合框架节点区的再生混凝土部分

组合框架节点区再生混凝土的受力十分复杂，很难用公式具体表达出来，但由前面分析可知，节点区水平剪力主要由再生混凝土、型钢腹板和箍筋三部分构成，且根据《组合结构设计规范》（JGJ 138—2016）和现有的研究，计算组合框架节点剪力时可将这三部分进行线性叠加，因此节点区再生混凝土所承担的剪力如下：

$$V_{rc}^t = V_u^t - V_w^t - V_{sv}^t \tag{6-14}$$

由式（6-10）~式（6-14）和试验数据可得组合框架节点区再生混凝土、型钢腹板和箍筋三者在各特征荷载下所承担的剪力及占比，见表6-2，所承担的剪切力试验值如图6-3所示。

表6-2　各特征力下组合框架节点抗剪元件承担剪力的试验值及比重

试件编号	特征点	V_u^t /kN	V_w^t /kN	V_{sv}^t /kN	V_{rc}^t /kN	V_w^t/V_u^t	V_{sv}^t/V_u^t	V_{rc}^t/V_u^t
CFJ1	P_{cr}	262.95	11.96	1.193	249.80	4.5%	0.5%	95.0%
	P_y	476.60	57.39	20.75	398.47	12.0%	4.4%	83.6%
	P_{max}	619.02	154.38	63.14	401.51	24.9%	10.2%	64.9%
CFJ2	P_{cr}	252.06	23.04	2.30	226.73	9.1%	0.9%	90.0%
	P_y	442.09	45.03	13.12	383.95	10.2%	3.0%	86.8%
	P_{max}	589.22	163.50	72.94	352.78	27.7%	12.4%	59.9%

续表 6-2

试件编号	特征点	V_u^t /kN	V_w^t /kN	V_{sv}^t /kN	V_{rc}^t /kN	V_w^t/V_u^t	V_{sv}^t/V_u^t	V_{rc}^t/V_u^t
CFJ3	P_{cr}	293.22	31.05	4.30	257.87	10.6%	1.5%	87.9%
	P_y	478.49	44.42	13.97	383.75	10.0%	3.2%	86.8%
	P_{max}	556.70	159.76	67.02	329.92	28.7%	12.0%	59.3%
CFJ4	P_{cr}	193.97	6.03	2.22	185.72	3.1%	1.1%	95.8%
	P_y	333.71	22.23	3.28	308.20	6.7%	1.0%	92.3%
	P_{max}	526.44	171.99	53.47	300.99	32.7%	10.1%	57.2%
CFJ5	P_{cr}	263.86	3.74	2.81	257.31	1.4%	1.1%	97.5%
	P_y	395.27	21.49	26.63	347.15	5.5%	6.7%	87.8%
	P_{max}	613.90	153.60	47.29	413.01	25.0%	7.7%	67.3%
CFJ6	P_{cr}	185.92	3.17	0.09	182.67	1.6%	0.1%	98.3%
	P_y	322.59	6.13	19.85	296.60	1.9%	6.1%	92.0%
	P_{max}	467.62	165.49	95.86	206.28	35.4%	20.5%	44.1%
CFJ7	P_{cr}	189.81	1.01	0.09	188.72	0.5%	0.1%	99.4%
	P_y	347.30	15.56	2.22	329.52	4.5%	0.6%	94.9%
	P_{max}	512.52	150.17	93.34	269.01	29.3%	18.2%	52.5%
CFJ8	P_{cr}	228.32	11.99	3.83	212.49	5.3%	1.6%	93.1%
	P_y	392.71	23.78	19.68	349.25	6.1%	5.0%	88.9%
	P_{max}	548.19	182.09	109.87	256.23	33.2%	20.1%	46.7%

对表 6-2 和图 6-3 分析可知，加载初期，节点区未出现明显裂缝，试件基本处于弹性状态，此时试件内各组成部分应变很小，各抗剪元件之间协同工作，变形基本一致；在试件开裂时，节点核心区型钢腹板和箍筋的应变较小，这表明其所承担剪力占总剪力的占比很小，其中型钢腹板占比为 5%左右，而箍筋占比仅为 1%左右，此时节点区大部分的剪力由再生混凝土来承担，其占比为 94%左右；随着水平荷载的增加，节点区表面的裂缝不断产生、延伸和发展，各抗剪元件的变形逐渐增大，同时它们所承担的水平剪力也在不断地增大，当节点区形成“X”形主斜裂缝并沿对角线贯通时，核心区型钢腹板开始屈服，此时型钢腹板承担的剪力占比为 7%左右，而箍筋并未屈服，其所承担的剪力占比为 4%左右，节点区再生混凝土仍承受着大部分的剪力，占比为 89%左右。与节点开裂时相比，型钢腹板和箍筋所承担的剪力值在逐渐增加，但增幅较小，而再生混凝土所承担的剪力值在逐渐降低，总体来看，试件屈服时，节点区再生混凝土仍为抗剪的主要元件。随着水平荷载进一步的增加，节点核心区型钢腹板屈服由局部向整

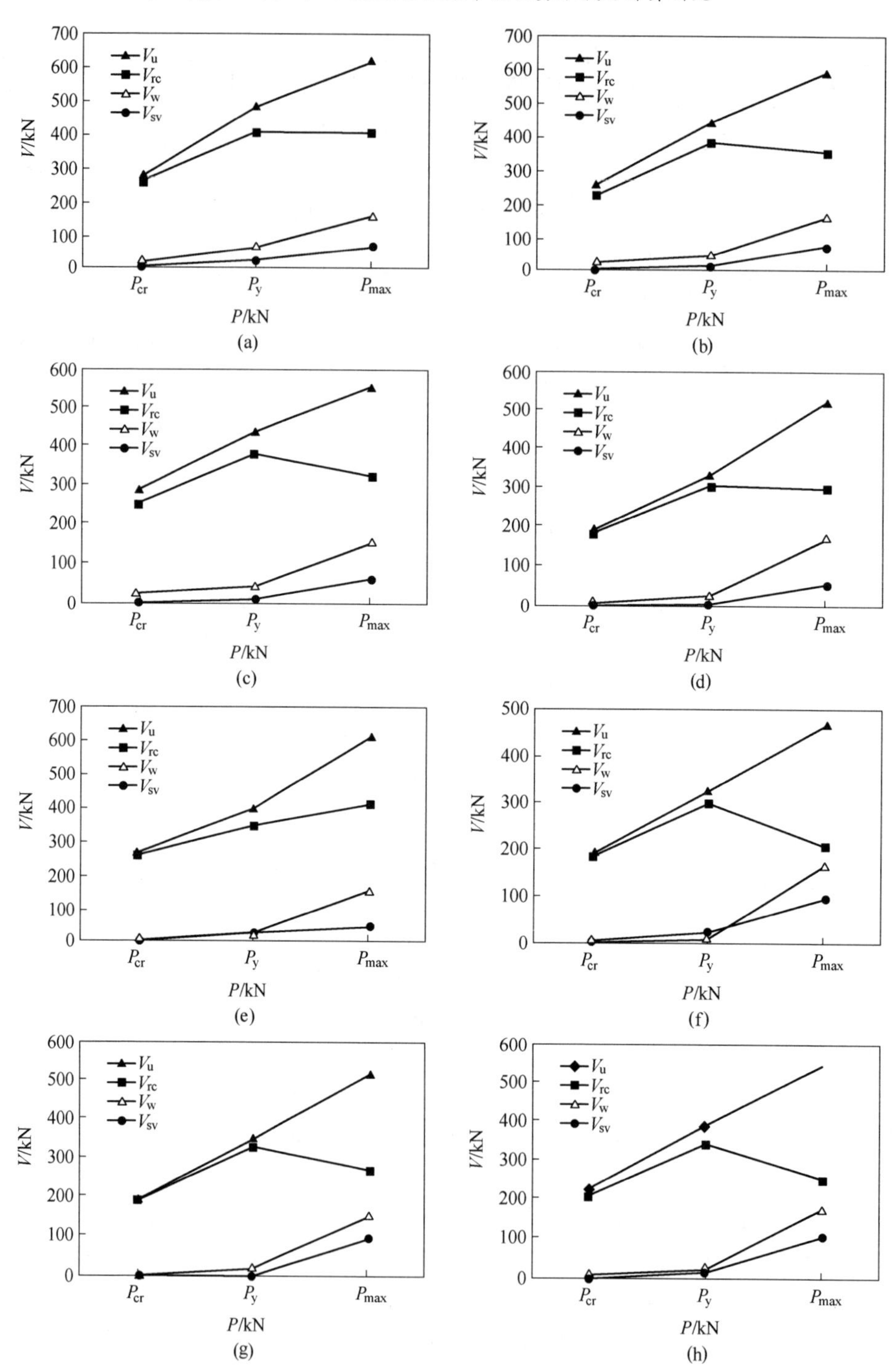

图 6-3　组合框架节点区各抗剪元件承担的剪力试验值

（a）CFJ1；（b）CFJ2；（c）CFJ3；（d）CFJ4；（e）CFJ5；（f）CFJ6；（g）CFJ7；（h）CFJ8

体蔓延，其抗剪能力得到较好的发挥，同时箍筋的抗剪承载力也在逐渐增加。当荷载达到峰值荷载时，核心区型钢腹板完全屈服并进入强化阶段，其抗剪能力得到充分的发挥，此时型钢腹板承担的剪力占比为30%左右，部分箍筋发生屈服，约束能力进一步提升，占总剪力占比的14%左右，而节点区再生混凝土所承受的剪力占比为56%左右，表明再生混凝土所承担的剪力随水平荷载的增加而逐渐减小，这主要是因为加载后期再生混凝土开裂应力重新分布，从而使得型钢和箍筋承担的剪力在逐渐增大。

通过上述分析可知，型钢再生混凝土柱-钢梁组合框架节点的剪力实测值由节点区再生混凝土、核心区型钢腹板和节点区箍筋三部分共同组成，这三部分在加载过程中的抗剪能力表现各不相同，因此对此进行简单的分析和总结。加载初期，节点区再生混凝土承担了大部分的水平剪力，而核心区型钢腹板和箍筋所承担的剪力占比很小；随着水平荷载的增大，节点核心区型钢腹板和箍筋所承担的剪力占比逐渐增加，而节点区再生混凝土所承担的剪力占比相应降低，但其仍是抗剪主力；加载后期，由于节点区再生混凝土破坏严重，导致节点区再生混凝土的抗剪能力进一步减弱，核心区型钢腹板和箍筋的抗剪占比进一步增加。总体来看，节点区再生混凝土可为组合框架节点提供充分的剪力，因此其是组合框架节点主要的抗剪元件之一。型钢部分抗剪起主要作用的是腹板，而翼缘抗剪作用较小，可以忽略不计。加载后期，核心区型钢腹板完全屈服并进入强化阶段，为组合框架节点提供了相当一部分剪力，使得节点试件承载力下降幅度较为平缓，因此核心区型钢腹板也是组合框架节点主要的抗剪元件之一。节点区箍筋所承担的剪力虽然占比较小，且在试件屈服之前，箍筋基本处于弹性状态，屈服之后箍筋的应变逐渐增大，其抗剪作用才逐渐地体现出来，但箍筋对节点区再生混凝土有一定的约束能力，从而抑制了再生混凝土裂缝的开展和延缓了节点区再生混凝土的脱落，使得节点区部分再生混凝土在加载后期仍具有一定的抗剪能力，所以箍筋虽然所承担的剪力较小，但其抗剪作用较大，因此箍筋也是组合框架节点中主要的抗剪元件之一。

6.2 组合框架节点抗裂计算

6.2.1 抗裂计算的意义

在地震作用下，框架节点受力十分复杂，是结构中最容易受损的部位，节点一旦被破坏，与其连接的梁柱将无法正常地工作，而且对破坏后的节点进行加固也较梁柱加固复杂得多，因此，在正常情况下尽可能地保证节点不开裂，才能保证结构的正常运营。由于型钢再生混凝土柱-钢梁组合框架节点中内配工字型钢，型钢本身会承担一部分剪力。因此，有必要对该组合框架节点进行抗裂计算。

6.2.2　节点抗裂承载力计算基本理论

由上述分析可知，在组合框架节点开裂之前，试件基本处于弹性工作阶段，节点内各抗剪元件之间协同工作，变形基本一致，节点区水平剪力大部分由再生混凝土来承担，核心区型钢腹板和箍筋承担的剪力很少；节点初裂时，箍筋承担的剪力仍然较小，仅占总剪力的1%左右，而此时节点区再生混凝土和核心区型钢腹板所承担的剪力分别占总水平剪力的94%左右和5%左右。说明组合框架节点的抗裂承载力由再生混凝土和型钢腹板组成，箍筋对其影响较小，可忽略不计。此时型钢翼缘框应变也很小，可认为其不参与节点抗剪。因此，在进行型钢再生混凝土柱-钢梁组合框架节点抗裂计算时可作以下假定：

（1）节点在开裂之前基本处于弹性工作状态；

（2）节点区开裂时，型钢腹板和再生混凝土变形协调一致；

（3）不考虑箍筋和型钢翼缘框对抗剪承载力的贡献。

6.2.3　节点抗裂承载力计算理论公式

根据上述假定，组合框架节点区开裂时，节点水平剪力主要由再生混凝土和型钢腹板承担。因此，组合框架节点抗裂承载力计算可以看成由再生混凝土和型钢腹板两部分叠加而成，即：

$$V_{cr}^{c} = V_{rc}^{c} + V_{w}^{c} \tag{6-15}$$

式中　V_{cr}^{c}——节点抗裂承载力计算值；

V_{rc}^{c}——节点开裂时再生混凝土承担的剪力计算值；

V_{w}^{c}——节点开裂时核心区型钢腹板承担的剪力计算值。

6.2.3.1　再生混凝土承担的抗裂剪力计算值

当组合框架节点区再生混凝土的主拉应力达到其抗拉强度时，节点区产生初始裂缝，此时节点区最大剪应力 τ_{max} 为：

$$\tau_{max} = \frac{V_{rc}^{c}}{b_j h_j} \tag{6-16}$$

式中　h_j——节点计算区有效高度，一般取 $h_j = h_c$；

b_j——节点计算区有效宽度，取 $b_j = (b_c + b_b)/2$，其中 b_b、b_c 分别为梁和柱的截面宽度。

组合框架节点在低周反复荷载作用下，钢梁上未加预应力，梁端传递到节点区的轴向应力很小，可以忽略不计。从节点核心区取出一个微小平面单元作应力分析，如图6-4所示。

根据莫尔圆原理，可知组合框架节点核心区的主拉应力为：

$$\sigma_t = -\frac{\sigma_c}{2} + \sqrt{\left(\frac{\sigma_c}{2}\right)^2 + \tau_{max}^2} \tag{6-17}$$

式中 σ_t——节点核心区主拉应力；

σ_c——上柱轴向应力，且 $\sigma_c = N/(b_c h_c)$，其中 h_c、b_c 分别为上柱水平截面的高度和宽度；

N——作用于柱顶的实际轴压力。

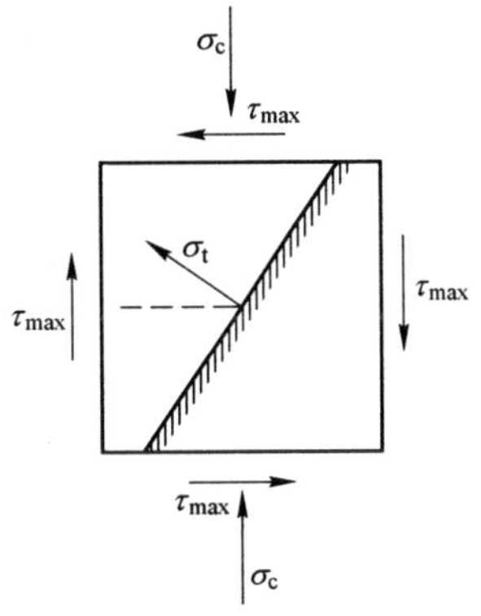

图 6-4 单元体受力状态

在组合框架节点核心区即将出现裂缝时，满足 $\sigma_t \leqslant f_{rt}$，取临界状态，即核心区刚出现裂缝时：

$$\sigma_t = f_{rt} \tag{6-18}$$

$$-\frac{\sigma_c}{2} + \sqrt{\left(\frac{\sigma_c}{2}\right)^2 + \tau_{max}^2} = f_{rt} \tag{6-19}$$

$$\left(\frac{\sigma_c}{2}\right)^2 + \tau_{max}^2 = \left(f_{rt} + \frac{\sigma_c}{2}\right)^2 \tag{6-20}$$

将式（6-16）代入式（6-20）中，得到组合框架节点区开裂时再生混凝土承担的剪力计算值为：

$$V_{rc}^{c} = b_j h_j f_{rt} \sqrt{1 + \frac{\sigma_c}{f_{rt}}} \tag{6-21}$$

式中 f_{rt}——节点区再生混凝土抗拉强度标准值，即实测值。

上述公式并未考虑水平剪力分布不均匀的问题。实际上，梁端通过型钢与节点核心区再生混凝土之间的黏结力将水平剪应力传递到节点区，而在节点内沿型钢长度方向的黏结应力分布是不均匀的。西安建筑科技大学赵鸿铁教授对此作了深入的研究，结果表明，节点区剪应力沿水平截面分布是不均匀的，最大剪应力分布于截面中性轴附近，并引入了一个综合影响系数 η 来考虑其影响，最终赵鸿铁教授建议影响系数 η 理论分析时取 0.67。需要说明的是，该值是对普通钢筋混凝土节点进行研究后得出的结论，而对型钢混凝土节点是否适用还需进一步的研究。冯国祥对型钢混凝土异形柱框架十字形节点的抗裂性能进行了研究，结果表明，异形柱十字节点中所配的型钢以及与水平力垂直方向的柱肢可以有效地改善节点核心区剪应力分布不均的问题，考虑这一有利的因素，冯国祥在影响系数 η =0.67 的基础上乘了一个提高系数，最终得 η =0.8。本书节点为型钢再生混凝土柱-钢梁框架组合节点，考虑核心区型钢的有利作用，同时也考虑再生混凝土离散性较大的因素，本书建议实用计算时可偏保守地取 η =0.7，对于普通边节点，其影响系数还需再乘一个修正系数 0.9，故本书采用赵鸿铁教授建议，取边节点影响系数 η =0.7×0.9=0.63。因此，在节点开裂时节点区再生混凝土承担的剪力计算值为：

$$V_{rc}^{c} = \eta b_j h_j f_{rt} \sqrt{1 + \frac{\sigma_c}{f_{rt}}} \tag{6-22}$$

式中 η——影响系数，中节点 η 取 0.7，边节点 η 取 0.63；

σ_c——上柱轴向应力，其计算公式见式（6-23），其中 N 为作用在柱顶的实际轴压力，但并未给出施加在柱顶的实际轴压力，而是给出了各试件的实际轴压比，因此需要将式（6-22）中的轴向压应力 σ_c 换算为轴压比 n，σ_c 的计算公式如下：

$$\sigma_c = \frac{N}{b_c h_c} \tag{6-23}$$

型钢再生混凝土柱的轴压比计算公式为：

$$n = \frac{N}{f_{rc}A_{rc} + f_a A_a} \tag{6-24}$$

式中 f_{rc}，f_a——节点区再生混凝土抗压强度标准值、核心区型钢强度标准值；

A_{rc}，A_a——节点区再生混凝土的截面面积、型钢的截面面积。

将式（6-23）代入式（6-24）中，经化简得：

$$\sigma_c = \frac{n(f_{rc}A_{rc} + f_a A_a)}{b_c h_c} \tag{6-25}$$

将式（6-25）代入式（6-22）中，最终得组合框架节点区开裂时再生混凝土承担的剪力计算值为：

$$V_{rc}^{c} = \eta b_j h_j f_{rt} \sqrt{1 + \frac{n(f_{rc}A_{rc} + f_a A_a)}{f_{rt} \mathrm{b_c} \mathrm{h_c}}} \tag{6-26}$$

6.2.3.2 型钢腹板承担的剪力计算值

由假定（2）可知，型钢腹板与节点核心区混凝土的剪切变形基本一致，即：

$$\gamma_{rc} = \gamma_w \tag{6-27}$$

$$\gamma_{rc} = \frac{\tau_{rc}}{G_{rc}} \qquad \gamma_w = \frac{\tau_w}{G_w} \tag{6-28}$$

式中 γ_{rc}——节点区再生混凝土的剪切应变；

γ_w，τ_w——核心区型钢腹板的剪切应变和剪切应力；

τ_{rc}——节点区再生混凝土的剪应力，其中 $\tau_{rc} = \eta f_{rt} \sqrt{1 + \frac{n(f_{rc}A_{rc} + f_a A_a)}{f_{rt} b_c h_c}}$；

G_{rc}——再生混凝土的剪切模量，$G_{rc} = \frac{E_{rc}}{2(1 + v_{rc})}$，$E_{rc}$ 为再生混凝土的弹性模量，ν_{rc} 为再生混凝土的泊松比；

G_w ——型钢腹板的剪切模量，$G_w = \dfrac{E_w}{2(1+\nu_w)}$，$E_w$ 为型钢腹板的弹性模量，ν_w 为型钢腹板的泊松比。

由式（6-27）和式（6-28）可得组合框架节点核心区型钢腹板承担的剪应力为：

$$\tau_w = \tau_{rc}\frac{G_w}{G_{rc}} = \tau_{rc}\frac{E_w}{E_{rc}}\frac{1+\nu_{rc}}{1+\nu_w} \tag{6-29}$$

由式（6-29）可得组合框架节点核心区型钢腹板承担的剪力 V_w^c 为：

$$V_w^c = \tau_w h_w t_w \tag{6-30}$$

式中 h_w，t_w ——组合框架节点核心区型钢腹板的高度和厚度。

综上可得，型钢再生混凝土柱-钢梁组合框架节点抗裂承载力为：

$$\begin{aligned} V_{cr}^c &= \eta b_j h_j f_{rt}\sqrt{1+\frac{n(f_{rc}A_{rc}+f_aA_a)}{f_{rt}b_c h_c}} + \tau_w h_w t_w \\ &= \eta b_j h_j f_{rt}\sqrt{1+\frac{n(f_{rc}A_{rc}+f_aA_a)}{f_{rt}b_c h_c}}\left(1+\frac{E_w}{E_{rc}}\frac{1+\nu_{rc}}{1+\nu_w}\frac{h_w t_w}{h_j b_j}\right) \end{aligned} \tag{6-31}$$

由式（6-31）可得本试验 8 个型钢再生混凝土柱-钢梁组合框架节点的抗裂承载力，表 6-3 为试件开裂时节点区再生混凝土和型钢腹板承担的剪力计算值以及抗裂承载力计算值与试验值的比值。由表 6-3 可得，理论计算值大多较试验值偏小，原因之一是试验观测条件有限，节点区初始微细斜裂缝往往在肉眼看到之前已经出现，由此将导致初裂荷载实测值偏大。而表 6-3 中计算值和试验值比值的平均值为 0.962，标准差为 0.106，变异系数为 0.11，两者吻合较好，满足型钢再生混凝土柱-钢梁组合框架节点抗裂承载力计算要求。

表 6-3 组合框架节点的抗裂理论计算值和试验值的比较

试件编号	r/%	n	V_{rc}^c /kN	V_w^c /kN	V_{cr}^c /kN	V_{cr}^t /kN	V_{cr}^c/V_{cr}^t
CFJ1	0	0.36	224.54	18.43	242.97	262.95	0.92
CFJ2	50	0.36	221.69	18.35	240.04	252.06	0.95
CFJ3	100	0.36	214.01	18.13	232.14	293.22	0.79
CFJ4	100	0.18	166.20	14.40	180.61	193.97	0.93
CFJ5	100	0.54	252.94	21.21	274.15	263.86	1.04
CFJ6	100	0.18	149.58	12.96	162.55	185.92	0.87
CFJ7	100	0.36	192.61	16.32	208.93	189.81	1.10
CFJ8	100	0.54	227.65	19.09	246.74	228.32	1.08

6.3　组合框架节点受力机理

在外荷载作用下，组合框架节点承受轴力、弯矩和剪力的共同作用，受力十分复杂。组合框架节点通过节点区混凝土、核心区型钢和钢筋三者的有机联系来分配和传递内力。研究组合框架节点的受力机理，就是根据节点的受力过程和破坏类型，准确描述荷载效应在节点内分配的大小和传递途径，为节点承载力的计算提出合理的理论假设和计算模型。由于试件内型钢的存在，使得组合框架节点的受力机理与钢筋混凝土节点不同，就已有的关于型钢混凝土节点的研究，学者们普遍认可的节点受力机理为西安建筑科技大学赵鸿铁教授提出的“刚桁架受力机理”和钢“框架-剪力墙”机理。本书以西安建筑科技大学赵鸿铁教授提出的节点受力机理为基础，结合型钢再生混凝土柱-钢梁组合框架节点的试验研究，提出了适用于该组合框架节点的受力机理及计算方法。

6.3.1　刚桁架受力机理

节点刚桁架受力机理就是将柱型钢翼缘和节点区上下加劲肋视为一个刚性的矩形框架，当组合框架节点受反复荷载作用时，核心区再生混凝土受力，其中一条对角线方向受拉，另一条对角线方向受压。节点核心区的再生混凝土受力后形成斜压杆，柱型钢腹板可视为斜拉腹杆，如图 6-5 所示。所有的腹杆均为二力杆，仅受轴向力的作用，不承受弯矩。当梁中的工字钢梁对称放置时，认为梁端和柱端传来的剪力、弯矩、轴力等效作用在节点腹板四周的翼缘和加劲肋重心处。

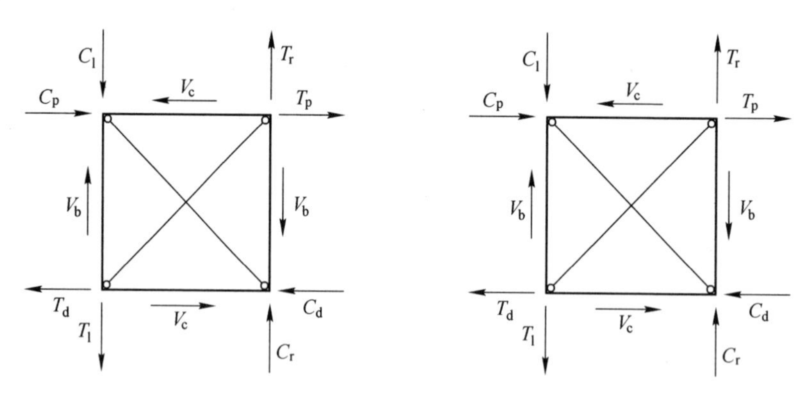

图 6-5　刚桁架受力机理

当组合框架节点受力达到一定程度时，节点核心区再生混凝土会出现许多条沿对角线方向的剪切斜裂缝，这些平行的剪切斜裂缝将节点区再生混凝土分割成带状，这些带状再生混凝土形成斜压杆。型钢屈服前，核心区再生混凝土受到型钢翼缘框的双向约束，其抗压强度得到有效提高。随着荷载的继续增大，核心区型钢腹板局部屈服，并向整体蔓延。节点达到极限状态时，型钢腹板基本屈服并进入强化阶段。随着荷载进一步增加，刚性矩形框四角形成塑性铰，此时刚性矩形框成为几何可变体系，但由于框内再生混凝土未被压碎，仍具有较大的抗压能力，所以节点仍是静定结构。当再生混凝土斜压杆达到其极限压应变时，框内再生混凝土被压溃脱落，整个组合框架节点成为可变体系，从而宣告破坏。

6.3.2 钢“框架-剪力墙”机理

组合框架节点区抗剪可分为两部分：一部分是钢筋混凝土抗剪，再生混凝土斜压杆与钢筋共同组成钢筋混凝土桁架体系，该体系中再生混凝土斜压杆主要承受梁端、柱端的压应力，如图6-6（a）所示，由钢筋和再生混凝土组成的桁架体系主要承受梁端、柱端的拉应力即剪力作用，如图6-6（b）所示；另一部分是型钢抗剪，型钢翼缘与节点区上下水平加劲肋共同组成钢“框架”，如图6-7（a）所示，柱型钢腹板可视为“剪力墙”，如图6-7（b）所示，两者共同构成钢“框架-剪力墙”体系，如图6-7（c）所示。

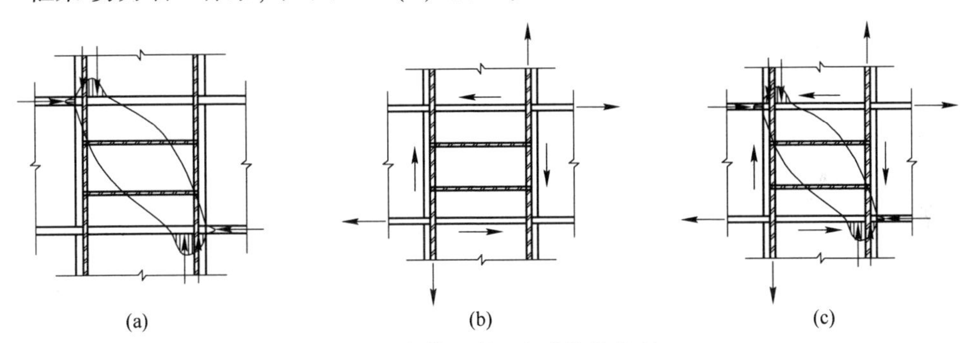

图6-6 钢筋混凝土部分抗剪机理
（a）再生混凝土斜压杆；（b）桁架；（c）钢筋混凝土桁架体系

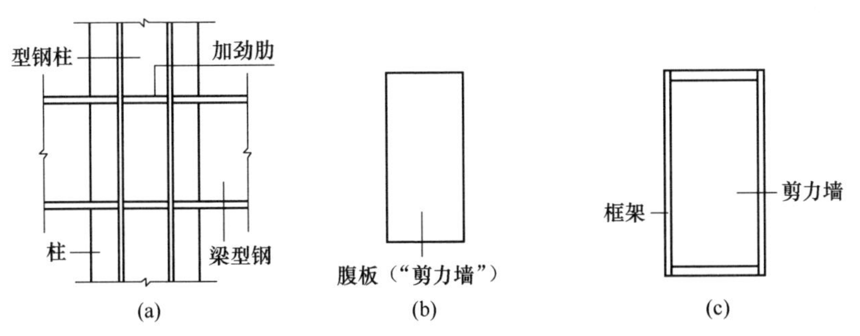

图6-7 型钢部分抗剪机理
（a）钢“框架”；（b）剪力墙；（c）钢“框架-剪力墙”体系

钢“框架-剪力墙”体系在抵抗水平剪力时按两者（钢“框架”和“剪力墙”）的抗侧刚度来分配剪力，由于型钢翼缘的抗侧刚度远远小于型钢腹板的抗侧刚度，因此钢“框架-剪力墙”体系的抗剪主要由型钢腹板来提供。当上柱无轴压力时，钢“框架-剪力墙”体系基本处于纯剪状态，如图 6-8（a）所示。当上柱有轴压力时，钢“框架-剪力墙”体系处于压应力和剪应力共同作用的状态，如图 6-8（b）所示。

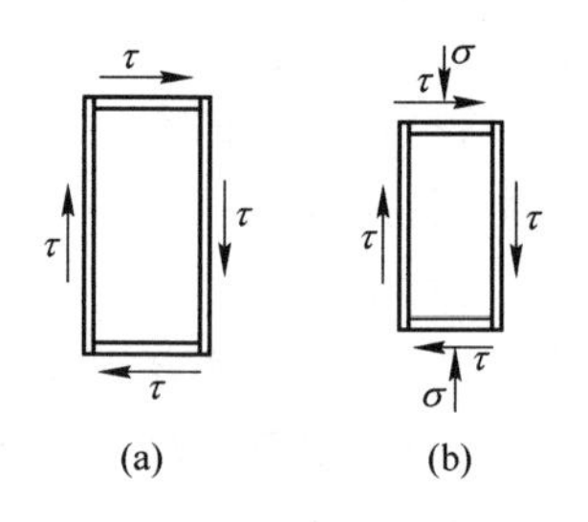

图 6-8　核心区型钢受力
（a）纯剪状态；（b）剪压状态

组合框架节点受力时，钢筋混凝土桁架和钢“框架-剪力墙”体系共同承担梁端和柱端传递到节点的内力。当荷载达到一定程度时，节点核心区混凝土出现许多斜裂缝，这些平行斜裂缝将节点区混凝土分成斜压杆。当节点达到极限状态时，“剪力墙”（型钢腹板）首先屈服，然后钢“框架”四角出现塑性铰，型钢框架部分成为可变体系。最后，由于节点区箍筋屈服，核心区混凝土达到其极限抗压强度，从而被压溃脱落，组合框架节点宣告破坏。

对比上述两种节点受力机理可知，钢“框架-剪力墙”机理将组合框架节点分为两部分来分析，即钢筋混凝土抗剪部分和型钢抗剪部分，该抗剪机理充分考虑了核心区型钢腹板的抗剪作用，而弱化了型钢翼缘的抗剪作用。因此，本书型钢再生混凝土柱-钢梁组合框架节点试件采用钢“框架-剪力墙”机理分析其抗剪承载力更为合理。

6.3.3　型钢再生混凝土柱-钢梁组合框架节点的受力机理

型钢再生混凝土柱-钢梁组合节点和普通型钢混凝土组合节点的最大不同是所用混凝土种类不同。在加载初期，节点核心区的剪力大部分由再生混凝土来承担，而箍筋和型钢腹板仅承担了很小一部分内力；随着水平荷载的增加，节点区再生混凝土表面出现许多斜裂缝，此时节点试件符合斜压杆机理；随着水平荷载的进一步增加，节点区形成“X”形主交叉斜裂缝，核心区型钢腹板开始屈服，其所承担的剪力不断增大；加载后期，核心区型钢腹板完全屈服并进入强化阶段，其抗剪作用得到了充分的发挥，节点区再生混凝土被压溃脱落，型钢腹板部分符合钢“框架-剪力墙”受力机理，箍筋抑制了再生混凝土裂缝的开展，同时也较好地发挥了抵抗剪力的作用，此时节点受力机理由斜压杆机理过渡为弱化的斜压杆机理和强化的桁架机理，因此型钢再生混凝土柱-钢梁组合节点的受力机理为上述三种受力机理的共同作用，这三种受力机理即为钢“框架-剪力墙”机理的具体表现。

6.4 组合框架节点抗剪承载计算

组合框架节点的抗剪承载力可认为由节点区再生混凝土、核心区型钢腹板以及节点区箍筋三部分组成。除此之外，影响组合框架节点抗剪的因素还包括轴压比和荷载性质等。在计算组合框架节点抗剪承载力之前，先对节点作以下假设。

（1）型钢不发生局部屈曲。外围再生混凝土会对内部型钢形成有效的约束，因此可认为组合框架节点核心区型钢腹板未出现局部屈曲。通过对组合框架节点试件外围的再生混凝土进行破碎，核心区型钢腹板未出现局部屈曲。因为该假设有利于节点的抗剪计算，所以在计算组合框架节点的抗剪承载力时，认为型钢腹板未出现局部屈服的现象。

（2）节点区再生混凝土开裂后，不考虑其抗拉强度。已有的研究表明，组合框架节点区混凝土开裂后，混凝土和钢材之间仍然存在一定的黏结作用，这就使得钢材应变不均匀，由于计算组合框架节点抗剪承载力时只考虑极限状态下的荷载，此时黏结作用影响很小，因此可以忽略不计。

（3）不考虑型钢翼缘框的作用。由于型钢翼缘框的抗侧刚度比远远低于型钢腹板的抗侧刚度比，同时根据已有的研究表明，型钢翼缘框提供的剪力仅为型钢腹板所承担剪力的5%左右，这对节点核心区总水平剪力影响很小，为了便于计算，可认为型钢部分所承担的剪力主要由型钢腹板来承担，因此在计算组合框架节点抗剪承载力时，可以忽略翼缘框的抗剪作用，这使得最终的抗剪承载力计算结果偏于安全。

6.4.1 再生混凝土

试件开裂之前，型钢再生混凝土柱-钢梁组合框架节点的抗剪承载力主要由节点区再生混凝土承担，由于柱端和梁端弯矩传递到节点的压力作用，使得节点区再生混凝土沿节点对角线方向形成受压带；随着水平荷载的增大，沿节点对角线方向出现多条斜裂缝，这些相互平行的斜裂缝将节点区再生混凝土分割成带状，这些带状再生混凝土等效为再生混凝土斜压杆，其抗压能力决定了节点区再生混凝土的抗剪能力，节点区再生混凝土斜压杆受力模型如图6-9（a）所示。而型钢内部再生混凝土受型钢腹板、翼缘和水平加劲肋的约束，能有效地提高其内部再生混凝土的抗压能力，而型钢外部再生混凝土仅受箍筋的约束，其约束能力较弱，对再生混凝土的提高作用较小。因此，将节点区再生混凝土分为两部分：一部分是核心区再生混凝土；另一部分为非核心区再生混凝土。核心区再生混凝土主要是型钢内的再生混凝土，为了便于计算，除了型钢内部的再生混凝土外，还包括柱型钢翼缘两侧与柱型钢翼缘等宽范围内的再生混凝土，如图6-10（a）

所示；非核心区再生混凝土为核心区再生混凝土两侧，箍筋内部的再生混凝土，如图 6-10（b）所示。因此，节点区再生混凝土斜压杆也分为核心区和非核心区两部分，如图 6-9（b）和（c）所示。

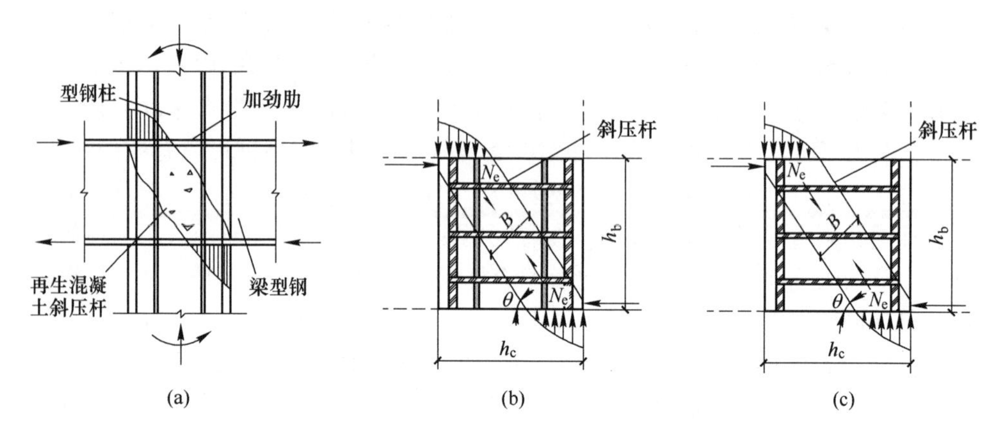

图 6-9 组合框架节点区再生混凝土斜压杆模型

（a）斜压杆模型；（b）核心区再生混凝土斜压杆；（c）非核心区再生混凝土斜压杆

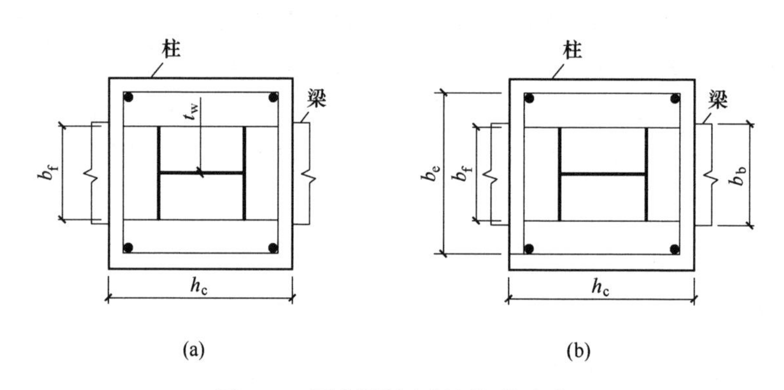

图 6-10 再生混凝土斜压杆的宽度

（a）核心区斜压杆的宽度；（b）非核心区斜压杆的宽度

根据斜压杆模型原理，可得组合框架节点区再生混凝土抗剪承载力计算公式为：

$$V_{rc}^{c} = N_e \cos\theta \tag{6-32}$$

式中 θ——斜压杆与水平方向的夹角；

N_e——节点斜压杆抗压强度，其值可根据式（6-33）得到：

$$N_e = B(b_i f_{rc,i} + b_o f_{rc,o}) \tag{6-33}$$

其中，b_i、b_o 分别为核心区和非核心区斜压杆宽度，各自取值如图 6-10 所示；$f_{rc,i}$、$f_{rc,o}$ 分别为核心区和非核心区再生混凝土斜压杆的有效抗压强度。

核心区再生混凝土由于受型钢腹板、翼缘和水平加紧肋的约束作用，能有效地提高核心区再生混凝土的抗压强度，从而提高其抗剪承载力，因此，用提高系数 K_c 表示。Elnashai 和 Elghazouli 提出 $K_c=2$ 作为型钢约束普通混凝土的下限值，考虑再生混凝土的力学性能多数情况下较普通混凝土逊色，因此本书保守地取其下限值；Vecchio 和 Collins 对再生混凝土的研究表明，再生混凝土开裂后，与主压应力垂直的主拉应力会对再生混凝土抗压强度产生不利影响，并提出了降低系数 β，其公式为：

$$\beta = \frac{1}{0.85 - 0.27\varepsilon_1/\varepsilon'_c} \tag{6-34}$$

式中，ε_1 和 ε'_c 分别为主拉应变和主压应变，定义系数 $k_{tc} = -\varepsilon_1/\varepsilon'_c$，则有：

$$\beta = \frac{1}{0.85 + 0.27K_{tc}} \tag{6-35}$$

其中，系数 K_{tc} 的取值主要受节点约束情况的影响。当节点约束作用较强时，系数 K_{tc} 取值较小；当节点约束作用较差时，拉应变比压应变增加快，导致系数 K_{tc} 取值较高。而节点区混凝土产生较大的裂缝后，其平均主拉应变主要由混凝土裂缝宽度来控制，Parra 取 $K_{tc}=3$，得降低系数 $\beta\approx6$，并将该值作为裂缝影响其抗压强度的下限值。考虑到再生混凝土离散性较大，因此本书取 $\beta=6$。另外，由图 6-9 可知，再生混凝土斜压杆压应力并不是均匀分布的，可用不均匀系数 ψ 表示，ψ 可取值为 0.75。

综上可得，核心区再生混凝土斜压杆的有效抗压强度为：

$$f_{rc,i} = \psi\beta K_c f_{rc} = 0.75 \times 0.6 \times 2 \times f_{rc} = 0.9f_{rc} \tag{6-36}$$

非核心区再生混凝土仅受箍筋的约束，当节点区混凝土仅受箍筋约束时，提高系数 $K_c=1.1$；降低系数 β 和不均匀系数 ψ 均按上述分析取值，故非核心区再生混凝土斜压杆的有效抗压强度为：

$$f_{rc,o} = \psi\beta K_c f_{rc} = 0.75 \times 0.6 \times 1.1 \times f_{rc} \approx 0.5f_{rc} \tag{6-37}$$

斜压杆的宽度 B 可表达为节点区对角线的某一比值，得：

$$B = \gamma\sqrt{h_j^2 + h_b^2} \tag{6-38}$$

式中 h_j ——节点截面高度，通常取柱截面高度 h_c；

h_b ——梁截面高度，可表示为柱截面高度的某一比值，即 $h_b=\omega h_c$，则有：

$$B = \gamma h_c\sqrt{1 + \omega^2} \tag{6-39}$$

令 $\alpha = \gamma\sqrt{1 + \omega^2}\cos\theta$，则由式（6-32）~式（6-39）可得组合框架节点区再生混凝土的抗剪承载力为：

$$V_{rc}^c = \alpha h_c[(b_f - t_w)0.9f_{rc} + (b_e - b_f)0.5f_{rc}] \tag{6-40}$$

式中，α 为待定系数，可认为是抗剪影响系数，该系数受轴压比影响较大，无法直接求出，但可以通过试验实测值由式（6-41）求得，计算公式如下：

$$\alpha = \frac{V_{\mathrm{j}}^{\mathrm{t}} - V_{\mathrm{sv}}^{\mathrm{t}} - V_{\mathrm{w}}^{\mathrm{t}}}{h_{\mathrm{c}}[(b_{\mathrm{f}} - t_{\mathrm{w}})0.9f_{\mathrm{rc}} + (b_{\mathrm{e}} - b_{\mathrm{f}})0.5f_{\mathrm{rc}}]} \tag{6-41}$$

由式（6-41）可求得不同轴压比下组合框架节点的抗剪影响系数 α，然后通过线性回归和拟合得组合框架节点抗剪影响系数 α 与轴压比 n 的关系，如图 6-11 所示。

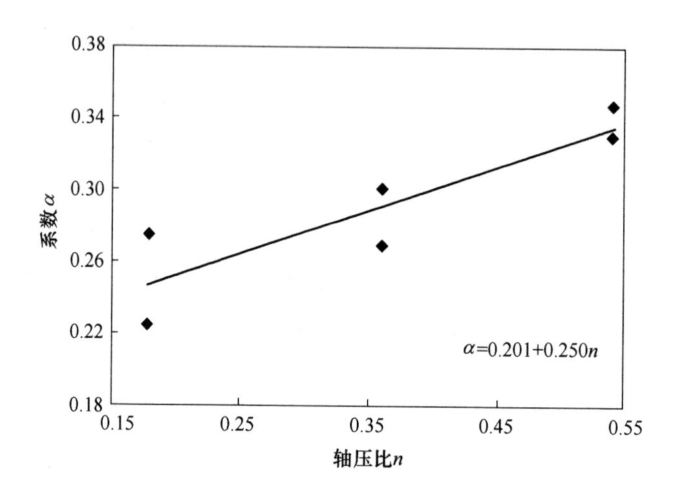

图 6-11　组合框架节点抗剪影响系数与轴压比关系

为了便于计算，同时考虑设计时的保证率，因此在计算型钢再生混凝土柱-钢梁组合框架节点的抗剪承载力时，建议将抗剪影响系数 α 与轴压比 n 关系式简化为：

$$\alpha = 0.2 + 0.25n \tag{6-42}$$

式中　n——轴压比，其计算公式为 $n = \dfrac{N}{f_{\mathrm{rc}}A_{\mathrm{rc}} + f_{\mathrm{a}}A_{\mathrm{a}}}$，其中，$N$ 为试验轴压力，f_{rc} 为再生混凝土轴心抗压强度，f_{a} 为柱型钢抗压强度，A_{rc} 为节点核心区再生混凝土的截面面积，A_{a} 为节点核心区柱型钢截面面积。

由前面的分析可知，再生骨料取代率对型钢再生混凝土柱-钢梁组合框架节点的抗剪承载力具有不利的影响，即随着再生骨料取代率的增加，节点的抗剪承载力具有降低的趋势，因此国内外关于再生混凝土结构设计规范中大多考虑了再生骨料取代率对结构的不利影响，例如上海地方规程对钢筋再生混凝土构件斜截面计算中调整系数取为 0.85。

综上考虑，本书在计算型钢再生混凝土柱-钢梁组合框架节点的抗剪承载力时，也加入了再生骨料对其抗剪的不利影响，用折减系数 η 来表示，通过对试验数据进行线性回归和拟合，得到系数 η 和再生粗骨料取代率 r 的关系如下：

$$\eta = 1 + 0.074r^2 - 0.125r \tag{6-43}$$

式中 r——再生骨料取代率。

将式（6-42）和式（6-43）代入式（6-40）中，可得组合框架节点区再生混凝土承担的剪力为：

$$\begin{aligned} V_{rc}^{c} &= \eta\alpha h_c\delta_j(b_i f_{rc,i} + b_o f_{rc,o}) \\ &= (1 + 0.074r^2 - 0.125r)(0.2 + 0.25n)h_c\delta_j[(b_f - t_w)0.9f_{rc} + (b_e - b_f)0.5f_{rc}] \end{aligned} \tag{6-44}$$

式中 δ_j——节点形式系数，对于中节点取 $\delta_j = 1$；边节点取 $\delta_j = 0.8$。

6.4.2 型钢腹板

随着水平荷载的增大，核心区型钢腹板逐渐加入承载体系，此时，可将核心区型钢看作钢“框架-剪力墙”体系，如图 6-7 所示。组合框架节点试件柱内型钢翼缘和水平加劲肋可视为封闭钢“框架”，而型钢腹板可视为“剪力墙”，两者共同组成钢“框架-剪力墙”体系来承担水平剪力。在水平剪力作用下，钢“框架-剪力墙”体系将按两者的抗侧刚度比来分配剪力。由于柱型钢翼缘的抗侧刚度很小，因此可忽略其抗剪贡献，仅计算型钢腹板的抗剪作用。

组合框架节点试件开裂以后，节点核心区型钢腹板的应变迅速增加，同时其所承担的剪力占比也在快速增加；试件达到极限状态时，核心区型钢腹板已进入强化阶段和塑性流动状态，节点区再生混凝土主要抗压，核心区型钢腹板主要抗拉，故核心区型钢腹板的主拉应变总是大于其主压应变。

根据上述分析，型钢腹板可视为理想的弹塑性材料，在轴压力下核心区型钢腹板处于压应力与剪应力共同作用的状态，如图 6-12（a）所示。

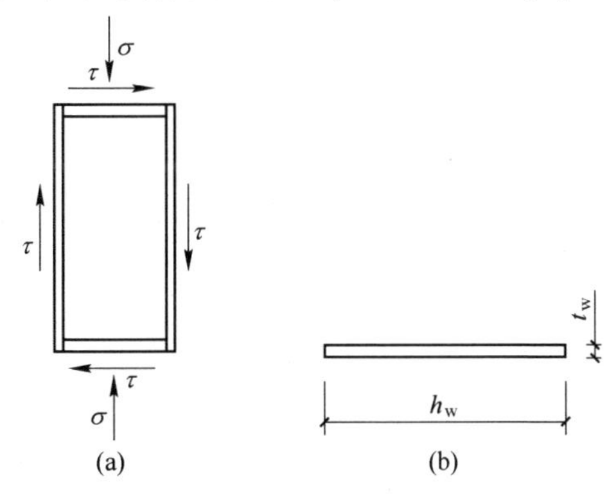

图 6-12 组合框架节点区型钢腹板的受力模型

（a）腹板受力平面图；（b）腹板厚度与高度

当型钢处于弹性状态时，其主拉应力为：

$$\sigma_1 = \frac{\sigma}{2} + \sqrt{\left(\frac{\sigma}{2}\right)^2 + \tau^2} \tag{6-45}$$

$$\sigma_2 = 0 \tag{6-46}$$

主压应力为：

$$\sigma_3 = \frac{\sigma}{2} - \sqrt{\left(\frac{\sigma}{2}\right)^2 + \tau^2} \tag{6-47}$$

式中 σ ——型钢腹板的轴压力；

σ_1 ——第一主应力；

σ_2 ——第二主应力；

σ_3 ——第三主应力。

当组合框架节点达到极限状态，根据 Mises 屈服条件，则有：

$$f_y = \sqrt{\frac{1}{2}[(\sigma_1 - \sigma_2)^2 + (\sigma_2 - \sigma_3)^2 + (\sigma_1 - \sigma_3)^2]} \tag{6-48}$$

式中，f_y 为型钢腹板单向拉伸屈服强度。

将式（6-45）~式（6-47）代入式（6-48）中，求得型钢腹板屈服时的剪切应力为：

$$\tau_y = \sqrt{\frac{f_y^2 - \sigma^2}{3}} \tag{6-49}$$

由式（6-49）可知，轴向力的存在会使型钢腹板抗剪承载能力有所降低，对节点型钢腹板的抗剪不利，但根据西安建筑科技大学赵鸿铁教授的研究成果，认为轴向力对型钢腹板的不利影响较小，为了便于计算，在计算型钢再生混凝土柱-钢梁组合框架节点抗剪承载力时，型钢腹板剪切屈服强度可按纯剪状态计算，即：

$$\tau_y = \frac{f_y}{\sqrt{3}} \tag{6-50}$$

因此，组合框架节点核心区型钢腹板承担的剪力为：

$$V_w^c = \frac{1}{\sqrt{3}} t_w h_w f_y \tag{6-51}$$

式中 V_w^c ——节点核心区型钢腹板的抗剪能力；

t_w ——节点核心区型钢腹板厚度；

h_w ——节点核心区型钢腹板高度；

f_y ——型钢腹板的单向拉伸屈服强度。

研究表明，腹板剪应变沿腹板高度不是均匀分布的，然而上述分析中并没有考虑该问题。但根据上述应变分析可知，试件达到极限承载力时，节点区腹板全部屈服，并进入强化阶段，故可认为组合框架节点试件达到极限承载力时型钢腹板已全部屈服，因此上述公式仍然成立。

6.4.3 箍筋

型钢腹板屈服以后，组合框架节点区箍筋应变迅速增大，其所承担的剪力也在快速增大，由此可知，箍筋除约束内部再生混凝土和防止纵筋压曲外，也具有抑制节点区再生混凝土裂缝开展和抵抗剪力的作用。组合框架节点区箍筋和纵筋共同作用形成桁架受力机制，如图 6-13 所示。

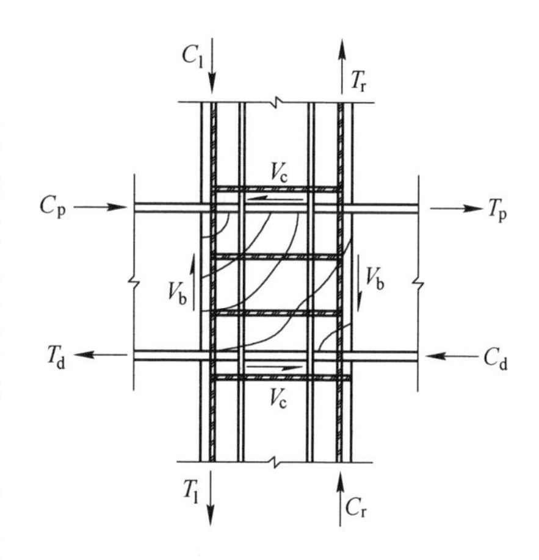

图 6-13 组合框架节点核心区钢筋桁架受力机理

图 6-13 中，C_p、C_d 和 T_p、T_d 分别为梁弯矩分解后型钢翼缘承担的压力和拉力；C_l、C_r 和 T_r、T_l 分别为钢筋所受的压力和拉力；V_b 和 V_c 分别为梁和柱传递至节点区的剪力。

加载后期，由于纵筋与混凝土之间产生黏结滑移，对抗剪承载力影响较小，故水平剪力主要由箍筋承担，因此桁架机制所能承担的抗剪承载力为：

$$V_{sv}^{c} = A_{sv} f_{yv,e} \tag{6-52}$$

式中 $f_{yv,e}$——节点区箍筋有效屈服强度；

A_{sv}——节点区箍筋截面积。

现有研究表明，靠近节点中部的箍筋比靠近梁纵筋附近的箍筋对节点抗剪更有效。节点中部 50%节点高度范围内的箍筋，取箍筋的实际强度。结合本试验的研究，由于组合框架节点区箍筋全部位于 50%节点高度范围内，且试件达到极限状态时，中节点箍筋平均应变为 1771$\mu\varepsilon$，约为屈服应变的 90%，边节点箍筋全部屈服。因此，可以相对简单地计算 $f_{yv,e}$：组合框架中节点取箍筋实际屈服强度的 90%；组合框架边节点取箍筋的实际屈服强度。

6.4.4 型钢再生混凝土柱-钢梁组合框节点抗剪承载力计算公式

根据前面的分析可知，型钢再生混凝土柱-钢梁组合框节点的抗剪承载力由节点区再生混凝土的剪力、核心区型钢腹板的剪力和箍筋的剪力三部分组成，通过叠加法即可得到其抗剪承载力，组合框节点的抗剪承载力计算公式为：

$$V_{u}^{c}=V_{rc}^{c}+V_{w}^{c}+V_{sv}^{c}$$
$$=\eta\alpha h_{c}\delta_{j}(b_{i}f_{rc,i}+b_{o}f_{rc,o})+\frac{1}{\sqrt{3}}t_{w}h_{w}f_{y}+A_{sv}f_{yv,e} \tag{6-53}$$

通过式（6-53）可计算得到本试验 8 个型钢再生混凝土柱-钢梁组合框节点的抗剪承载力，表 6-4 为节点各抗剪元件承担的剪力值及总剪力计算值与试验值比较。由表 6-4 可得，计算值和试验值比值的平均值为 0.981，标准差为 0.014，变异系数为 0.014，表明两者吻合较好，满足型钢再生混凝土柱-钢梁组合框节点抗剪承载力计算精度要求。

表 6-4　节点剪力计算值与试验值的比较

试件编号	r/%	n	V_{rc}^{c} /kN	V_{sv}^{c} /kN	V_{w}^{c} /kN	V_{u}^{c} /kN	V_{u}^{t} /kN	V_{u}^{c}/V_{u}^{t}
CFJ1	0	0.36	391.483	75.764	149.182	616.429	619.022	0.996
CFJ2	50	0.36	361.940	75.764	149.182	586.885	589.222	0.996
CFJ3	100	0.36	328.454	75.764	149.182	553.399	556.697	0.994
CFJ4	100	0.18	277.487	75.764	149.182	502.432	526.442	0.954
CFJ5	100	0.54	379.421	75.764	149.182	604.366	613.898	0.984
CFJ6	100	0.18	221.990	84.182	149.182	455.353	467.624	0.974
CFJ7	100	0.36	262.763	84.182	149.182	496.127	512.524	0.968
CFJ8	100	0.54	303.537	84.182	149.182	536.900	548.193	0.979

6.5　本 章 小 结

（1）在应变分析的基础上，得到组合框架节点区再生混凝土、型钢腹板和箍筋在各特征荷载作用下的抗剪承载力实测值，并对其在加载过程中的抗剪贡献作了较深入的分析。

（2）组合框架节点抗裂承载力主要由再生混凝土和型钢腹板两部分组成，并分别求得这两部分的抗裂承载力，通过叠加原理得到节点抗裂承载力计算公式。

（3）分析型钢再生混凝土柱-钢梁组合框架节点的受力机理，得到节点再生混凝土、核心区型钢腹板以及箍筋各自的抗剪承载力，最终通过叠加法得到组合框架节点的抗剪承载力计算公式，计算值和试验值吻合良好，满足计算精度要求，说明提出的公式适用于该组合框架节点抗剪承载力的计算。

7　型钢再生混凝土柱-钢梁组合框架抗震性能拟静力试验研究

本章对型钢再生混凝土柱-钢梁组合框架模型进行拟静力试验研究，观察组合框架的破坏过程与破坏形态，研究其破坏机制，获取滞回曲线、骨架曲线，并分析刚度退化、延性、位移角、耗能能力等抗震性能指标，为该组合框架的工程应用提供参考。

7.1　试 验 内 容

主要研究内容如下：

（1）设计制作型钢再生混凝土柱-钢梁组合框架模型，完成拟静力试验研究；

（2）观察组合框架在低周反复荷载作用下的破坏全过程，分析各个阶段组合框架的破坏特征与现象，研究其破坏机制；

（3）分析组合框架滞回曲线、骨架曲线等试验结果，并对其刚度退化、延性、耗能、位移角等抗震性能指标进行研究。

7.2　试件设计及制作

7.2.1　试件设计

低周反复荷载作用下的框架拟静力试验是研究框架受力机理的常用手段之一。目前，框架试验常用的模型选择为多层多跨结构形式，能较为真实地反映各层的梁、柱以及节点的破坏过程和破坏形态，更能直接表现出框架的受力特点，因而大多数学者在进行相关研究时，均采用多层多跨的结构模型形式。通过参阅国内外相关学者的研究，并结合现有实际试验条件，确定采用两跨三层的型钢再生混凝土柱-组合框架结构模型进行低周反复荷载试验，模型如图 7-1 所示。

本次试验对一榀两跨三层缩尺比 1∶2.5 实腹式配钢的型钢再生混凝土柱-钢梁框架进行拟静力试验，组合框架底层层高为 1.8m，中间层及顶层的层高为 1.5m，柱间距为 2.4m，结构示意图如图 7-2 所示。并结合《建筑抗震设计规范》（GB 50011—2010）、《钢结构设计标准》（GB 50017—2017）、《组合结构设计规范》（JGJ 138—2016），对组合框架的柱截面尺寸、配钢率、型钢截面形式以及

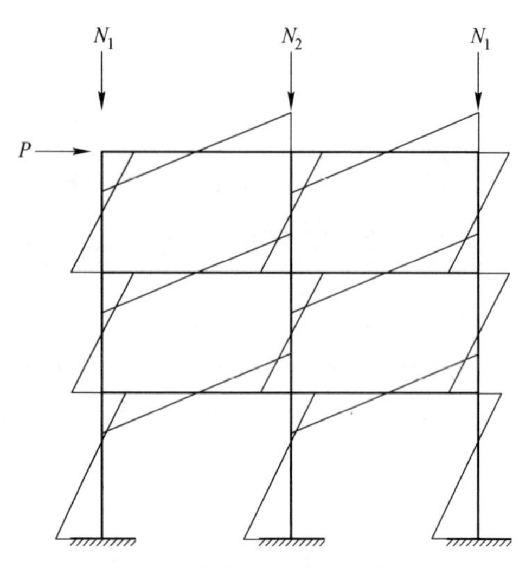

图 7-1　组合框架的受力模型

钢梁的截面尺寸、截面形式进行设计。框架会传递结构上部的轴力荷载，实际工程中框架轴压比一般在 0.2~0.4 之间，参考此建议，设计轴压比取边柱为 0.2，中柱为 0.4。

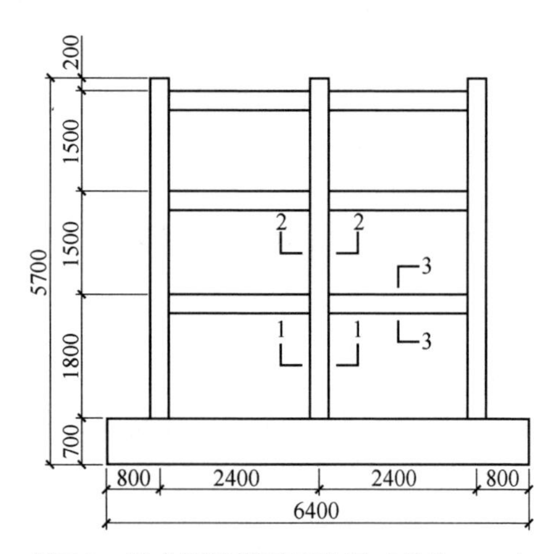

图 7-2　组合框架模型示意图（单位：mm）

在设计的组合框架中，型钢再生混凝土柱中再生混凝土强度为 C40，截面尺寸为 300mm×300mm，保护层厚度为 20mm；柱中工字型钢为焊接所成，强度为 Q235。其中，底层柱型钢腹板高度为 200mm，厚度为 12mm，两个翼缘宽度为 150mm，厚度为 10mm，截面图如图 7-3（a）所示；中间层及顶层柱型钢腹板高度为 200mm，厚度为 10mm，两个翼缘宽度为 150mm，厚度为 10mm，截面图如图 7-3（b）所示。柱中钢筋为带肋 HRB335 级钢筋，纵筋直径为 16mm，箍筋直径为 8mm，柱截面配筋如图 7-4 所示。焊接工字钢梁的型钢腹板高度为 240mm，厚度为 10mm，两个翼缘宽度为 150mm，厚度为 12mm，钢梁截面尺寸如图 7-3（c）所示。

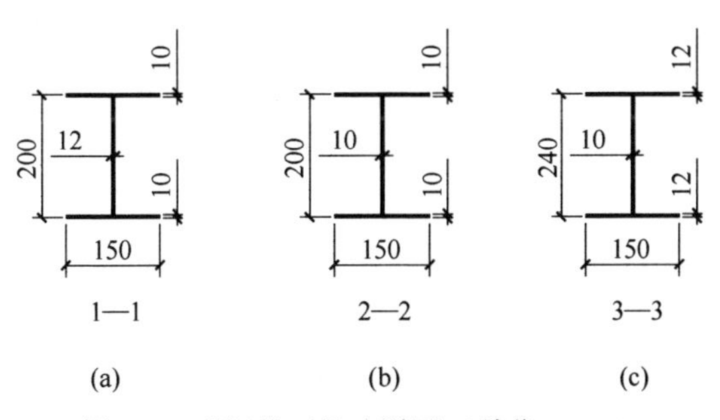

图 7-3 型钢截面尺寸详图（单位：mm）

（a）1—1 底层柱型钢截面尺寸；（b）2—2 中间层及顶层柱型钢截面尺寸；（c）3—3 钢梁截面尺寸

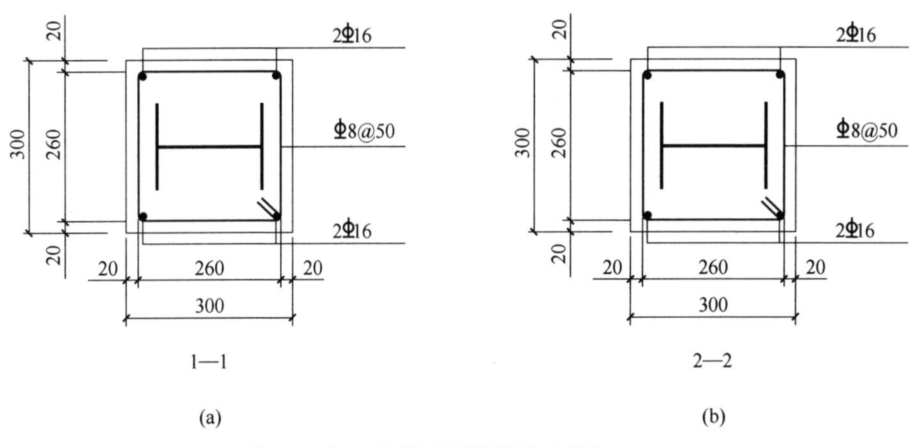

图 7-4 组合柱截面配筋详图（单位：mm）

（a）底层柱配筋形式；（b）中间层及顶层柱配筋形式

7.2.2 试件制作

制作组合框架过程中，钢梁、柱型钢均在加工厂由技工焊接完成成型，运往实验室焊接成型钢骨架，在梁柱节点中两面各设置三道加劲肋，以保证组合框架节点在反复荷载作用下有足够的强度和刚度，防止先于梁、柱发生破坏。柱箍筋间距为 50mm，节点处箍筋加工成卡扣形状，而后在开口处焊接至钢梁上，最后和纵筋绑扎，并按照《混凝土结构通用规范》（GB 55008—2021）进行锚固，形成型钢-钢筋骨架。基础梁浇筑的混凝土为强度 C40 的商品混凝土，柱所用再生混凝土为人工拌制 C40 再生混凝土。

7.2.3　再生混凝土浇筑

本试验配制再生混凝土强度等级为 C40，再生粗骨料直径连续级配在 5～25mm 之间，如图 7-5 所示。再生骨料的粒径、密度、吸水率等材料指标均能达到《混凝土用再生粗骨料》（GB/T 25177—2010）中相关规定；采用经筛分后人工开采的天然河砂为细骨料；胶凝材料采用西安本地水泥厂生产的 42.5R 级普通硅酸盐水泥，其初凝至终凝时间在 45min 至 10h 之间，基本性能满足《通用硅酸盐水泥》（GB 175—2020）的有关规定。

图 7-5　再生粗骨料

再生粗骨料采用的是废弃混凝土为原料，如果按照普通混凝土的计算方法配制的再生混凝土，和易性或者强度不能满足相关要求，因而在配置再生混凝土时，要考虑附加水量的影响。先将再生粗骨料以及砂石置于太阳下进行晾晒，蒸发其中的水分，尽可能降低骨料附加水率对再生混凝土性能的影响，而后配置再生混凝土。在试验之前，已经对 C40 强度等级的再生混凝土进行了多次大量适配，调整得出稳定且满足要求的配合比，最终设计配合比详见表 7-1。

表 7-1　再生混凝土材料配合比　(kg/m^3)

强度等级	单位体积用量					
	水灰比	水泥	砂	天然粗骨料	再生粗骨料	水
C40	0.466	443	576	0	1171	206.7

采用盘式强制式搅拌机拌制本试验所用的再生混凝土，使用先清洗搅拌机的内壁，去除杂质并保持湿润，以降低机器本身吸水的影响。因组合框架尺寸相对较大，所以采用分层浇筑的方法，每浇筑一定量的再生混凝土后，使用手提式振

动棒进行振捣密实，以保证浇筑质量，再生混凝土拌制过程如图 7-6（a）所示，浇筑完成后的组合框架如图 7-6（b）所示。根据《混凝土结构试验方法标准》（GB/T 50152—2012）相关规定，在浇筑试件时，每一批拌制再生混凝土均预留尺寸为 100mm×100mm×100mm 的标准立方体试块，并将其置于试件旁边相同条件下进行养护。

(a)

(b)

图 7-6 浇筑组合框架

（a）再生混凝土拌制过程；（b）浇筑完成后的组合框架

7.3 材料性能

7.3.1 钢材力学性能

根据《钢及钢产品力学性能试验取样位置及试样制备》（GB/T 2975—2018）以及《金属材料 拉伸试验 第 1 部分：室温试验方法》（GB/T 228.1—2021）中对于金属材料试验的相关要求，在柱型钢、钢梁的翼缘和腹板对应位置以及钢筋的原材料截取部分留样，每种规格钢材制作 3 个标准拉伸试件，拉伸试验试件具体尺寸如图 7-7 所示，钢材拉伸试件加工制作成品图如图 7-8 所示。在西安理工大学建筑材料实验室完成本次钢材拉伸试验，采用电脑控制的油压伺服万能试验机进行拉伸试验，加载装置如图 7-9 所示。试验所得的钢材荷载-位移曲线如图 7-10 所示，曲线基本符合钢材标准拉伸曲线，拉伸破坏后的试件如图 7-11 所示。实测不同规格钢材基本力学性能见表 7-2。

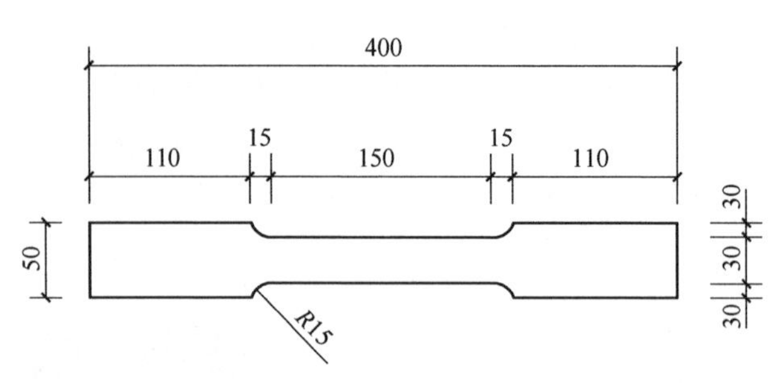

图 7-7　钢材拉伸试验试件尺寸（单位：mm）

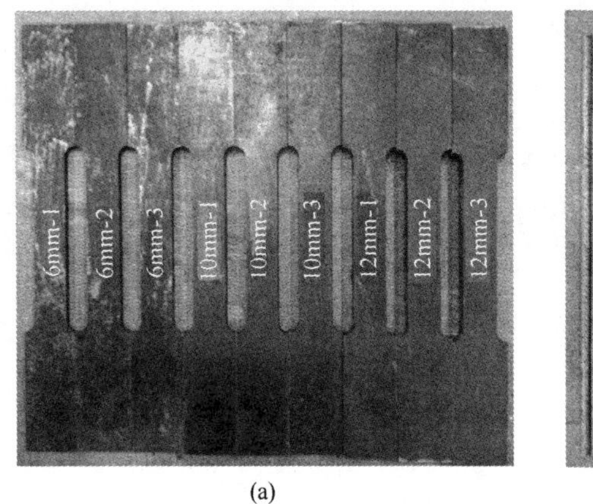

(a)

(b)

图 7-8　钢材材性试件

（a）型钢钢材材性；（b）钢筋材性

图 7-9　钢材拉伸试验装置

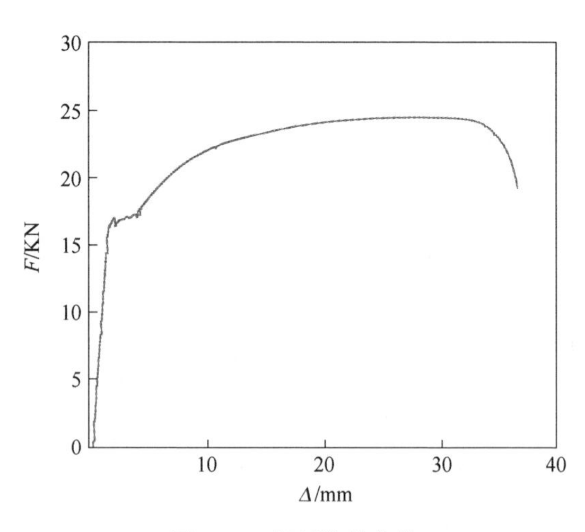

图 7-10　钢材拉伸曲线

(a)

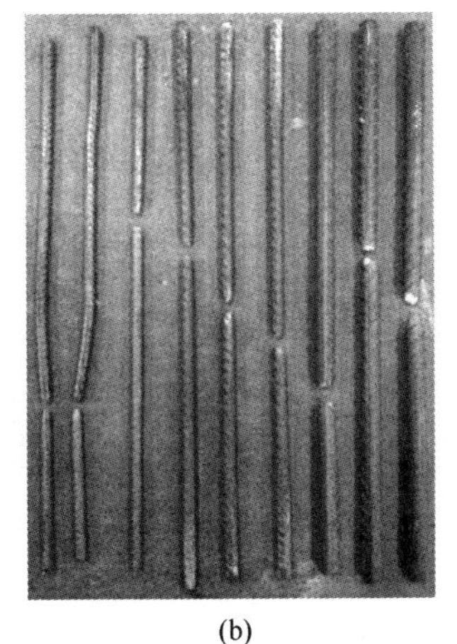

(b)

图 7-11 钢材破坏

(a) 型钢钢材破坏；(b) 钢筋破坏

表 7-2 钢材力学性能

钢材类型	钢材厚度(直径)/mm	屈服强度 f_y/MPa	屈服应变 $\mu\varepsilon$	极限强度 f_u/MPa	弹性模量 E_s/MPa
型钢钢材	6	300.51	452.28	1485	202.3
	10	280.27	407.48	1321	212.1
	12	293.91	415.78	1519	193.5
钢筋	8	397.83	555.79	1771	221.2
	10	361.23	515.43	1643	219.9
	16	377.48	531.70	1776	212.5
	25	306.12	398.16	1534	199.6

7.3.2 再生混凝土力学性能

养护 28d 后的再生混凝土立方体如图 7-12 所示。依据《混凝土物理力学性能试验方法标准》(GB/T 50081—2019)，对拆模后的试块进行立方体抗压强度检测，测试过程如图 7-13 所示，测得立方体平均抗压强度及基本力学性能见表 7-3。其中，f_{rcu}为再生混凝土立方体抗压强度，f_{rc}为再生混凝土棱柱体轴心抗压强度，f_{rt}为再生混凝土抗拉强度，E_{rc}为再生混凝土弹性模量，它们之间的换算关系式为：$f_{rc}=0.76f_{rcu}$；$f_{rt}=0.24f_{rcu}$；$E_{rc}=10^5/(2.8+40.1/f_{rcu})$。

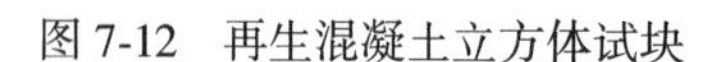

图 7-12　再生混凝土立方体试块

图 7-13　试件加载

表 7-3　再生混凝土基本力学性能

强度等级	立方体抗压强度 f_{rcu}/MPa	轴心抗压强度 f_{rc}/MPa	抗拉强度 f_{rt}/MPa	弹性模量 E_{rc}/MPa
C40	51.88	39.43	12.45	2.799×10^4

7.4　试验加载装置及加载制度

7.4.1　加载装置

本试验以《建筑抗震试验规程》（JGJ/T 101—2015）中的建议作为参考，设计如图 7-14 所示的加载装置。试件基础梁使用两个压梁通过地锚螺杆固定于刚性地面上，并通过基础梁东西两侧的地面抗剪预埋件施加横向约束，防止组合框架在试验过程中发生水平移动。为了保证在柱顶施加恒定的轴压力，在组合框架顶部采用两个油压千斤顶，并通过两根分配梁，传递轴压力至柱顶，中柱承受的轴压力是边柱轴压力的两倍。同时在千斤顶的顶部和反力梁之间设置滑动支座，使油压千斤顶可以随着柱顶水平移动。在顶层梁端设置 MTS 伺服液压作动器施加水平往复荷载，其最大加载值为 1000kN，最大量程为±400mm。作动器与采集仪相连，通过电脑控制加载进度，自动采集施加的荷载和位移变化等试验数据。

为将液压作动器的推力与拉力施加于整个组合框架模型并实现对称荷载状态，因此在左右边柱顶层梁设置的加载端头，在两个加载端头之间设置传力链杆以传递作动器施加的压力，加载端头如图 7-15 所示。本次试验采用的是一榀平面框架模型，因而需要加设侧向支撑以防止试件在加载过程中发生平面外的失稳，在组合框架二层钢梁的位置，紧贴柱子表面架设侧向支撑，侧向支撑由两根巨型钢梁构成。

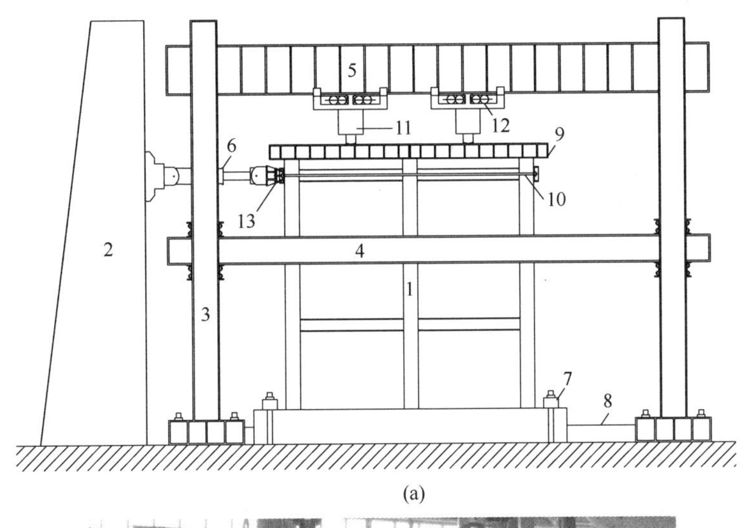

(a)

(b)

图 7-14 组合框架加载

（a）试验装置；（b）试验加载现场

1—型钢再生混凝土柱-钢梁组合框架试件；2—反力墙；3—反力架；4—侧向支撑横梁；5—反力梁；6—MTS 液压伺服作动器；7—压梁；8—横向剪力预埋件支撑；9—分配梁；10—传力链杆；11—油压千斤顶；12—滑动支座；13—加载端头

7.4.2 加载制度

本书参考《建筑抗震试验规程》（JGJ/T 101—2015）中的建议，采用恒定竖

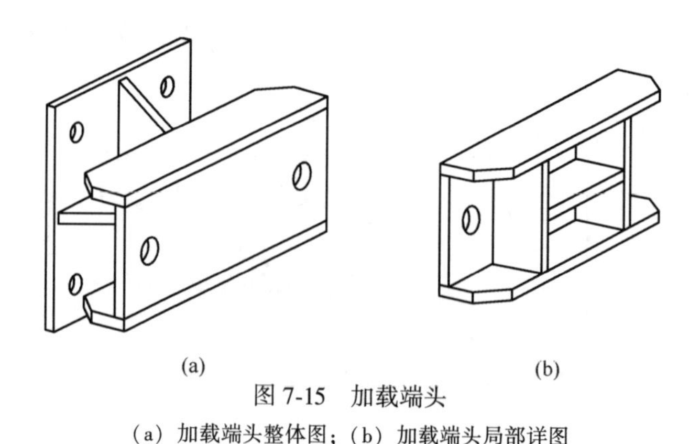

图 7-15　加载端头

（a）加载端头整体图；（b）加载端头局部详图

向荷载和反复作用的水平荷载相结合的手段，进行组合框架的低周反复荷载试验。

7.4.2.1　竖向荷载

本次试验的组合框架在两根边柱和一根中柱施加竖向恒定荷载。竖向恒定荷载由油压千斤顶施加至柱顶，其中边柱的设计轴压比为 0.2，中柱施加的轴压力是边柱的 2 倍，轴压比为 0.4，竖向轴压力由两个千斤顶通过柱顶部的两根分配梁施加到各个柱端。

7.4.2.2　水平荷载

本次试验的水平荷载在顶层梁的中心轴处施加，预估最大水平力在 600kN 左右。先采用力控制荷载分级加载，以 20kN 为级差，每级荷载循环反复一次；随后组合框架再生混凝土出现裂缝后，调整加载级差为 40kN 进行反复加载；待试件屈服以后采用位移控制，按屈服位移的倍数进行位移循环加载，每级位移循环 3 次，直至荷载下降到极限荷载的 85%左右或试件发生较大破坏不宜继续加载时结束试验。水平循环荷载加载制度如图 7-16 所示。

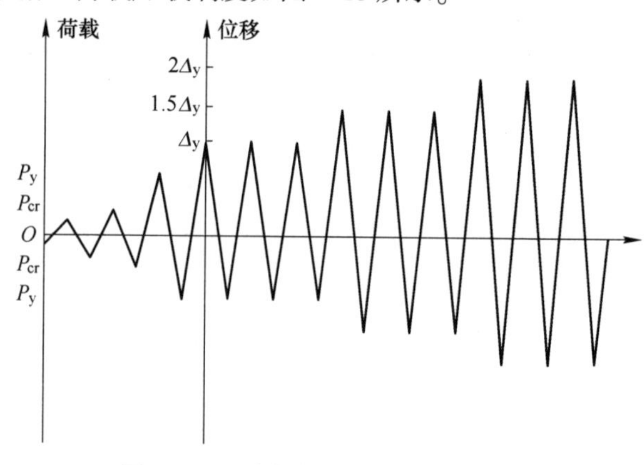

图 7-16　组合框架的拟静力加载制度

7.5 测试内容及测点布置

7.5.1 测试内容

本试验主要测试内容包括水平荷载、水平位移、节点变形、材料应变等。

（1）水平荷载：水平反复荷载由 MTS 电液伺服系统采集。

（2）水平位移：沿组合框架每层梁的中心线各装设一个位移计，测试各层的绝对位移。为考虑试验加载过程中基础底座水平变位的影响，在基础底座端部安装水平和竖直位移计检测其变位。

（3）节点变形：交叉布置两个拉线位移计测量节点核心区对角线方向的变形。

（4）材料应变：包括梁端上下纵筋的应变、柱端纵筋和型钢的应变以及节点核心区箍筋（或腹板）与型钢的应变。

7.5.2 测点布置

7.5.2.1 位移计的布置

为了测量组合框架在低周反复荷载作用下的横向变形，在每层梁的中心线位置布置拉杆位移计，可以测量组合框架在作动器推拉作用下的位移，拉杆位移计与 MTS 采集控制电脑自动采集。在组合框架节点区中部布置两个交叉拉线位移计，以测量其剪切变形以及在低周反复荷载下节点区位移的变化规律。此外，在试验过程中组合框架试件采取了一系列的刚性连接措施与地面固定，为了观察在反复荷载作用下基础梁是否发生移动，在基础梁东侧设置了一个水平方向和一个垂直方向的电子拉伸位移计。拉线位移计与电子伸缩位移计均与 TDS-630 采集仪相连接，并自动采集获取位移的变化。组合框架试件拉杆位移计、拉线交叉位移计、电子伸缩位移计具体布置如图 7-17 所示。

7.5.2.2 应变片的布置

型钢骨架和钢筋骨架的应变通过粘贴的电阻应变片和电阻应变花连接 TDS-630 采集仪自动采集获取。通过前期的准备工作，参阅大量文献以及进行的有限元预模拟分析发现，本试验中的组合框架在节点区附近属于薄弱环节，因此本书着重对节点附近的变形位移监测与受力机理进行分析。

如图 7-18（a）所示，型钢骨架的应变片和应变花主要布置在节点区域附近：在型钢梁上下 100mm 范围内每隔 50mm 在型钢柱两侧翼缘中部布置一道应变片；在节点钢骨架中心部位的腹板一侧设置一道应变花；型钢梁和型钢柱在节点相交部位翼缘中间布置一道应变片；型钢梁上的应变片主要设置在梁端，距柱 100mm

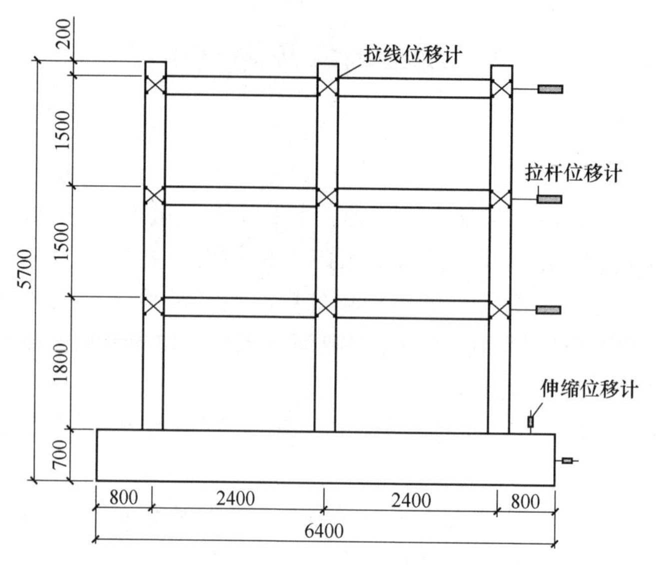

图 7-17　组合框架位移计的布置（单位：mm）

范围内每隔 50mm 在钢梁的上下翼缘中心设置一道应变片。应变片的设置方向均与试件在反复荷载作用过程中，沿组合框架承受拉力和压力方向纵向布置。

在图 7-18（b）中，钢筋骨架的应变片布置在节点内部及上下一定范围内的纵筋和箍筋上：型钢梁中心线位置的节点内，在型钢再生混凝土组合柱四角的四根纵筋的正中间布置一道应变片；型钢梁上下 100mm 范围内每隔 50mm 在型钢再生混凝土组合柱四角的四根纵筋上设置一道应变片；在节点域及其上下 200mm 范围内每个箍筋的型钢腹板两面布置一道应变片。应变片的设置方向与试件在反复荷载作用过程中，沿组合框架承受拉力和压力方向纵向布置。

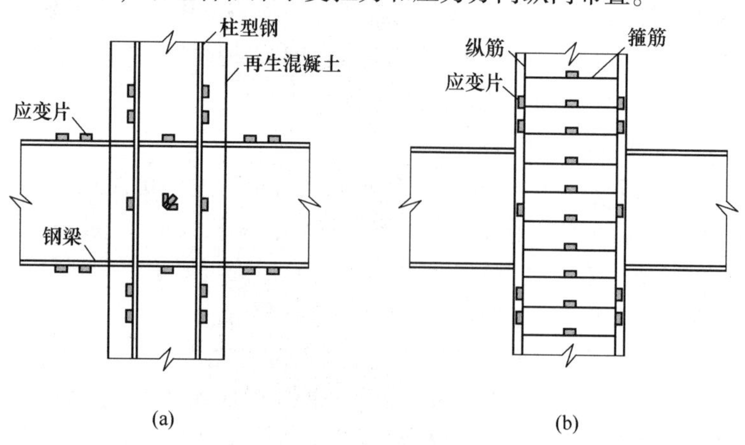

图 7-18　应变片位置

（a）型钢骨架应变片位置；（b）钢筋骨架应变片位置

7.6 试验过程

7.6.1 加载过程及试验现象

在施加荷载之前，先用白色腻子将组合框架进行刷白处理，并在表面上划分5cm×5cm的网格，以便于清楚直观地观察试件具体破坏位置与特征。

假定由西向东推向荷载为正，由东向西拉向荷载为负，并且按照框架试验中试件放置的位置分为东、南、西、北四个方向，分为三个阶段直观地描述每个反复荷载周期组合框架的加载过程和试验现象。

7.6.1.1 第一加载阶段

第一加载阶段为弹性变化，采用荷载控制，每级往复荷载增量为20kN，试验现象基本表现为再生混凝土表面出现微裂缝，组合框架局部开裂如图7-19所示。在开始加载的前四个循环荷载阶段，组合框架未出现任何变化。

(a) (b) (c) (d) (e) (f)

图7-19 组合框架局部开裂

(a) 左柱脚；(b) 中柱脚；(c) 右柱脚；(d) 左三层节点；(e) 中二层节点；(f) 右一层节点

当水平力加荷至±80kN 时，左柱柱脚东面上 55cm 处、西面 40cm 处、西面一层梁底出现微裂缝；中柱柱脚东面上 15cm、35cm 处、西面上 90cm 处出现微裂缝；右柱柱脚东面上 15cm、45cm 处、西面上 25cm 处、柱脚北面上 30cm 偏西处出现微裂缝。

当水平力加荷至±100kN 时，左柱柱脚西面上 55cm 处、北面上 70cm 处出现微裂缝；中柱柱脚西面上 20cm 和 50cm 处出现微裂缝，东面上 40cm 处出现横向微裂缝；右柱柱脚西面 5cm、45cm 偏北处出现微裂缝，50cm 处出现长 15cm 微裂缝；东面上 30~35cm 出现微裂缝。

当水平力加荷至±120kN 时，右柱柱脚左柱柱脚西面上 25cm 处出现微裂缝，东面、北面上 20cm 处贯穿微裂缝；中柱柱脚东面 45~50cm 处出现微裂缝，北面上 30cm、70cm 处出现微裂缝；右柱柱脚东面上 10~15cm 处微裂缝开展，西面 10~15cm 处出现短小微裂缝，60cm 偏北处出现微裂缝。

当水平力加荷至±140kN 时，左柱柱脚西面上 25cm 处出现微裂缝；中柱柱脚西面上 25~30cm 处、东面上 50cm 出现微裂缝；右柱柱脚西面上 10cm、东面上 25~30cm 出现微裂缝，且 30~35cm 处微裂缝开展延伸到北面。

当水平力加荷至±160kN 时，左柱柱脚西面出现细小微裂缝，柱脚北面上 40cm 和上 80cm 处、东面上 15cm 出现微裂缝；中柱柱脚西面上 35cm 处、东面上 15~20cm 处出现微裂缝；右柱西面 5~10cm 微裂缝开展延伸，东面上 60~65cm 处出现较长的微裂缝。

当水平力加荷至±180kN 时，左柱柱脚西面上 40cm 处出现微裂缝，东面上 35cm 处出现微裂缝，并延伸到北面；中柱柱脚西面上 35cm 处、东面上 40cm 处出现微裂缝；右柱柱脚西面底部出现微裂缝，上 25~30cm 处微裂缝扩展延伸，60cm 处出现微裂缝，东面上三分之一范围内出现多道微裂缝，并逐步开展。

当水平力加荷至±200kN 时，左柱柱脚西面上 20cm、55cm 出现微裂缝，东面裂缝贯穿到南面和北面，一层框架节点南面出现 45°微裂缝；中柱柱脚西面上 5cm、60cm 处以及东面底部出现横向微裂缝；右柱柱脚西面上 15~30cm 出现两道较长微裂缝，南面 5cm 处出现微裂缝，并延伸到东面，20cm 处微裂缝开展，北面上 15~20cm 处出现两条长微裂缝，一条短微裂缝，东面 15cm 处微裂缝开展延伸，西面一层节点下翼缘南侧出现微裂缝延伸到柱边。

7.6.1.2　第二加载阶段

第二加载阶段组合框架逐渐进入弹塑性状态，采用荷载控制，每级往复荷载增量为 40kN，此阶段表现为再生混凝土继续出现微裂缝，并且有部分较为细小微裂缝开展延伸为较宽的裂缝。

当水平力加荷至±240kN 时，左柱柱脚西面上 20cm 裂缝延展，南面上 15cm、25cm 处出现微裂缝，东面柱脚东面上 55cm 处梁底出现贯穿南北的裂缝，一层节点梁上部出现微裂缝，节点北面出现45°斜微裂缝；中柱柱脚东面出现微裂缝，上30cm、60cm处出现贯通裂缝，西面上25cm、55cm处出现微裂缝，柱脚北面上15cm、55cm、65cm处出现微裂缝，南面10cm、40cm处出现微裂缝，北面15cm处裂缝延伸到东面；右柱柱脚南面15~20cm处裂缝延伸到西面，25~30cm处裂缝延伸到东面和西面，北面上10cm、15cm处出现微裂缝，东面上15cm处出现微裂缝，并延伸到南面，北面上20cm处裂缝延伸到东面，一层节点梁下北侧出现微裂缝。

当水平力加荷至±280kN时，左柱柱脚东面35cm出现微裂缝，西面25cm处出现微裂缝，北面出现45°微裂缝，一层节点梁上翼缘和下翼缘出现微裂缝；中柱柱脚东面多道裂缝延伸到北面，西面上三分之一范围内出现多道微裂缝，北侧转角和西面中部出现微裂缝，南面柱脚和上30cm处出现微裂缝；右柱柱脚东面上50cm处裂缝贯穿到北面，南面20cm、60cm处裂缝延伸到东面，西面15cm处裂缝延伸，一层节点北面和西面梁上部出现微裂缝。

当水平力加荷至±320kN时，左柱柱脚西面上55cm处出现微裂缝，75cm处裂缝贯通，东面上10cm处裂缝开展延伸，45cm出现横向微裂缝，南面15cm、25cm处出现微裂缝，北面三分之一范围内多道微裂缝开展延伸，一层节点梁上翼缘出现45°微裂缝；中柱柱脚东面下部多道裂缝开展延伸，西面50cm处出现微裂缝，南面15m、40cm处出现横向微裂缝，北面10cm、60cm处出现斜微裂缝；右柱柱脚西面上10cm处出现微裂缝，北面25cm处出现微裂缝，东面30cm处裂缝贯通，55cm处裂缝开展延伸，80cm处出现两道长微裂缝，一层节点南面出现45°微裂缝，柱脚北面以及上30cm处微裂缝开展延伸，出现X形微裂缝，一层节点南侧裂缝延伸。

当水平力加荷至±360kN时，左柱柱脚东面上75cm处出现水平微裂缝，西面上50cm处出现微裂缝，55cm处裂缝延伸，柱脚北面上35cm、55cm处出现微裂缝，三层梁东面梁底贯穿裂缝，梁下15cm贯穿裂缝，三层节点南面出现三道微裂缝；中柱一层节点下出现竖向微裂缝，三层节点东面和西面梁底出现裂缝，南面出现少许微裂缝，北面和西面南侧出现微裂缝，柱脚西面上10cm、40cm、80cm处出现微裂缝，南面15cm、30cm、60cm处出现横向微裂缝，北面75cm转角处出现裂缝；右柱柱脚东面55cm、75cm出现水平裂缝，西面上30cm微裂缝贯穿，南面一层梁下翼缘出现45°斜裂缝，北面25cm、55cm处出现水平裂纹，一层节点东面中上部出现两道裂缝，南面梁上部45°裂缝，下部裂缝贯穿，下翼缘上10cm有斜裂缝，梁北面下翼缘出现贯穿裂缝，三层梁西面梁底出现裂缝。

当水平力加荷至±400kN时，左柱柱脚东面上50cm、75cm出现水平裂缝，北面上15cm、65cm处裂缝开展延伸，柱根南侧出现裂缝，一层梁西面梁上10cm

出现竖向裂缝，南面梁上、下部均出现裂缝；中柱根西面有裂缝，上 60cm 处水平裂缝贯通，柱脚北面上 30cm 裂缝贯通，南面 5cm、30cm、70cm 出现横向裂缝，三层梁西面梁下三分之一范围内出现多道裂缝，北面出现转角裂缝，节点北面出现多道裂缝，节点南面出现斜裂缝；右柱柱脚东面 5cm、30cm 处出现斜裂缝，南面 10cm 裂缝开展，北面 5cm、60cm 处出现水平裂缝，西面 35cm 裂缝贯通，一层北面梁上 5cm 裂缝贯穿，梁下 5cm 裂缝延伸到东面，右柱三层梁西面南侧出现一条斜裂缝，南面节点梁上、下均出现裂缝。

7.6.1.3　第三加载阶段

在施加的荷载达到预估的屈服荷载之后采用位移控制，按屈服位移的倍数进行循环加载，每级循环加载三次。第三加载阶段组合框架开始出现较为明显的破坏，裂缝继续开展，并伴有再生混凝土的脱落。

当位移循环为±50mm 时，试件有混凝土渣掉落，左柱柱脚东面上 55cm 处裂缝开展延伸，西面上 35cm 裂缝贯穿，并延伸到南面，北面上 50cm、90cm 处裂缝开展延伸，一层节点北面 45°裂缝，梁南侧出现裂缝；中柱柱根出现裂缝，柱脚西面上 30cm 处裂缝水平贯通，北面上 15cm、50cm 出现斜向裂缝，60cm 处裂缝水平贯通，南面 25cm、75cm 处裂缝开展，一层节点南面裂缝开展延伸；右柱柱脚北面上 80cm 处斜裂缝，西面上 50cm 处裂缝开展延伸，北面上 5cm、15cm、25cm 出现水平裂缝，一层节点北面出现裂缝，梁上裂缝开展延伸，东面出现两条斜裂缝。

当位移循环为±75mm 时，试件有再生混凝土渣掉落，左柱东面柱底裂缝贯穿，20cm、90cm 裂缝水平贯穿，柱脚西面上 45cm、90cm、100cm 裂缝延伸贯穿，南面 40cm 处裂缝开展延伸至西面，一层节点腹板西侧贯穿裂缝，左柱三层节点南面裂缝延伸到东面，西面下三分之一范围内出现多道裂缝，北面梁上、下各出现一道裂缝，腹板位置两道裂缝；中柱柱脚东面上 10cm 处出现裂缝，85cm 水平裂缝贯通，柱根西面偏南方向有再生混凝土脱落，西面 5~20cm 竖向裂缝，30cm 裂缝贯通，北面上 55cm 竖向裂缝，90cm 斜向裂缝，一层节点东面梁根部竖向裂缝，梁下 10~20cm 竖向裂缝，一层和二层节点裂缝开展，三层节点出现裂纹，三层梁下 20cm 处出现横向裂缝；右柱柱脚西面上 5cm 水平裂缝，15cm 处贯穿裂缝，70cm 处水平长裂缝，北面上 10cm 斜裂缝，50cm、70cm 水平裂缝，南面柱脚水平裂缝，上 50cm 裂缝开展延伸到东面。

当位移循环为±100mm 时，试件整体有再生混凝土渣掉落，左柱一层梁节点西面梁上 5cm、25cm、45cm 横向裂缝；中柱柱根东、东南、西南转角处有大块再生混凝土脱落，中柱一层节点南面有再生混凝土剥落，二层节点北面再生混凝土表面剥落，三层节点西南角再生混凝土剥落；右柱柱脚西面上 65cm 水平裂缝，一层节点梁上北侧出现 45°裂缝。

当位移循环为±125mm 时，左柱有少许再生混凝土掉落，柱脚西南角再生混凝土掉落；中柱柱根东面再生混凝土继续剥落，一层节点西面、南面表面再生混凝土剥落，节点附近东南角有再生混凝土剥落，二层节点西、南、北再生混凝土剥落，大块再生混凝土掉落，二层节点再生混凝土大块掉落，右柱一层梁东侧梁端屈服。

当位移循环为±150mm 时，左柱柱脚东面裂缝变宽，再生混凝土表面脱落；中柱一层节点南面再生混凝土掉落，二层节点东面、西面和西北角再生混凝土掉落；右柱柱脚北面和西面完全开裂。

当位移循环为±175mm 时，左柱二层节点再生混凝土剥落，一层节点上翼缘撕裂；中柱柱脚再生混凝土剥落，一层节点南面再生混凝土脱落，二层节点再生混凝土脱落；右柱一层节点下翼缘撕裂，390kN 左右，二层钢梁撕裂。

试件最终发生破坏时，型钢再生混凝土柱脚部位大块再生混凝土脱落，节点区域再生混凝土因内部钢骨架扭转变形受挤压而产生裂缝，型钢梁端与柱子相交部位屈服；一层节点与二层节点区域再生混凝土开裂较多，且钢梁端部屈服更为严重。组合框架的局部破坏特征如图 7-20 所示。

图 7-20 组合框架局部破坏特征

(a) 左柱脚；(b) 中柱脚；(c) 右柱脚；(d) 左一层节点；(e) 中二层节点；(f) 右一层节点

7.6.2　破坏特征及破坏机制

组合框架试件在整个破坏的全过程中，表现为柱子表面再生混凝土先出现裂纹，随着荷载的增大，裂纹扩展为裂缝，并伴有再生混凝土脱落，由此影响到节点区域的再生混凝土也有些许剥落，荷载继续增大至钢梁屈服后，再生混凝土开始出现大块掉落，最终至部分钢梁发生断裂，组合框架试件不宜继续加载而宣布破坏。

(1) 在加载前期，柱子裂纹主要出现在柱脚三分之一高度范围内，这是由于在组合框架的底部受荷载和位移效应的影响大；在至试件最终发生破坏时，柱脚再生混凝土剥落较为严重，内部型钢屈服，表现出良好的塑性铰机制。

(2) 在反复荷载和轴向压力的共同作用下，型钢梁在发生屈服及最终破坏撕裂时，均发生在梁端位置。钢梁的延性变形性要强于型钢再生混凝土柱，钢梁先发生屈服，形成塑性铰，进而实现内力重分布，消耗了大量的地震能量。

(3) 组合框架节点核心区的混凝土裂缝出现较晚，且脱落较少。因为节点内部存在型钢节点，这导致了组合框架在承受荷载时，外部再生混凝土受到型钢节点的挤压而产生脱落，所以节点的破坏发生在梁、柱之后。

(4) 本试验在设计试件时，对组合框架节点内部增设加劲肋，以保证其有足够的刚度和承载力。事实证明，组合框架在发生破坏时，柱子再生混凝土先开裂和剥落，钢梁端部屈服，后柱内部型钢部分屈服，节点区除表面混凝土部分剥落，破坏相对较轻，这符合“强柱弱梁”“强节点弱构件”的结构设计。组合框架正向加载和负向加载的出铰顺序如图 7-21 所示。

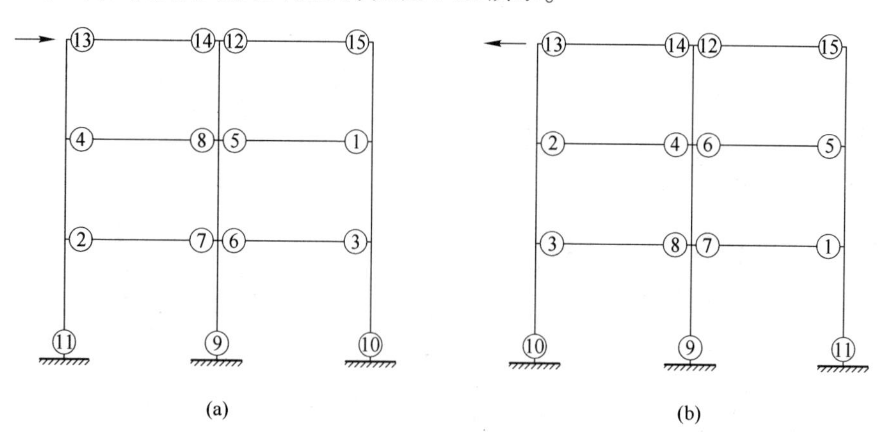

图 7-21　组合框架的出铰顺序

(a) 正向加载；(b) 负向加载

7.7 试验结果分析

本书对组合框架的滞回曲线、骨架曲线、刚度退化、延性能力、耗能能力以及层间位移角等方面展开详细分析，深入了解组合框架在低周反复荷载作用下的抗震性能。

7.7.1 滞回曲线

试验滞回曲线是试件低周反复荷载和位移之间的变化关系，直接反映了组合框架的承载力、延性变形能力、耗能能力等性能指标，是构件受力行为的综合表现。本试验采用的是两跨三层的组合框架模型，通过在其顶层位置的 MTS 作动器施加低周反复荷载，以及在顶层、中间层和底层布置的拉杆位移计测量位移变化，两者相结合分别绘制出整体荷载-位移滞回曲线以及底层、中间层、顶层的层间荷载-位移滞回曲线。

7.7.1.1 整体荷载-位移滞回曲线

组合框架的整体荷载-位移滞回曲线反映了低周反复荷载和试件整体位移之间的关系，是试件整体受力性能的体现。P 表示 MTS 作动器施加的低周反复荷载，Δ 表示低周反复荷载作用下组合框架顶层梁中心线端部的位移，其 P-Δ 曲线如图 7-22 所示。

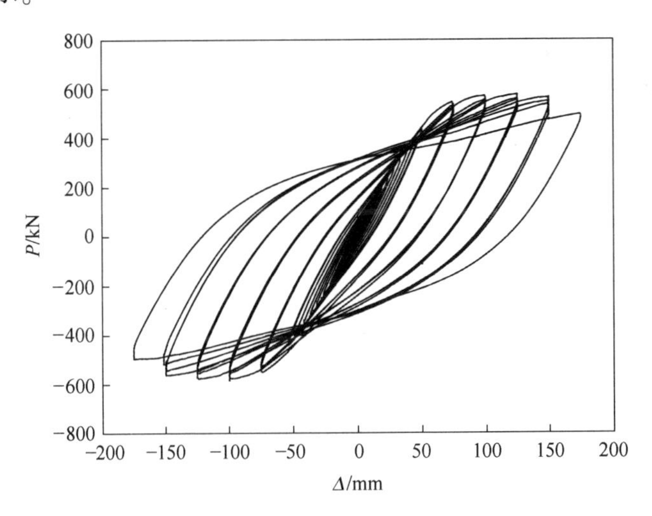

图 7-22 组合框架整体荷载-位移滞回曲线

从图 7-22 中可以看出，在整个低周反复荷载作用的全过程，滞回曲线相对较为饱满，成良好的纺梭形，这说明了型钢再生混凝土柱-钢梁组合框架具有较高的承载力和刚度、较好的延性变形能力和耗能能力。型钢再生混凝土柱-钢梁组合框架的滞回曲线变化特征和力学行为从以下几个方面来说明。

（1）在开始施加反复荷载的前几个周期内，滞回曲线并未张开，几乎呈黏合状态，此阶段为线弹性变化阶段。在此阶段滞回曲线所围成的面积十分小，组合框架弹性工作，几乎没有刚度退化，在荷载归零位后没有发生残余变形。

（2）随着反复荷载量级的提高，组合框架的柱脚部位再生混凝土开始出现裂纹，位移不再随反复荷载线性增加，滞回曲线逐渐张开，所围成的面积开始增大，出现了刚度退化现象，并且表现出了一定的耗能能力。在此阶段，组合框架发生了轻度变形，在反复荷载归零位后，位移未复位，产生残余变形。

（3）在组合框架达到屈服时，再生混凝土表面已经出现较多的裂缝，主要分布在柱脚和梁端，此时开始采用位移控制施加反复荷载，每级位移控制荷载施加三次。在每级荷载的三次循环中，峰值荷载逐渐降低，说明试件强度变低，出现了强度退化。随着位移控制反复荷载的增大，组合框架的水平位移变化速率加快，在荷载归零位后，试件产生了较为明显的残余变形。

（4）当反复荷载峰值过后，组合框架承载力进入下降阶段，滞回曲线围成的面积进一步扩大，向位移轴方向有较大倾斜，由于之前几个阶段残余变形与损伤的积累，试件的强度退化和刚度退化较快。最后至试件变形过大，发生破坏不宜继续加载而结束试验。

（5）组合框架在整个试验的过程中，顶层、中间层及底层的荷载-位移滞回曲线形状和趋势基本相似，加的反复荷载和发生的位移在试件推向受力和拉向受力基本一致，两个方向成对称分布，这点从滞回曲线中也可以看出，说明型钢再生混凝土柱-组合框架整体具有良好的抗震性能。

7.7.1.2　*层间荷载-位移滞回曲线*

组合框架的层间荷载-位移滞回曲线反映了低周反复荷载和试件相邻层相对位移之间的关系，具体包括底层、中间层及顶层的层间荷载-位移滞回曲线。P 表示 MTS 作动器施加的低周反复荷载，Δ_1、Δ_2、Δ_3 分别表示低周反复荷载作用下组合框架一层层间、二层层间、三层层间的位移变化，如图 7-23 所示。随着荷载的逐渐增加，组合框架的层间滞回曲线变化过程与整体滞回曲线较为相似，由闭合状态逐渐打开，最终表现为良好的纺梭形。

7.7.2　骨架曲线

每个滞回曲线正向和负向最外侧的荷载峰值点的连接形成的荷载-位移曲线就是骨架曲线。骨架曲线能直观地反映出每级施加的荷载和位移之间的递增关系，并能清晰地看出延性变形能力的优劣、强度和刚度的变化等。绘制的反复荷

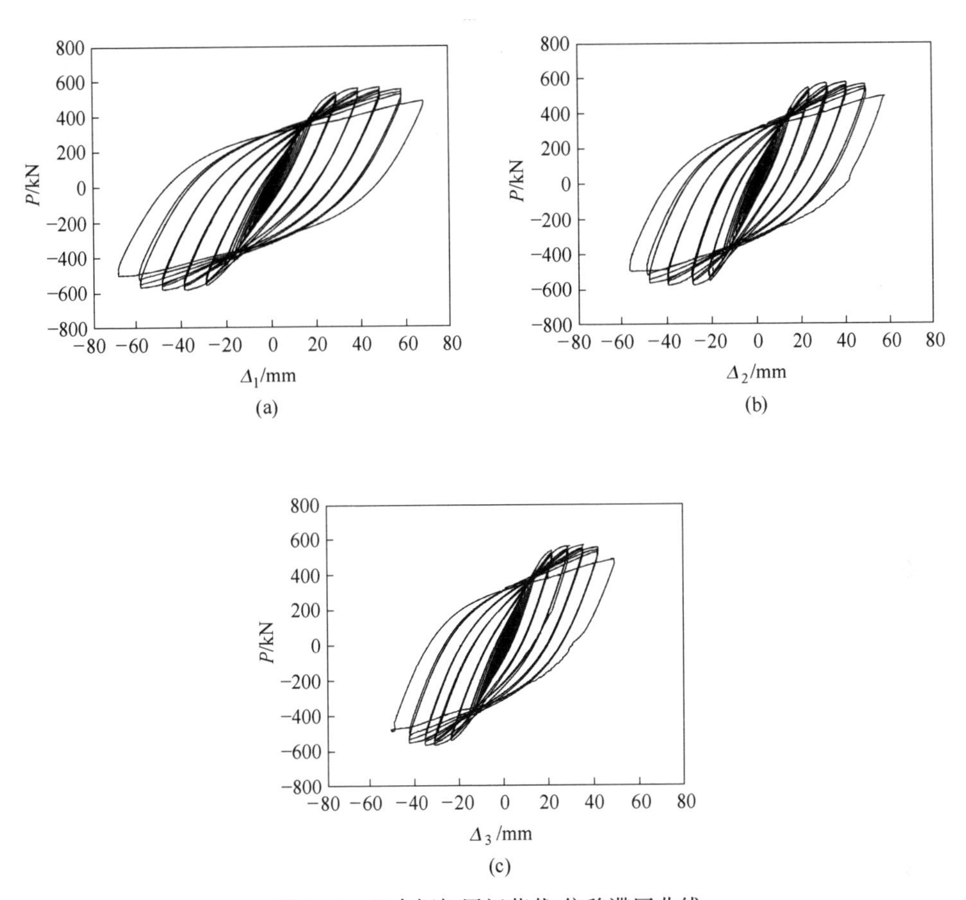

图 7-23 组合框架层间荷载-位移滞回曲线

（a）一层层间滞回曲线；（b）二层层间滞回曲线；（c）三层层间滞回曲线

载和位移之间的整体关系骨架曲线如图 7-24 所示，图中 P 代表施加在顶层梁中心线端部位置的低周反复水平荷载，Δ_u表示荷载作用位置在每个循环内的最大位移。

图 7-24 是组合框架的整体荷载-位移骨架曲线，荷载在峰值时的荷载为峰值荷载 P_{max}，即为试件承受的最大承载力。从图 7-24 中可以看出，在组合框架低周反复荷载的初期阶段，骨架曲线保持线性上升，荷载与位移之间呈正比例，此时的组合框架处于完全弹性工作。随着反复荷载的持续增加，达到 $0.75P_{max}$左右时，曲线斜率开始降低，试件的初始刚度渐渐向非线性变化发展，组合框架处于弹塑性工作，在越接近峰值点的位置，曲线斜率越低。试验进行到峰值荷载 P_{max}之后，随着位移的增大，荷载降低的速度较慢，曲线较为平缓，表现出了组合框架良好的延性变形性能。

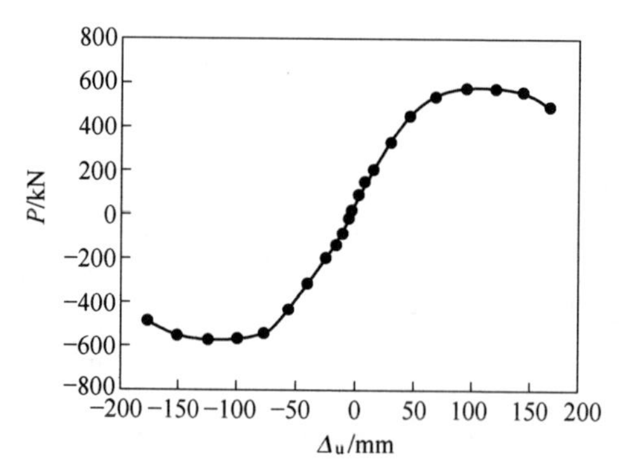

图 7-24　组合框架整体荷载-位移骨架曲线

组合框架的层间骨架曲线如图 7-25 所示，图中 P 代表施加在顶层梁中心线位置的低周反复水平荷载，Δ_{u1}、Δ_{u2}、Δ_{u3} 分别表示低周反复荷载作用下组合框架一层层间、二层层间、三层层间在每个循环内的最大位移变化，层架骨架曲线的变化过程与整体骨架曲线大致相同。

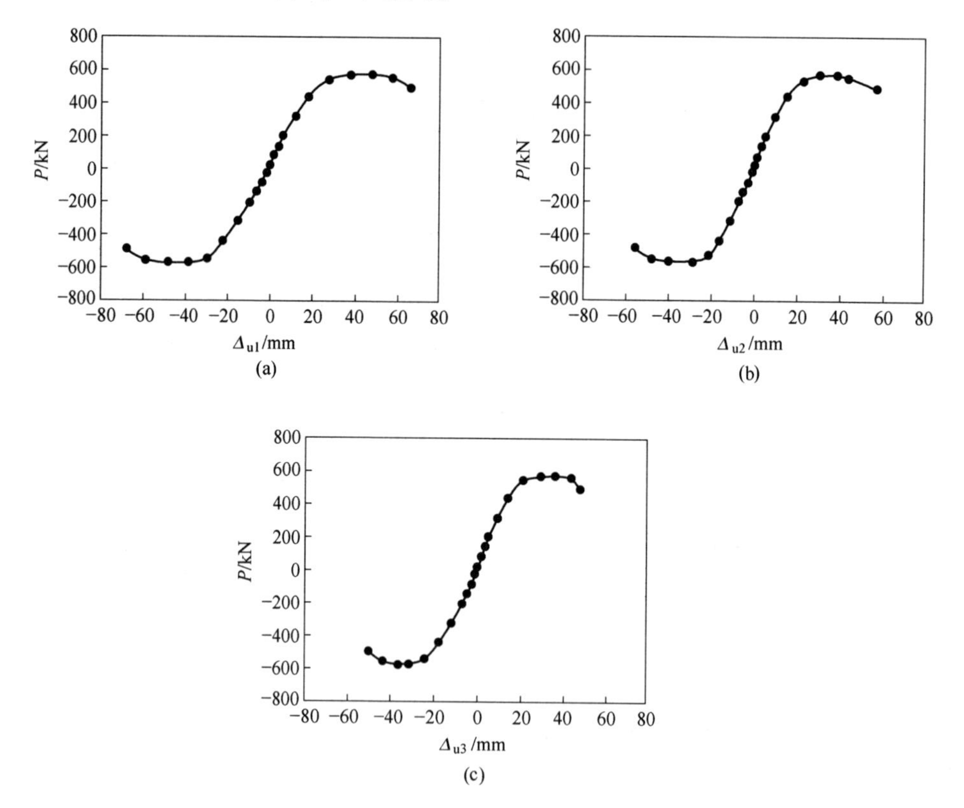

图 7-25　组合框架层间荷载-位移骨架曲线

（a）一层层间骨架曲线；（b）二层层间骨架曲线；（c）三层层间骨架曲线

本书采用通用屈服弯矩法，通过在骨架曲线中采用图解法以求得组合框架的屈服点。求解过程如下：如图 7-26 所示，作直线 OA，与骨架曲线相切于点 O，并与 $y=P_{max}$ 在 A 点处相交，过 A 点作直线 AC 垂直于 x 轴，交骨架曲线于点 C，连接 OC 并延长与 $y=P_{max}$ 相交于点 B，再过 B 点作 x 轴的垂线与骨架曲线在 D 点相交，点 D 即为组合框架的屈服点，对应的横坐标为 Δ 试件屈服对应的位移，纵坐标为试件屈服对应的荷载。

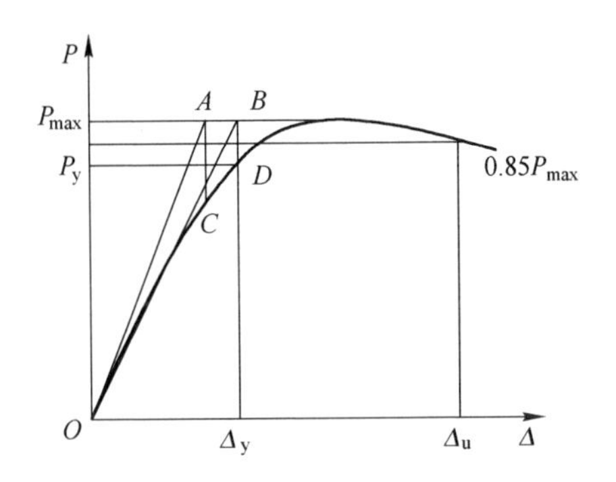

图 7-26 组合框架屈服点的确定

表 7-4 分别给出了组合框架整体骨架曲线以及顶层、中间层、底层的层间骨架曲线一些特征值，屈服荷载和屈服位移通过上述的屈服弯矩法图解得出，峰值荷载和峰值位移是实际试验过程中试件的最大承载力及其所对应的位移，破坏荷载和破坏位移为试件在达到极限破坏状态时的最大位移及此时的承载力（通常指峰值荷载过后荷载降低至峰值荷载 85%时对应的位移及承载力）。

表 7-4 组合框架试验特征值

层数	加载方向	屈服荷载 P_y/kN	屈服位移 Δ_y/mm	峰值荷载 P_{max}/kN	峰值位移 Δ_{max}/mm	破坏荷载 P_u/kN	破坏位移 Δ_u/mm
整体	正向	452.718	51.445	575.526	124.960	495.320	174.188
	负向	450.778	53.911	575.584	124.143	494.769	174.858
底层	正向	452.718	21.816	575.526	48.716	495.320	67.907
	负向	450.778	22.431	575.584	48.397	494.769	68.168
中间层	正向	452.718	17.614	575.526	39.598	495.320	58.067
	负向	450.778	16.425	575.584	39.921	494.769	56.207
顶层	正向	452.718	15.710	575.526	36.646	495.320	48.213
	负向	450.778	16.425	575.584	35.825	494.769	50.482

7.7.3 刚度退化

水平循环荷载作用下，结构的刚度出现逐渐降低的过程即为刚度退化。图 7-27 是组合框架的整体刚度退化曲线，图 7-28 是组合框架层间刚度退化曲线，具体包括底层刚度退化曲线、中间层刚度退化曲线和顶层刚度退化曲线。

从图 7-27 中可以看出，组合框架在反复荷载作用下，推向和拉向的初始刚度存在一定的差别，这主要是由于试件在加工制作过程中有一定的初始缺陷以及加载装置本身的误差，导致组合框架在两个方向上的初始刚度不太一致。但随着反复荷载的持续施加，这种原始误差逐渐消除，两个方向的刚度逐渐接近。整体上看，组合框架的刚度退化表现为由快变慢。具体来说，试件在前期再生混凝土开裂过程中刚度退化快，在试件由开裂阶段逐渐进入屈服阶段，刚度退化速度降低。

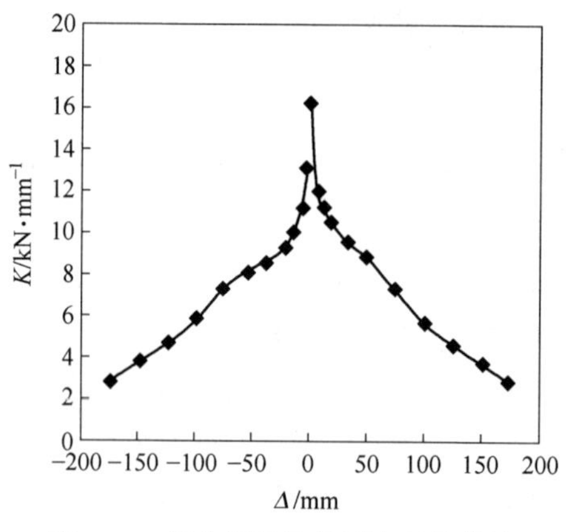

图 7-27　组合框架整体刚度退化曲线

组合框架在位移加载控制下相同加载位移的三个循环里也分别存在着刚度退化，表 7-5 中在每次加载周期内三次

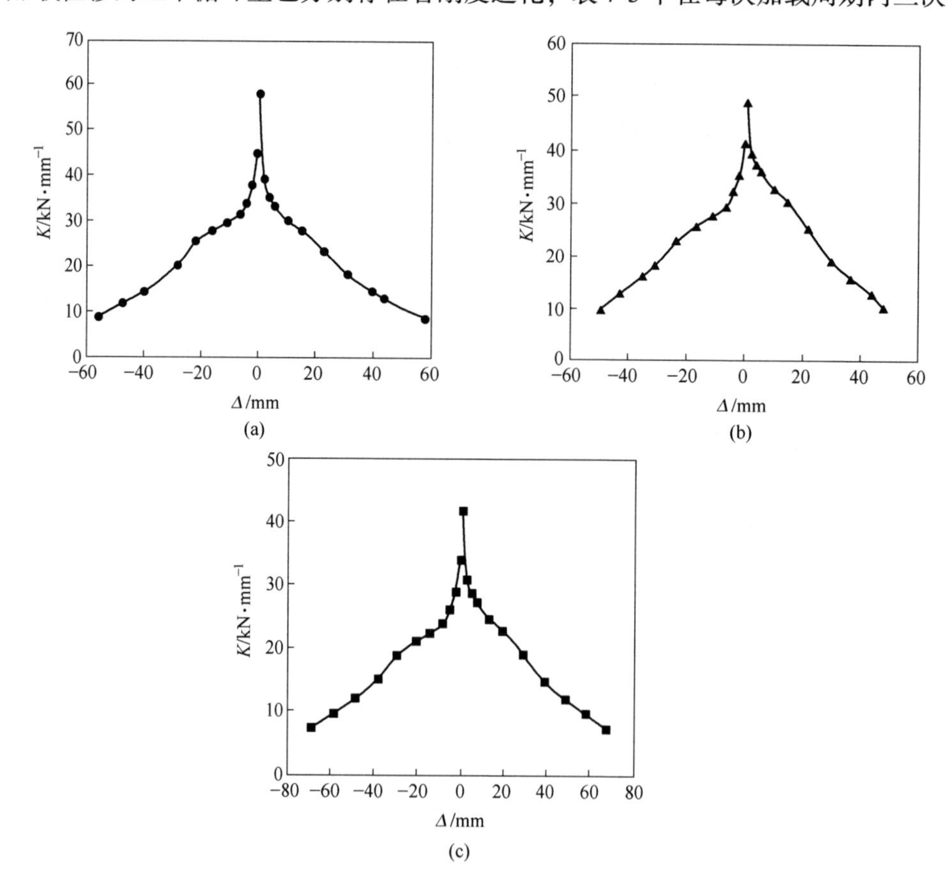

图 7-28　组合框架层间刚度退化

（a）底层层间刚度退化；（b）中间层层间刚度退化；（c）顶层层间刚度退化

循环的刚度退化。从表7-5中可以看出，在第一个循环加载周期内，试件的刚度降低得并不多，这是因为试件的屈服点在第一个循环周期和第二个循环周期之间，因而退化不明显；从第二个循环周期开始，组合框架已达到了屈服荷载，随着循环次数加载，组合框架的刚度降低得越多。

表7-5 组合框架整体刚度降低系数

循环次数	Δ_y		$1.5\Delta_y$		$2\Delta_y$		$2.5\Delta_y$		$3\Delta_y$		$3.5\Delta_y$	
	正向	负向	正向	负向	正向	负向	正向	负向	正向	负向	正向	负向
1	1	1	1	1	1	1	1	1	1	1	1	1
2	0.994	0.999	0.967	0.968	0.978	0.952	0.976	0.964	0.974	0.969	—	—
3	0.992	0.999	0.956	0.964	0.965	0.935	0.967	0.930	0.956	0.910	—	—

图7-28反映了组合框架底层、中间层、顶层的层间刚度退化过程。从图中可以看出，每层的层间刚度退化曲线与整体刚度退化曲线相似，均为先快后慢，且在每层的刚度分配上大致相同。随着反复荷载周期增加，正向和负向加载的初始刚度误差越来越小，直至达到极限位移状态时，各层的层间刚度基本相同。

7.7.4 延性指标

延性指标反映了结构或构件在承受荷载时的变形能力，尤其是在地震这种复杂荷载的作用下，结构或构件的延性变形能力显得更为重要。当地震来临时，延性变形能力较好的结构，能对地震的能量进行耗散，降低地震冲击的作用，有效避免或延缓其破坏与倒塌。延性差的结构在承受极限荷载时发生脆性破坏，这种破坏是突然性的，在发生破坏之前并没有显著的预兆，人们往往没有时间去反应，不利于紧急逃生及财产安全。因此，延性性能是结构抗震设计中重要的性能指标。

在本试验研究中，采用延性系数来衡量组合框架的延性性能，结构发生破坏时的极限位移Δ_u与屈服位移Δ_y比值定义为位移延性系数，见式（7-1）。

$$\mu_\Delta = \frac{\Delta_u}{\Delta_y} \tag{7-1}$$

表7-6中列出了组合框架的整体延性系数以及层间延性系数，在正向推力与反向受拉两个方向均大于3，满足《建筑抗震设计规范》（GB 50011—2010）中对结构延性系数限值的一般规定。

表 7-6 组合框架的延性系数

加载方向	整体	底层	中间层	顶层
推	3. 386	3. 113	3. 297	3. 069
拉	3. 243	3. 039	3. 422	3. 073

7.7.5 耗能能力

滞回曲线围成面积的大小代表着结构的耗能能力。抗震结构设计中，通常采用能量耗散系数和等效黏滞阻尼系数来衡量结构在地震作用下吸收和消耗能量的能力。当地震来临时，能量耗散系数和等效黏滞阻尼系数大的结构，拥有较强的吸收消耗地震能量能力，其受到地震效果的影响就越小，结构也就越安全。

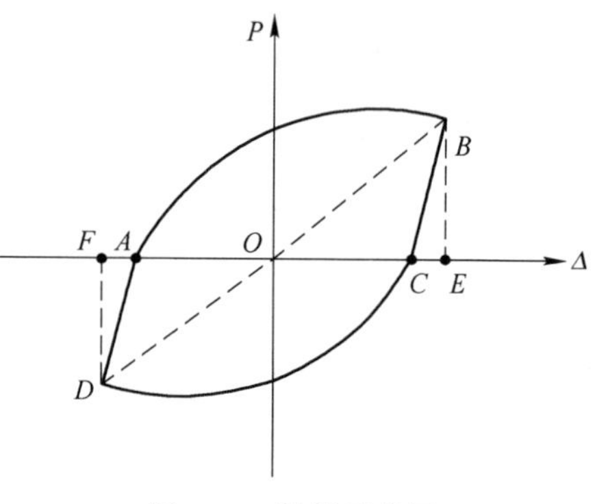

图 7-29 计算示意图

在图 7-29 所示的滞回曲线中，假设滞回环围成的面积为 S_{ABCD}，推向水平荷载滞回环的顶点与横坐标轴及原点围成的面积为 S_{OBE}，拉向水平荷载滞回环的顶点与横坐标轴及原点围成的面积为 S_{ODF}。

则可以分别得到能量耗散系数和等效黏滞阻尼系数计算公式如下：

$$E_{\mathrm{e}} = \frac{S_{ABCD}}{S_{OBE} + S_{ODF}} \tag{7-2}$$

$$h_{\mathrm{e}} = \frac{E_{\mathrm{e}}}{2\pi} \tag{7-3}$$

取位移控制循环加载的第一周滞回曲线，由式（7-2）和式（7-3）分别计算得出的能量耗散系数和等效黏滞阻尼系数在表 7-7 列出。图 7-30 和图 7-31 分别显示了组合框架的能量耗散系数和等效黏滞阻尼系数变化趋势，随着加载循环周期的增加，二者的增长变化皆接近于线性关系。在循环加载位移达到 Δ_{y} 时，组合框架已经到达了屈服状态，其等效黏滞阻尼系数均大于 0. 1，试件最终发生破坏时的等效黏滞阻尼系数为 0. 303，相对于钢筋再生混凝土组合框架，本书中的组合框架具有较强的耗能能力。

表 7-7 组合框架的能量耗散系数和等效黏滞阻尼系数

加载等级	E_e	h_e
Δ_y	0.569	0.091
$1.5\Delta_y$	0.893	0.142
$2\Delta_y$	1.228	0.196
$2.5\Delta_y$	1.468	0.234
$3\Delta_y$	1.678	0.267
$3.5\Delta_y$	1.905	0.303

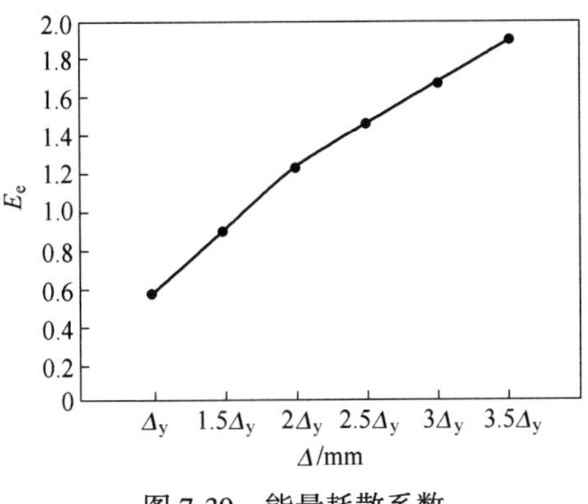

图 7-30 能量耗散系数

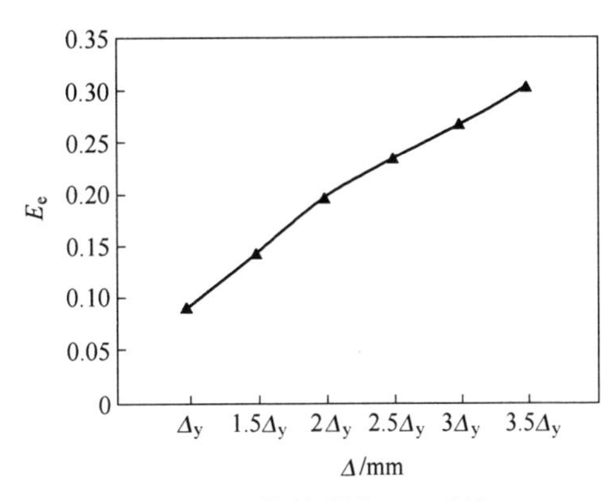

图 7-31 等效黏滞阻尼系数

7.7.6 位移角

为了保证结构在强烈地震作用下不会发生倒塌，具有一定的稳定性，那么就需要限制结构发生变形的大小。通常采用位移角来衡量结构的稳定性，将侧向位移 Δ_i 与高度 H 之间的比值定义为位移角，见式（7-4）。本书组合框架中的位移角分为整体位移角和层间位移角，整体位移角为试件整体侧向位移与总高度之间的比值，层间位移角为层间相对位移与层间高度之间的比值。

$$\theta = \frac{\Delta_i}{H} \tag{7-4}$$

表 7-8 中列出了组合框架正向和负向的整体位移角以及层间位移角。在遭到破坏时，组合框架的整体位移角达到了 1/27，大于《建筑抗震设计规范》（GB 50011—2010）中对于钢筋混凝土框架规定的 1/50 位移角限值。底层、中间层、顶层的弹性层间位移角分别达到了 1/25、1/26、1/30，明显大于 1/50，说明该组合框架抗倒塌能力强。

表 7-8 组合框架的特征点位移角

位 置	加载方向	位 移 角		
		屈服点	峰值点	破坏点
整体	正向	1/91	1/37	1/27
	负向	1/87	1/37	1/27
底层	正向	1/77	1/34	1/25
	负向	1/75	1/34	1/25
中间层	正向	1/85	1/38	1/26
	负向	1/91	1/38	1/27
顶层	正向	1/95	1/41	1/31
	负向	1/91	1/42	1/30

7.8 本 章 小 结

本章主要对型钢再生混凝土柱-钢梁组合框架进行了拟静力抗震性能试验，并分析了试验现象和试验数据，主要研究结果如下。

(1) 在反复荷载作用下，组合框架的型钢再生混凝土柱脚部位先出现裂缝，随后节点域附近因内部型钢骨架变形挤压再生混凝土而出现裂缝，最后型钢梁端发生屈服形成塑性铰。试件最终破坏时，柱脚混凝土剥落严重，钢梁屈服现象明显，符合“强柱弱梁”的抗震要求。

(2) 组合框架的滞回曲线呈较好的梭形，也没有明显的“捏缩”现象，且正负向较为对称，说明该组合框架正负向刚度对称，具有较好的耗能能力。

(3) 从组合框架的骨架曲线可看出，其水平承载力达到峰值后下降较为平缓，经计算得到组合框架的延性系数均大于 3，表现出良好的延性。其位移角也远远大于规范中 1/50 的层间位移角限值，试件达到屈服后等效黏滞阻尼系数均大于 0.1，最终破坏时的等效黏滞阻尼系数为 0.303，表明该种组合框架表现出较好的变形能力和耗能能力，具有良好的抗震性能。

(4) 组合框架在往复荷载作用下，正向和反向的初始刚度存在一定的差别，随着反复荷载的持续施加，两个方向的刚度逐渐接近，刚度退化速率由快变慢，层间刚度未出现明显的刚度突变。

8　型钢再生混凝土柱-钢梁组合框架滞回性能数值分析

本章在抗震性能试验研究的基础上，运用 OpenSees 程序对组合框架在循环荷载作用下的滞回性能进行数值分析，并针对设计参数进行了参数扩展分析，深度研究各参数对该组合框架抗震性能的影响，旨在为该新型组合框架在未来实际工程中的推广与应用提供理论支撑。

8.1　OpenSees 有限元程序概述

OpenSees 有限元程序采用了面向对象的程序设计，程序开放程度高，其内部源码完全开放，便于使用者改进、优化程序设计。OpenSees 可以进行各种数值分析，如静力非线性分析、动力非线性、模态分析等。它能够较好地模拟实际工程和振动台试验项目，如钢筋混凝土结构、钢结构桥梁、岩土工程等，均具有良好的非线性数值效果与模拟精度。

OpenSees 在建模分析时，不但可以通过 TCL 语言直接编写脚本，还可采用一些研究人员编写的前后处理程序辅助建模，例如 BuildingTcl 和 BuildingViewer、OpenSees Navigator 等。本书采用陈学伟博士开发的 OpenSees 前后处理程序 ETO（ETABS To OpenSees）来辅助建模，该小程序的优点为界面简洁、操作便捷。

根据已有研究成果，OpenSees 程序中提供的纤维单元可以较为精确地模拟杆系结构在循环荷载下的受力性能，且求解效率较好。因此，本章也以纤维单元梁柱模型来处理组合框架有限元模型，并通过与试验数据对比验证模型有效性的基础上，更加深入地进行其他扩展参数对该组合框架滞回性能的研究。

8.2　有限元模型建立

8.2.1　再生混凝土本构输入

OpenSees 程序内含丰富的混凝土材料滞回本构模型，本书中选择 Concrete02 Material 模型来模拟再生混凝土，主要由于该模型能够考虑拉伸强化，参数输入简单，计算精度好且高效。它的应力-应变关系如图 8-1 所示。本节采用 OpenSees 程序进行组合框架滞回性能模拟时，同样将框架柱中再生混凝土按受约束程度来进行区域划分。其中参数f_t和E_{ts}根据试验结果与相关规范确定。

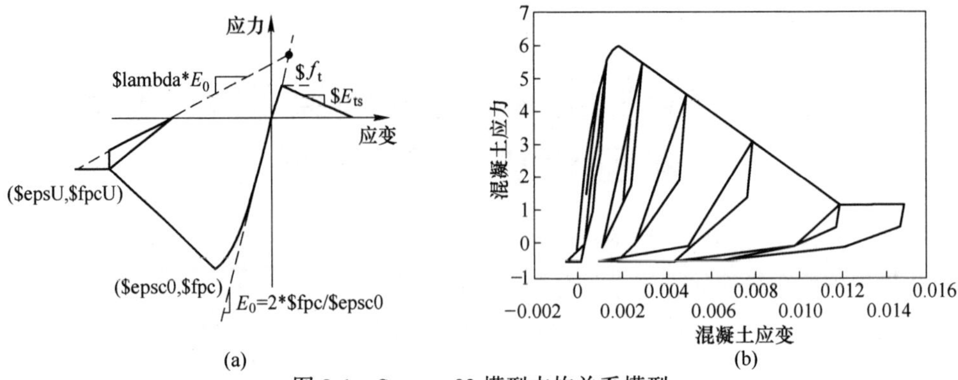

图 8-1 Concrete02 模型本构关系模型

（a）单调应力-应变曲线；（b）应力-应变滞回曲线

8.2.2 钢材本构关系输入

本节在进行数值分析模拟时，钢材模型选用 OpenSees 程序内含的 Steel02 Material 模型，选取原因主要为该模型既能够考虑钢材等向应变硬化的影响，又能体现 Bauschinger 效应。目前使用的模型是由 Filippou 等人修正后的钢材本构模型，其应力-应变曲线如图 8-2 所示。

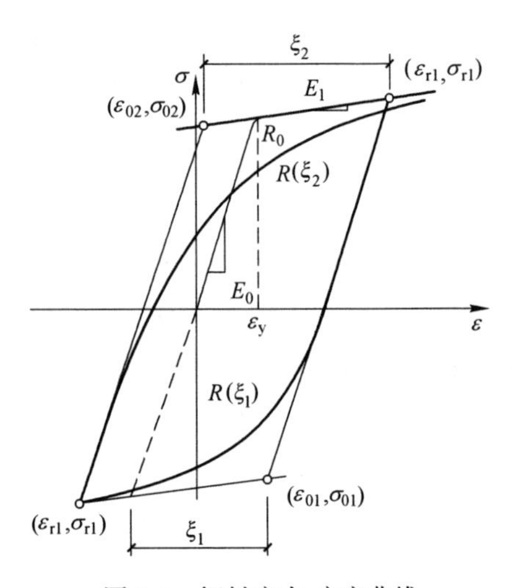

图 8-2 钢材应力-应变曲线

该模型的表达形式为：

$$\sigma_{eq} = b\varepsilon_{eq} + \frac{(1-b)\varepsilon_{eq}}{(1+\varepsilon_{eq}^{R})^{1/R}} \quad (8\text{-}1)$$

$$\sigma_{eq} = \frac{\sigma - \sigma_r}{\sigma_0 - \sigma_r} \quad (8\text{-}2)$$

$$\varepsilon_{eq} = \frac{\varepsilon - \varepsilon_r}{\varepsilon_0 - \varepsilon_r} \quad (8\text{-}3)$$

$$R = R_0 - \frac{a_1\xi}{a_2 + \xi} \quad (8\text{-}4)$$

$$b = E_1/E_0 \quad (8\text{-}5)$$

式中 σ_0——包络线屈服点钢材的应力；

ε_0——包络线屈服点钢材的应变；

σ_r，ε_r——包络线反向点处钢材的应力、应变；

b——钢材硬化率；

R——反映 Bauschinger 效应的常数；

R_0，a_1，a_2——材料常数。

本章中型钢再生混凝土柱-钢梁组合框架模型中钢筋和型钢的屈服强度 f_y 和弹性模量 E 均由材性试验结果确定，R_0、c_{R1}、c_{R2} 分别取 18.5、0.925、0.15，其他参数按默认值设置。

本次有限元模拟加载方式与试验加载类似，首先在框架中 3 个柱顶施加轴向力并保持恒定不变，采用荷载形式控制，共分 10 步施加。然后在框架侧面每层梁中心处施加 10∶7∶4 比例关系不变的倒三角分布水平荷载，采用位移形式控制，竖向荷载分 10 步加载，水平荷载初始增量步为最大位移步长的 1%。

8.2.3 单元类型选取及截面划分

OpenSees 程序为用户提供了丰富的非线性梁柱单元来选用。本书数值模型选用基于位移的梁柱单元（Displacement-Based Beam-Column Element）来建立组合框架。为了提高计算精度，将组合框架柱和梁均分为 5 个单元，每个单元设置 5 个积分点，如图 8-3 所示。因为试验中组合框架梁柱节点未发生破坏，所以建模时未考虑节点域的变形，设定为刚性节点。

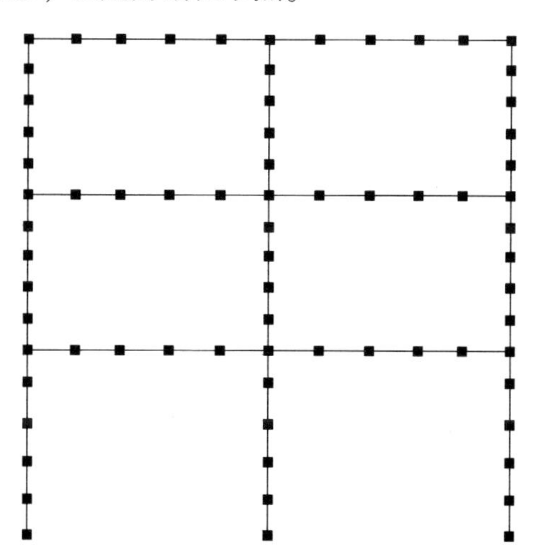

图 8-3 组合框架的单元划分

根据框架柱中再生混凝土受箍筋和型钢约束强弱的不同，与第 3 章类似，将再生混凝土划分成 3 个约束区域，并以纤维单元来定义各材料属性，如图 8-4 所示。本节将箍筋沿柱高进行均匀化处理，具体是将箍筋沿柱高等效为薄板，薄板的截面面积由不同体积配箍率下的箍筋体积等效求得。

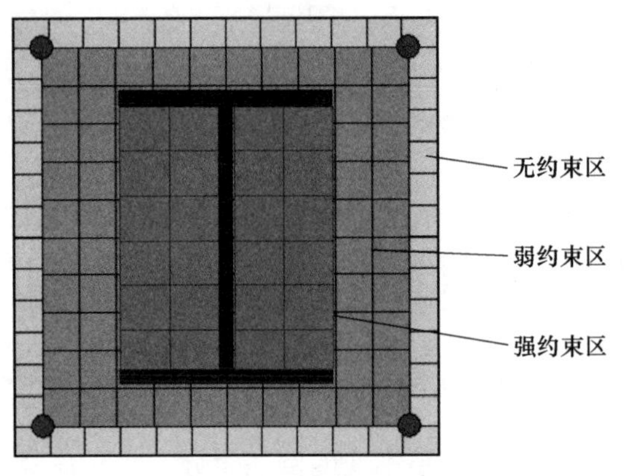

图 8-4　截面纤维划分

8.2.4　加载方式及分析求解

OpenSees 程序通常采用位移控制法和荷载控制法两种结构荷载施加方式，位移控制法能够得到完整的荷载-位移曲线。因此，本次数值模拟边界条件以及加载方式均与试验条件保持相同。首先将竖向荷载分 10 步施加，然后再施加水平荷载，以位移荷载控制，水平荷载初始增量步为最大位移步长的 2%。位移控制迭代计算采用 Newton-Raphson 法，这是因为该方法在每次迭代中刚度矩阵根据位移而更新，收敛速度较快。

8.3　模拟结果与试验结果对比分析

8.3.1　荷载-位移滞回曲线对比分析

图 8-5 为组合框架荷载-位移滞回曲线的有限元与试验结果对比。由图 8-5 可看出，OpenSees 计算曲线与试验结果吻合较好，但从弹性段刚度来看，有限元结果略大于试验结果，但两者的卸载刚度与再加载刚度比较接近。对于数值分析与试验曲线存在差异的主要原因可归结为：一是有限元模型是理想模型，而真实试验中各加载连接件之间不可避免地存在间隙，导致初期加载存在一定的虚位移；二是计算模型未考虑梁柱节点核心区的变形影响，这在一定程度上提高了计算模型的刚度。

总体来说，本书通过 OpenSees 程序建立的数值分析模型与试验模型的等效性较好，主要体现为计算曲线与试验滞回曲线吻合度高，误差小；滞回曲线上的峰值承载力、加载刚度与卸载刚度也能对应。更加说明了前期材料本构、单元类型、计算假定等参数定义具有较好的合理性与精确性，进而表明 OpenSees 程序

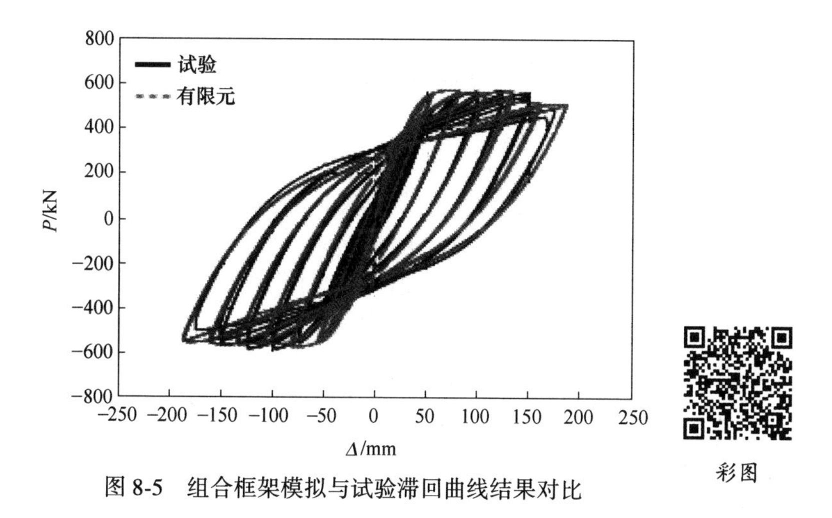

图 8-5 组合框架模拟与试验滞回曲线结果对比

能够在较高的精度下模拟该类型组合框架在低周往复荷载下的滞回性能，并且具有较好的效率和收敛性。

8.3.2 荷载-位移骨架曲线对比分析

图 8-6 给出了有限元计算得到的组合框架骨架曲线与试验曲线的对比。由图 8-6 可知，有限元模拟曲线的初始刚度高于试验结果，在峰值荷载相近的情况下，试验中峰值荷载对应的位移小于有限元结果。尽管如此，它们的误差在合理范围内，满足精度要求。而其他特征点如破坏荷载、曲线下降段等均与试验曲线吻合较好，再次说明本书通过 OpenSees 有限元软件建立的模型具有较好的合理性与模拟精度，可为下文的组合框架参数影响分析作基础。

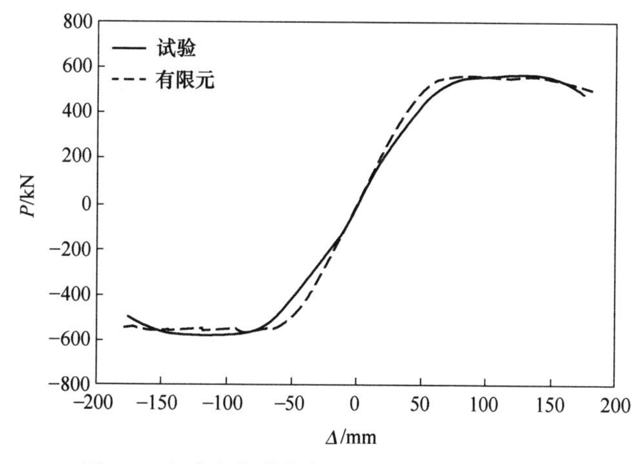

图 8-6 组合框架模拟与试验骨架曲线结果对比

8.4 二阶效应对组合框架滞回性能影响

横向荷载产生的水平位移与竖向荷载共同作用将会对结构产生附加弯矩，即称为二阶（P-Δ）效应。通常在高层建筑中这种二阶效应影响较大，这主要是因为高层建筑重力荷载、活载等产生的竖向荷载较大，且迎风面较大风荷载引起的水平力不可忽略，水平地震影响也很大，所以当高层建筑发生水平侧移时，所产生的 P-Δ 效应更加明显。因此，在某些情况下二阶效应是不可忽略的，本节探讨 P-Δ 效应对型钢再生混凝土柱-钢梁组合框架的影响。

OpenSees 中可以通过坐标转换命令来考虑 P-Δ 效应。本书组合框架模拟中梁、柱单元坐标转换采用 Linear Transformation，考虑 P-Δ 效应时，将型钢柱单元坐标转换选用为 P-Δ Transformation，否则继续使用 Linear Transformation。图 8-7 为组合框架考虑和未考虑 P-Δ 效应的对比结果。从图 8-7 中可以看出，当考虑 P-Δ效应时，峰值承载力明显低于不考虑 P-Δ 效应时的峰值承载力。在模拟模型屈服前，两种情况下的骨架曲线基本叠合，没有明显差异。模拟模型达到屈服后，在不考虑 P-Δ 效应的情况下，模型的骨架曲线随水平位移的增大而缓慢减小，而考虑 P-Δ 效应的组合框架水平承载力随位移的增大而迅速减小。

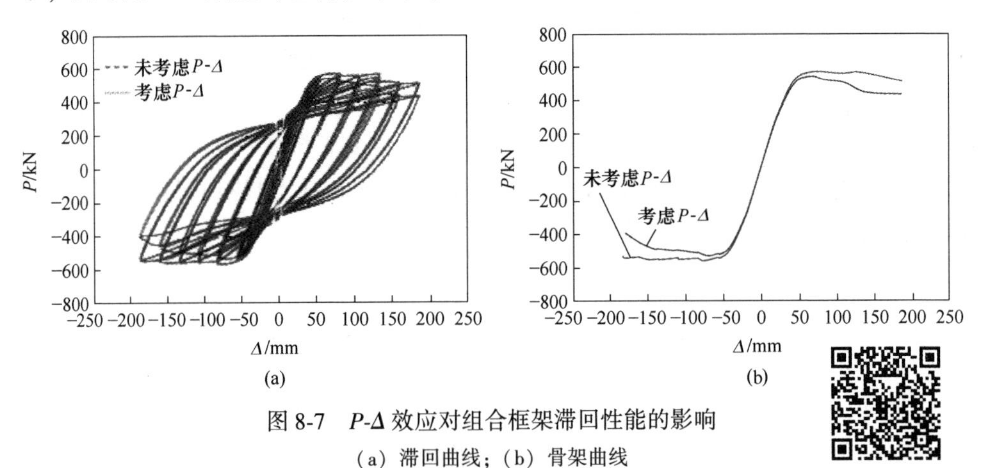

图 8-7 P-Δ 效应对组合框架滞回性能的影响

（a）滞回曲线；（b）骨架曲线

表 8-1 给出了两种情况下模型各特征值的对比分析结果。由于在不考虑 P-Δ 效应的情况下，模型达到最大位移时，其水平荷载没有降到峰值载荷的 85%以下，因此将最大位移对应点的特征值作为表 8-1 中的极限点的特征值。从表 8-1 中可以看出，当不考虑 P-Δ 效应时，模型达到极限点时，正、负荷载降至峰值荷载的90%和95%，说明水平承载力幅值较小，而考虑 P-Δ 效应的模型正、负承载力分别降低到 80%和 74%，下降幅度较大。不考虑 P-Δ 效应比考虑 P-Δ 效应的

正、负向峰值承载力分别提高了 5.47% 和 5.66%，水平极限承载力提高了 18.04%和 35.12%。此对比分析发现考虑了 $P\text{-}\Delta$ 效应作用的组合框架的塑性变形发展更加充分，耗能更多。

表 8-1 两种情况下组合框架特征点模拟结果对比

工 况	峰值荷载 P_{max}/kN	峰值位移 Δ_{max}/mm	极限荷载 P_u/kN	极限位移 Δ_u/mm	P_u/P_{max}
考虑 $P\text{-}\Delta$ 效应					
正向加载	545.89	69.21	437.16	186.41	0.80
负向加载	−535.15	−70.01	−398.55	−179.21	0.74
未考虑 $P\text{-}\Delta$ 效应					
正向加载	575.73	73.25	516.02	186.98	0.90
负向加载	−565.46	−76.47	−538.51	−183.23	0.95
δ					
正向加载	5.47%	5.84%	18.04%	0.31%	—
负向加载	5.66%	9.23%	35.12%	2.24%	—

注：δ = (工况 2 − 工况 1) × 100%/ 工况。

8.5 型钢再生混凝土柱-钢梁组合框架滞回性能参数分析

本书利用 OpenSees 程序对组合框架进行参数扩展分析，探讨各设计参数对其滞回性能的影响规律。本书选取的主要设计参数有轴压比、再生混凝土强度和型钢屈服强度。

8.5.1 轴压比影响

在抗震设计时，限制轴压比是为了控制结构的延性的一个重要手段。框架柱的轴压比也是整个结构抗震性能的重要指标，所以本书在模拟分析时，保持其他参数不变，分别取边柱计算轴压比为 0.1、0.2 和 0.4。模拟计算时，中柱轴压比为边柱的 2 倍。OpenSees 有限元计算结果如图 8-8 所示，同时表 8-2 给出了轴压比的变化对组合框架滞回性能各特征值的影响。

由图 8-8 可知，组合框架模型在不同轴压比下的滞回曲线弹性段的曲线基本重叠，此时各模型的刚度没有明显差别。随着轴压比的增大，框架柱承受的竖向荷载加大。由于 $P\text{-}\Delta$ 效应的影响，模型屈服后随着水平位移的增加，二阶效应影响越来越明显，致使模型的水平承载力降低速率随着轴压比的增加而加快，组合框架模型的位移延性随着轴压比的增大而降低。表 8-2 给出了不同轴压比的组合框架模型滞回性能的特征值定量分析对比。由表 8-2 可知，组合框架模型的延性

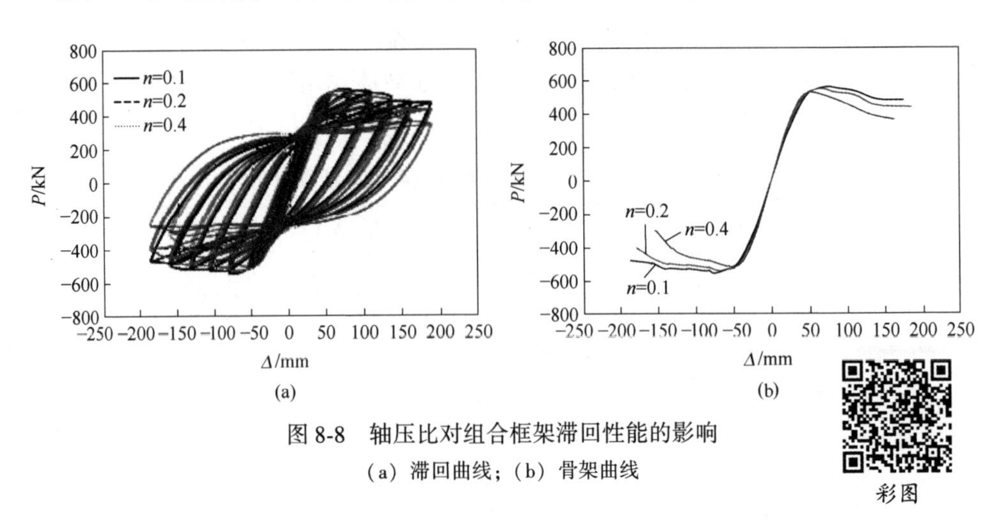

图 8-8　轴压比对组合框架滞回性能的影响

（a）滞回曲线；（b）骨架曲线

系数随着轴压比的增大而减小，说明模型的变形能力随轴压比的增大而减小，塑性变形耗散地震能量的能力降低。因此，在进行该类型组合框架抗震设计时，组合柱的轴压比需要严格控制。

表 8-2　不同轴压比对组合框架滞回性能特征值的影响

工况	屈服荷载 P_y/kN	屈服位移 Δ_y/mm	峰值荷载 P_{max}/kN	峰值位移 Δ_{max}/mm	极限荷载 P_u/kN	极限位移 Δ_u/mm	延性系数 μ
$n=0.1$							
正向加载	441.54	37.81	557.18	73.81	477.27	175.81	4.793
负向加载	-441.44	-38.01	-550.76	-76.21	-474.60	-187.60	
$n=0.2$							
正向加载	482.91	40.81	545.89	69.21	437.16	175.00	4.156
负向加载	-499.77	-44.41	-535.15	-70.01	-398.55	-179.21	
$n=0.4$							
正向加载	512.33	44.22	524.60	55.02	360.82	163.22	3.380
负向加载	-511.74	-49.82	-512.33	-55.22	-294.36	-154.62	

8.5.2　再生混凝土强度影响

本书选取当前实际工程中较为常用的 C35～C55 混凝土强度等级进行参数分析。数值模拟计算结果如图 8-9 所示，同时表 8-3 列出了再生混凝土强度对该组合框架滞回性能特征值的影响。

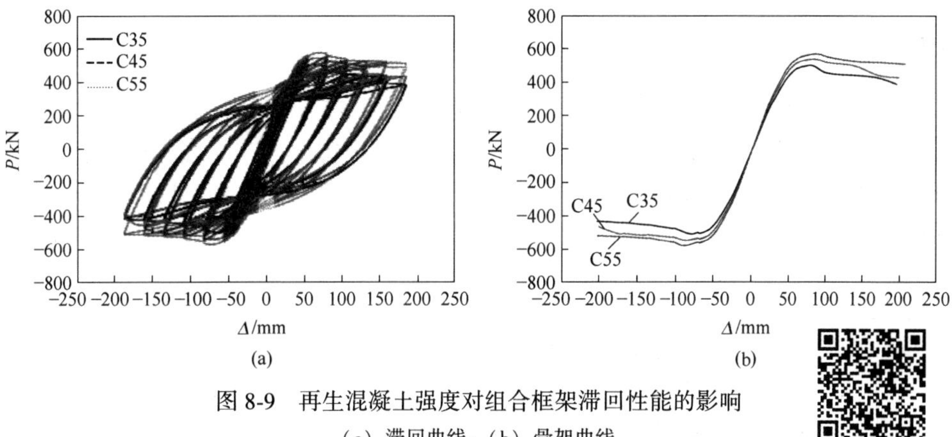

图 8-9 再生混凝土强度对组合框架滞回性能的影响

(a) 滞回曲线；(b) 骨架曲线

表 8-3 不同再生混凝土强度对组合框架滞回性能特征值的影响

工况	屈服荷载 P_y/kN	屈服位移 Δ_y/mm	峰值荷载 P_{max}/kN	峰值位移 Δ_{max}/mm	极限荷载 P_u/kN	极限位移 Δ_u/mm	延性系数 μ
C35							
正向加载	450.39	41.01	508.81	65.81	399.02	157.81	3.904
负向加载	-448.83	-41.21	-496.57	-64.61	-420.57	-163.21	
C45							
正向加载	482.91	40.83	545.89	69.21	437.16	169.00	3.963
负向加载	-499.77	-44.41	-535.15	-70.01	-452.47	-168.81	
C55							
正向加载	507.41	39.86	577.90	71.21	517.79	167.01	4.015
负向加载	-503.15	-42.33	-567.19	-72.41	-507.77	-163.01	

图 8-9 给出了组合框架在不同再生混凝土强度影响下的滞回性能模拟计算结果。由图 8-9 可知，该组合框架的水平承载力随着再生混凝土强度的提高而有所提高，而“捏缩”效应在减小，原因是较高强度再生混凝土与型钢骨架或者钢筋的黏结力较强，相对减少了它们之间的黏结滑移。从骨架曲线上可以看出，组合框架模型的刚度随着再生混凝土强度增加而略有提高；三个模型虽然水平承载力存在差异，但后期承载力下降趋势较为接近，这表明再生混凝土强度对提高该组合框架模型的承载力具有较为明显的作用。

表 8-3 给出了组合框架在不同再生混凝土强度的结果特征值对比。由表 8-3 可知，该组合框架的延性受再生混凝土强度的影响较小，各模型的延性系数差别不大，可说明再生混凝土强度对该类型组合框架的变形能力影响不大，但对于提高承载力有一定的帮助。

8.5.3　型钢强度影响

本书为了研究不同钢材屈服强度对该组合框架的滞回性能的影响，选取实际工程中较为常用的 Q345、Q390、Q420 钢材进行参数影响分析。数值模拟结果如图 8-10 所示，表 8-4 列出了组合框架在不同型钢屈服强度下滞回性能各特征值的影响。

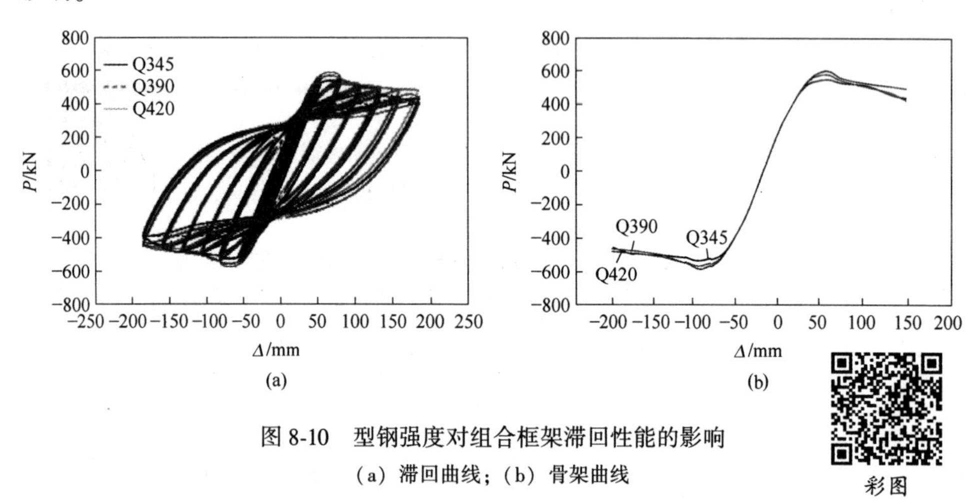

图 8-10　型钢强度对组合框架滞回性能的影响
(a) 滞回曲线；(b) 骨架曲线

表 8-4　不同型钢强度对组合框架滞回性能特征值的影响

工况	屈服荷载 P_y/kN	屈服位移 Δ_y/mm	峰值荷载 P_{max}/kN	峰值位移 Δ_{max}/mm	极限荷载 P_u/kN	极限位移 Δ_u/mm	延性系数 μ
Q345							
正向加载	462.14	37.81	545.89	69.21	437.16	151.36	4.109
负向加载	−460.68	−38.01	−535.15	−70.01	−457.91	−160.21	
Q390							
正向加载	489.58	40.21	575.64	68.61	424.92	153.41	3.867
负向加载	−488.41	−41.21	−566.49	−69.01	−464.40	−161.41	
Q420							
正向加载	518.76	44.31	597.39	68.81	493.86	152.10	3.526
负向加载	−515.90	−44.60	−584.89	−67.81	−480.05	−161.41	

由图 8-10 和表 8-4 可知，各组合框架模型的水平承载力随着型钢强度的提高而同步提高，各模型的滞回曲线比较饱满，表现出较好的耗能能力。同时，各滞回曲线的“捏缩”效应基本一致，说明再生混凝土与型钢之间的黏结滑移基本不受型钢强度的影响，再次佐证了再生混凝土强度对黏结滑移影响较为明显的观

点。从骨架曲线上可看出，在各模型屈服之前，各模型的荷载-位移曲线重叠，表明型钢屈服强度对各模型的弹性段刚度影响几乎为零。型钢屈服强度较高的模型水平峰值承载力下降速率较快，但后期各模型的承载力下降趋势基本趋于一致，表明型钢屈服强度对于该组合框架后期强度影响较小。各模型的延性系数随着型钢强度的增加而呈减小趋势，说明该组合框架的延性随型钢强度增加而降低。

8.6 本 章 小 结

本章采用 OpenSees 程序对组合框架进行了滞回性能数值模拟分析，在确保了所建立模型有效性与计算精度后，对该组合框架又进行了参数影响分析，主要结论如下。

（1）该组合框架在循环荷载作用下模拟结果与试验结果吻合较好，表明 OpenSees 程序可应用于该新型框架结构的受力分析。

（2）P-Δ 效应对该组合框架弹性段的影响较小，但考虑 P-Δ 效应的水平承载力比未考虑的情况低，且水平承载力下降速率比未考虑的快。

（3）组合框架模型的骨架曲线下降段随着轴压比的增大越来越陡，表明组合框架的水平承载力下降速率加，延性变差；较小的轴压比可以使得组合框架的塑性变形发展更加充分。

（4）该组合框架的水平承载力随再生混凝土强度的增加而明显提高，并且抗侧刚度也略有增大，但耗能能力略微有所降低，再生混凝土强度对该组合框架延性的影响不明显。

（5）该组合框架的弹性段受型钢屈服强度影响较小，但型钢屈服强度的提高对于提高模型承载力是有利的，但延性相对变差。

9　基于位移的型钢再生混凝土柱-钢梁组合框架抗震性能设计方法

本章根据型钢再生混凝土柱-钢梁组合框架的受力损伤破坏特点，给出不同性能水平的性能目标，并提出该组合框架基于位移的抗震设计方法。

9.1　概　　述

20 世纪 90 年代，美国学者与诸多工程师率先提出了基于性能的抗震设计思路，这一新概念迅速引起了世界各国学术界的关注，很快成为了地震工程界的热门研究课题之一。基于性能的抗震设计方法是在现有抗震设计理论和设计方法的基础上发展起来的另一种重要的结构抗震设计方法。现在，国内外学者提出了屈服点谱法、延性系数设计法、承载力谱法、能量法等相关设计理论和方法。1981 年，由 Sonzen 首先提出基于结构位移的抗震设计思想，虽然他根据试验与数值模拟给出了位移限值，但并没有建立位移与结构设计之间的联系。1989 年，Moehle 将位移值用于评价剪力墙与框架结构的抗震性能，并基于此改进了当时基于承载力的设计方法。虽然基于性能的抗震设计在国内外得到了广泛的关注和研究，并取得了一些研究成果，但是对于基于性能的抗震设计方法还没有统一的定义。因此，世界各国目前均出台了关于基于性能的抗震设计方法的设计指南，或者更新了相关规范。其中比较有权威性的是美国 ATC、FEMA 等组织给出的基于性能设计的描述。日本在 1995 年遭受了阪神地震灾害后，启动了“基于性态的建筑结构设计新框架”的研究，并于 2000 年 6 月实行了新的基于性能的建筑基准法。欧洲规范 EC8（2003）也将能力谱方法纳入规范。图 9-1 从目标性能的确定、设计方法和检验方法的选取和最后实现的性能水平等方面，对常规设计和基于性能的设计过程做了对比。

性能指标可由单个或者多个参数来定义，目前可供选取的抗震性能指标参数有承载力指标、延性系数指标、位移指标和能量耗散指标。现在对位移限值的研究与应用较为普遍，并且基于位移的抗震设计可以较好地弥补传统抗震设计方法的不足。目前，已有部分学者对一些钢筋混凝土结构进行了基于位移的抗震设计方法研究，本书中型钢再生混凝土柱-钢梁组合框架作为一种新型绿色环保结构，现研究鲜有涉及，故本章将在参考现有研究基础上对组合框架基于位移的抗震设计进行探索。

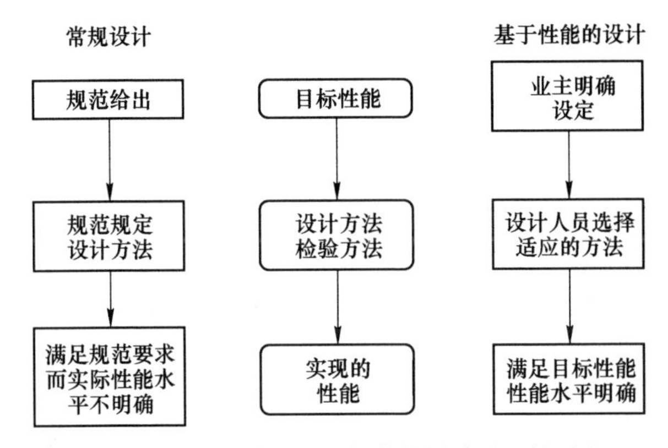

图 9-1 常规设计和基于性能的设计过程的对比

9.2 组合框架的性能水平及其量化指标

本书对型钢再生混凝土柱-钢梁组合框架进行了拟静力试验研究，表 9-1 列出了拟静力试验的组合框架各特征值。根据试验现象及试验结果可知，该组合框架破坏过程主要分三个阶段：第一阶段主要为弹性变化。加载初期，组合框架未出现任何可见变化，试验现象基本表现为再生混凝土表面出现细微裂纹，且主要出现在柱脚三分之一高度范围内。第二阶段主要为组合框架进入弹塑性状态。此阶段表现为再生混凝土由裂纹转变成微裂缝，并且有部分较为细小裂缝延伸为较宽的裂缝，简言之为再生混凝土带缝工作工作阶段，组合框架在这阶段末期达到屈服。由表 9-1 可知，该组合框架在屈服时的位移角范围为 1/95~1/75，此时组合框架的屈服部位主要集中在钢梁两端和三个柱脚处，柱脚处主要体现为少量再生混凝土外皮脱落。第三阶段主要是在组合框架达到屈服荷载之后直到试验结束。此阶段表现为组合框架出现较为明显的破坏，裂缝持续发展，并伴有再生混凝土的脱落。组合框架的峰值点对应位移角的范围为 1/42~1/34，破坏点对应位移角的范围为 1/31~1/25，试验表明组合框架在发生破坏时，柱子再生混凝土先开裂和剥落，钢梁端部屈服，后柱内部型钢部分屈服，节点区除表面混凝土部分剥落，破坏相对较轻，这符合“强柱弱梁”“强节点弱构件”的结构设计。

基于结构位移的性能抗震设计可以广义定义任何与位移有关的量来判断结构性能状态。层间位移角作为一种与位移相关的量，本书将以位移角来作为性能水平的量化指标。本书第 4 章介绍了组合框架节点的地震损伤模型和抗震性能量化指标，鉴于此，表 9-2 给出了相应组合框架节点试件的损伤状态及其相应的损伤定义。

表 9-1　组合框架的试验特征值

层数	加载方向	屈服点			峰值点			破坏点		
		P_y/kN	Δ_y/mm	位移角	P_{max}/kN	Δ_{max}/mm	位移角	P_u/kN	Δ_u/mm	位移角
整体	正向	452.71	51.44	1/91	575.52	124.96	1/37	495.32	174.18	1/27
	负向	450.77	53.91	1/87	575.58	124.14	1/37	494.76	174.85	1/27
底层	正向	452.71	21.81	1/95	575.52	48.71	1/41	495.32	67.90	1/31
	负向	450.77	22.43	1/91	575.58	48.39	1/42	494.76	68.16	1/30
中间层	正向	452.71	17.61	1/85	575.52	39.59	1/38	495.32	58.06	1/26
	负向	450.77	16.42	1/91	575.58	39.92	1/38	494.76	56.20	1/27
顶层	正向	452.71	15.71	1/77	575.52	36.64	1/34	495.32	48.21	1/25
	负向	450.77	16.42	1/75	575.58	35.82	1/34	494.76	50.48	1/25

表 9-2　组合框架节点损伤状态的定义

损伤状态	损伤状态的定义	损伤指数界限值	破坏等级
轻微损伤	再生混凝土未明显开裂，仅局部出现细微裂缝，裂缝无需修复	0~0.15	基本完好
轻度损伤	微裂缝增多，但无残余变形，裂缝较易修复	0.15~0.3	轻微破坏
中度损伤	裂缝开裂较为严重，构件有较小残余变形	0.3~0.55	中等破坏
重度损伤	节点核心区裂缝贯通，核心区大面积再生混凝土外鼓并脱落，纵筋和箍筋裸露，构件残余变形进一步加大	0.55~0.9	严重破坏
完全破坏	构件残余变形达到极限值	0.9~1.0	接近倒塌

本章在此基础上沿用其划分的 5 个等级性能水平，即正常使用、暂时使用、修复后使用、生命安全和防止倒塌，其对应的破坏状态分别为基本完好、轻微破坏、中等破坏、严重破坏和接近倒塌。同时，根据第 4 章的公式计算该组合框架的损伤指数，对应各性能水平，并结合该组合框架节点与组合框架的抗震试验结果，将该组合框架的 5 个性能水平对应的层间位移角分别确定，见表 9-3。

表 9-3　组合框架节点抗震性态水平与位移角限值

性能水平	破坏等级	可修复程度	界限层间位移角
正常使用	基本完好	不需修复	1/260
暂时使用	轻微破坏	可能修复	1/120
修复后使用	中等破坏	少量修复	1/60
生命安全	严重破坏	需要修复	1/45
防止倒塌	接近倒塌	不可修复	1/35

9.3 组合框架目标侧移的确定

当性能水平量化指标的位移角限值给出后，可以根据层间位移角的定义计算结构目标侧移，计算公式见式（9-1）~式（9-3）：

$$(\Delta u)_i = [\theta] h_i \tag{9-1}$$

$$u_i = \sum_{j=1}^{i} (\Delta u)_j \tag{9-2}$$

$$u_t = \sum_{j=1}^{n} (\Delta u)_j \tag{9-3}$$

式中 $(\Delta u)_i$ ——楼层的相对位移；

u_i ——楼层的绝对位移；

u_t ——顶点处的绝对位移；

$[\theta]$ ——层间位移角限值；

h_i ——层高。

由式（9-1）~式（9-3）计算的结构侧移值是代表建筑物在水平地震作用下每层都处于层间位移角限值状态时的计算值，这与实际情况不符。现有的研究成果表明，建筑物在地震作用下通常不会使每个楼层都达到最大层间位移角，一般只有最薄弱的楼层或者某几层能够达到极限状态。因此，需要对式（9-1）~式（9-3）计算的目标位移值进行修正。

由试验研究可知，型钢再生混凝土柱-钢梁组合框架的侧移形状呈整体剪切型，因此，本书参考相关文献给出的框架侧移形状系数的计算公式来求解组合框架的侧移形状系数，具体如下：

$$\phi_i = \frac{h_i}{h_n} \qquad (n \leqslant 4) \tag{9-4a}$$

$$\phi_i = \frac{h_i}{h_n}\left[1 - \frac{0.5(n-4)h_i}{16h_n}\right] \qquad (4 < n < 20) \tag{9-4b}$$

$$\phi_i = \frac{h_i}{h_n}\left(1 - \frac{0.5h_i}{h_n}\right) \qquad (n \geqslant 20) \tag{9-4c}$$

式中 ϕ_i ——侧移形状系数；

h_i ——第 i 层的高度；

h_n ——总高度；

n ——总层数。

因此，型钢再生混凝土柱-钢梁组合框架不同楼层处的绝对位移可由式(9-5)计算：

$$u_i = \phi_i \frac{u_c}{\phi_c} \tag{9-5}$$

式中　u_c ——最先达到极限状态楼层的水平位移；

ϕ_c ——最先达到极限状态楼层的侧移形状系数。

9.4　多自由度体系的等效转化

基于位移的抗震设计顺利进行需要将相对复杂的多自由度体系转化为计算简单的等效单自由度体系。合理转化需要作如下假定：（1）多自由度体系的地震反应按假定的侧移形状发生；（2）两者的基底剪力相等；（3）水平地震作用在两者上的功相等。

若组合框架为 n 层，即该组合框架为有 n 个自由度的多自由度体系，其转化过程如图 9-2 所示。转化后等效单自由度体系的等效质量为 M_{eff} ，等效刚度为 K_{eff} ，等效阻尼比为 ξ_{eff} ，相应的等效位移为 u_{eff} ，等效加速度为 a_{eff} ，基底剪力为 V_b 。

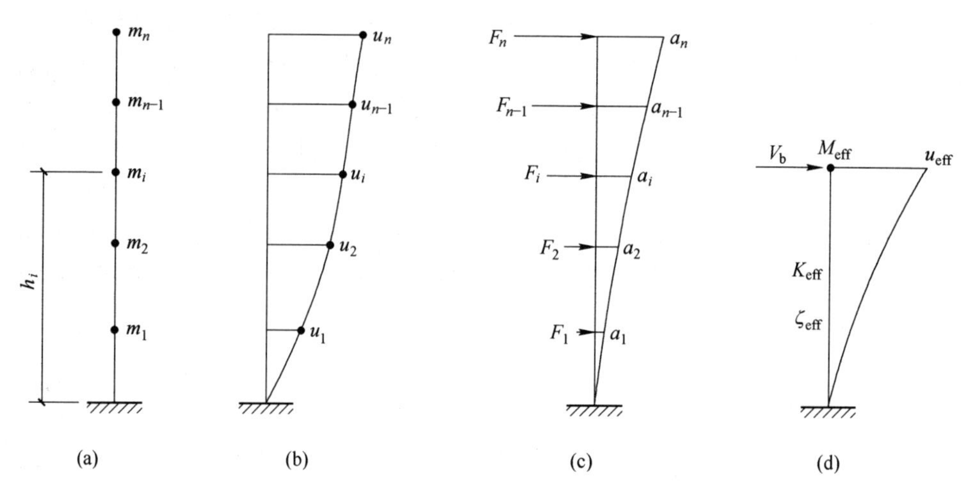

图 9-2　多自由度体系向等效单自由度体系的转化过程

（a）多自由度体系；（b）位移形状；（c）加速度和惯性力；（d）等效单自由度体系

假定多自由度体系各质点位移 u_i 和加速度 a_i 分别与等效单自由度体系的等效位移 u_{eff} 和等效加速度 a_{eff} 成正比关系，比值用 c_i 表示，则

$$c_i = \frac{u_i}{u_{eff}} = \frac{a_i}{a_{eff}} \tag{9-6}$$

则多自由度体系各质点的水平地震作用力 F_i 为：

$$F_i = m_i a_i = m_i c_i a_{eff} \tag{9-7}$$

根据假定（2），基底剪力 V_b 可表示为：

$$V_b = \sum_{i=1}^{n} F_i = \sum_{i=1}^{n} m_i a_i = \left(\sum_{i=1}^{n} m_i c_i\right) a_{eff} = M_{eff} a_{eff} \tag{9-8}$$

则等效质量 M_{eff} 为：

$$M_{eff} = \frac{\sum_{i=1}^{n} m_i u_i}{u_{eff}} \tag{9-9}$$

假定水平地震作用力按倒三角分布，则由式（9-6）~式（9-8）可得各质点的水平地震作用 F_i 为：

$$F_i = \frac{m_i u_i}{\sum_{j=1}^{n} m_j u_j} V_b \tag{9-10}$$

由假定（3），水平地震作用在两种体系上所做的功相等，则

$$V_b \cdot u_{eff} = \sum_{i=1}^{n} F_i u_i \tag{9-11}$$

将式（9-10）代入式（9-11）得等效位移 u_{eff} 为：

$$u_{eff} = \frac{\sum_{i=1}^{n} m_i u_i^2}{\sum_{i=1}^{n} m_i u_i} \tag{9-12}$$

等效单自由度体系的等效刚度 K_{eff} 可取最大等效位移所对应的割线刚度，如图 9-3 所示，其表达式为：

$$K_{eff} = \left(\frac{2\pi}{T_{eff}}\right)^2 M_{eff} \tag{9-13}$$

式中 T_{eff}——等效单自由度体系的等效周期。

根据结构动力学原理，等效单自由度体系的基底剪力 V_b 为：

$$V_b = K_{eff} \cdot u_{eff} \tag{9-14}$$

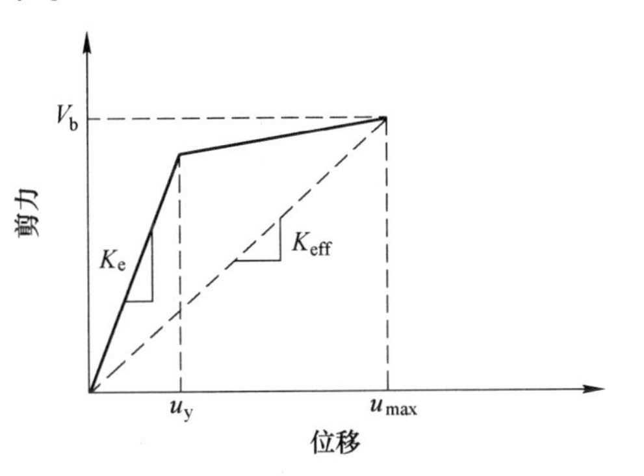

图 9-3 等效刚度

等效单自由度体系的等效阻尼比 ξ_{eff} 可表示为弹性阻尼比 ξ_{el} 和滞回阻尼比 ξ_{hys} 之和，即：

$$\xi_{eff} = \xi_{el} + \xi_{hys} \tag{9-15}$$

通常情况下，钢筋混凝土结构的弹性阻尼比 ξ_{el} 为 0.05，钢结构的弹性阻尼比为 0.035。由于本书研究的组合框架的性能介于钢筋混凝土结构与钢结构之间，

故暂取0.04。同时，本书暂用文献提出的三线性模型，推导出等效阻尼比的计算公式为：

$$\xi_{eff} = 0.04 + 0.2\left(1 - \frac{1}{\sqrt{\mu}}\right) \tag{9-16}$$

式中 μ ——组合框架的延性系数。

9.5 位移反应谱

本书为了计算简便，直接通过根据式（9-17）将规范中加速度反应谱 S_a 转化为位移反应谱 S_d 。

$$S_d = \left(\frac{T}{2\pi}\right)^2 \cdot S_a \tag{9-17}$$

转化后得到的位移反应谱与规范中的加速度反应谱一一对应，见式（9-18）。

直线段：

$$T^2[0.45 + 10(\eta_2 - 0.45)T] = \frac{4\pi^2}{\alpha_{max}g}S_d \quad (T \leqslant 0.1s) \tag{9-18a}$$

水平段：

$$T = 2\pi\sqrt{\frac{S_d}{\eta_2\alpha_{max}g}} \quad (0.1s \leqslant T \leqslant T_g) \tag{9-18b}$$

曲线下降段：

$$T = \left(\frac{4\pi^2}{T_g^{\gamma}} \cdot \frac{S_d}{\eta_2\alpha_{max}g}\right)^{\frac{1}{2-\gamma}} \quad (T_g \leqslant T \leqslant 5T_g) \tag{9-18c}$$

直线下降段：

$$T^2[0.2^{\gamma}\eta_2 - \eta_1(T - 5T_g)] = \frac{4\pi^2}{\alpha_{max}g}S_d \quad (5T_g \leqslant T \leqslant 6s) \tag{9-18d}$$

式中 α_{max} ——水平地震影响系数最大值，按现行抗震规范取值；

γ ——曲线下降段的衰减指数；

η_1 ——直线下降段的斜率调整系数，当 $\eta_1 < 0$ 时，取 $\eta_1 = 0$；

η_2 ——阻尼调整系数，当 $\eta_2 < 0.55$ 时，取 $\eta_2 = 0.55$。

9.6 基于位移的抗震设计步骤

本章采用基于位移的抗震设计方法对型钢再生混凝土柱-钢梁组合框架进行

设计，该设计方法的思路为以所提层间位移角为期望极限层间位移角对结构进行设计，将设计得到的组合框架进行静力推覆分析，校核静力推覆的侧移形状是否与初始设计的侧移形状一致，分析评估框架的承载力及变形能力。如果由静力推覆分析得到的侧移形状与初始设计的侧移目标不相符，则将静力结果得到的侧移曲线作为修正后的侧移曲线重新进行计算设计直到满足要求，从而完成整个设计过程。具体设计步骤如图 9-4 所示。

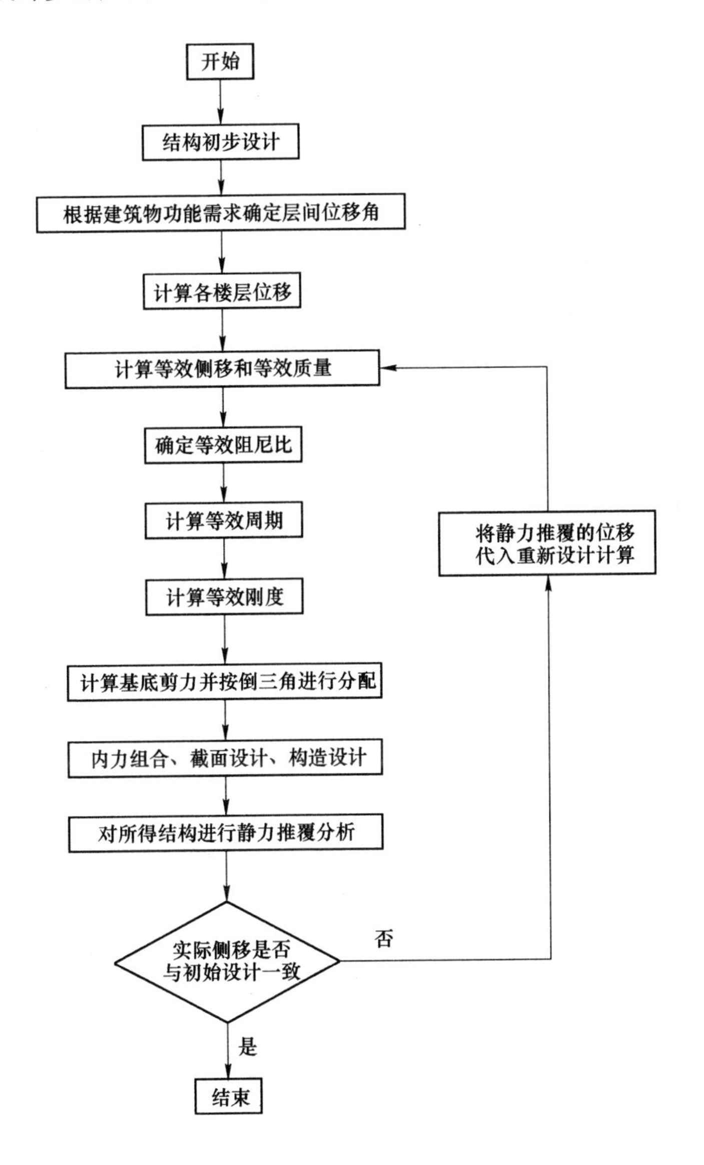

图 9-4　设计步骤框图

9.7　算例及其分析

工程概况：烈度、场地类别为8度Ⅱ类，第一组设计地震分组，设计基本地震加速度为0.2g，取基本目标为抗震性能目标。以5层型钢再生混凝土柱-钢梁组合框架为例，底层层高4.5m，其他层层高3.9m。一层至五层柱截面尺寸为600mm×600mm，型钢梁截面尺寸为400mm×200mm×12mm×15mm。再生混凝土强度等级为C45，再生骨料取代率为100%，型钢采用Q345钢，柱内纵筋采用HRB400级，箍筋采用HPB300级。结构平面布置如图9-5所示。

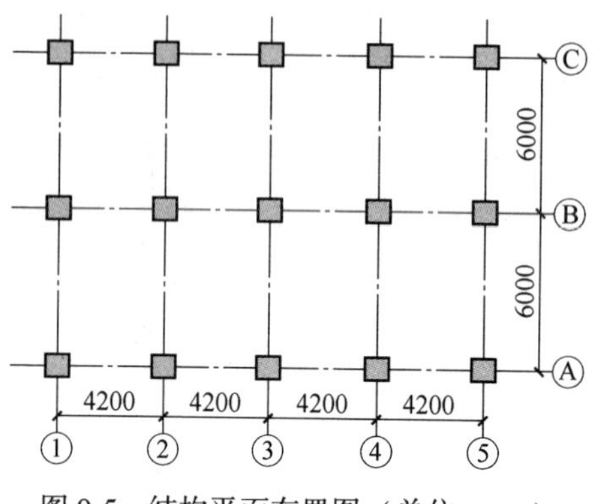

图9-5　结构平面布置图（单位：mm）

9.7.1　按“暂时使用”性能水平校核

假定该组合框架的首层先达到极限位移角限值，该水平下的位移角限值为1/120，则计算该楼层极限位移为 $u_c = (1/120) \times 4500 = 37.5\text{mm}$，再根据式(9-4b)可计算各层的 ϕ_i，取 $\phi_c = \phi_1$，然后由式（9-5）计算各层的位移 u_i 和 ϕ_i 的结果，见表9-4。

代入各层位移 u_i，由式（9-12）和式（9-9）计算出等效位移为 $u_{eff} = 118.1\text{mm}$ 和等效质量为 $M_{eff} = 462.6\text{t}$。

型钢再生混凝土柱在暂时使用性能水平下的位移延性系数取 $\mu = 2.0$，则可由式（9-16）计算出等效阻尼比为 $\xi_{eff} = 0.099$。再将确定的等效阻尼比 ξ_{eff}、等效位移 u_{eff}、$\alpha_{max} = 0.45$ 和 $T_g = 0.35$ 代入式（9-18d），得：

$$\gamma = 0.846,\ \eta_1 = 0.0132,\ \eta_2 = 0.796$$

$$T_{eff}^2[0.2^{0.846} \times 0.796 - 0.0132 \times (T_{eff} - 1.75)] = \frac{4\pi^2}{0.45 \times 9800} \times 118.1$$

求解得到等效周期 $T_{eff} = 2.32\text{s}$，符合 $5T_g < T_{eff} < 6\text{s}$ 的条件，结果有效。

根据式（9-13）计算得到等效刚度 $K_{eff} = 3.39\text{kN/mm}$，再根据式（9-18）求得基底剪力 $V_b = 400.4\text{kN}$。

按倒三角分布将基底剪力 V_b 进行分配，即通过式（9-10）可得到各质点的水平作用，见表9-4。

表 9-4 组合框架结构按“暂时使用”性能水平的设计过程

楼层	高度/mm	质量 m_i/t	形状系数	侧移 u_i/mm	m_iu_i/kN·mm	$m_iu_i^2$/kN·mm^2	侧向力 F_i/kN	楼层剪力 V_b/kN
5	20100	96.53	0.969	163.4	157738.6	25775885.8	115.6	115.6
4	16200	113.68	0.786	132.5	150656.7	19966082.0	110.4	226.0
3	12300	113.68	0.600	101.2	115099.0	11653570.8	84.3	310.3
2	8400	113.68	0.412	69.6	79090.1	5502501.2	58.0	368.3
1	4500	116.87	0.222	37.5	43826.3	1643484.4	32.1	400.4
		554.44			546410.6	64541524.2	400.4	

将上文计算的地震作用与其他荷载组合得到梁、柱截面内力的设计值。型钢再生混凝土柱按文献进行截面承载力计算，求出所需的型钢总面积并查型钢表选取合适型号，钢梁按照《钢结构设计规范》（GB 50017—2017）进行承载力设计计算以及构造措施。

本节采用 OpenSees 程序对设计的组合框架进行静力推覆分析，得到组合框架的基底剪力与顶点侧移曲线，如图 9-6 所示。同时，各楼层在不同加载步时的绝对侧移、层间侧移和层间位移角，见表 9-5。由表可知，当静力推覆至第 128 加载步时，组合框架的基底剪力达到按“暂时使用”性能水平设计的基底剪力。因此，提取此加载步下的各特征值与设计计算值进行对比分析，绘制出了两种分析下楼层绝对侧移、层间侧移和层间位移角的变化对比图，如图 9-7 所示。

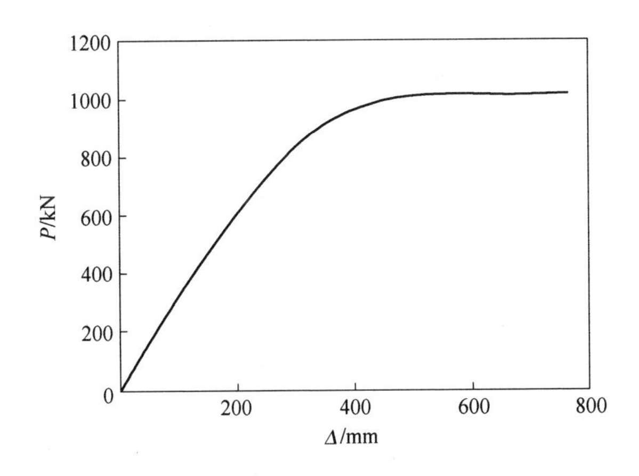

图 9-6 组合框架基底剪力与顶点侧移曲线

表 9-5 组合框架结构静力推覆结果

加载步		62	68	128	150	299	391	506	586
基底剪力/kN		199.14	219.71	401.04	462.95	829.48	954.01	1009.68	1014.79
绝对位移/mm	5	60.03	66.03	126.03	148.03	297.04	389.03	504.03	584.03
	4	47.89	52.71	101.42	119.27	241.2	318.69	417.64	487.79
	3	34.41	37.91	74.1	87.37	177.66	235.54	312.75	371.81
	2	20.79	22.94	46.33	54.9	112.73	148.94	201.35	246.84
	1	8.32	9.24	20.18	24.12	50.46	67.02	93.86	121.12
层间位移/mm	5	12.14	13.32	24.61	28.76	55.84	70.34	86.39	96.24
	4	13.48	14.8	27.32	31.9	63.54	83.15	104.89	115.98
	3	13.62	14.97	27.77	32.47	64.93	86.6	111.4	124.97
	2	12.47	13.7	26.15	30.78	62.27	81.92	107.49	125.72
	1	8.32	9.24	20.18	24.12	50.46	67.02	93.86	121.12
层间位移角	5	1/321	1/293	1/158	1/136	1/70	1/55	1/45	1/41
	4	1/289	1/264	1/143	1/122	1/61	1/47	1/37	1/34
	3	1/286	1/260	1/140	1/120	1/60	1/45	1/35	1/31
	2	1/313	1/285	1/149	1/127	1/63	1/48	1/36	1/31
	1	1/541	1/487	1/223	1/187	1/89	1/67	1/48	1/37

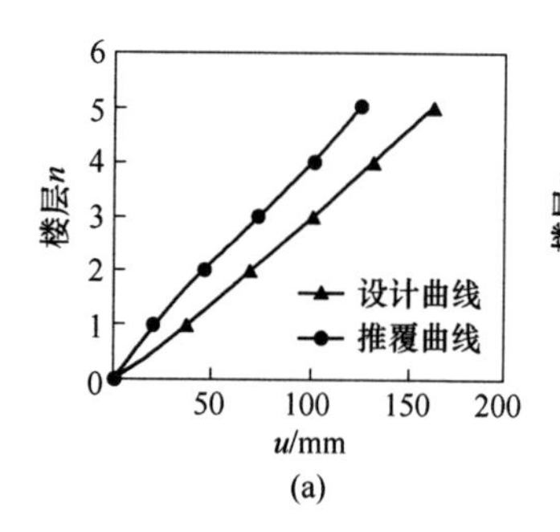

(a)

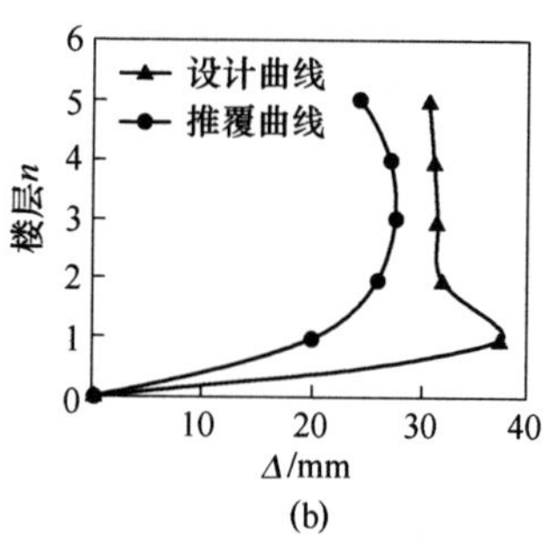

(b)

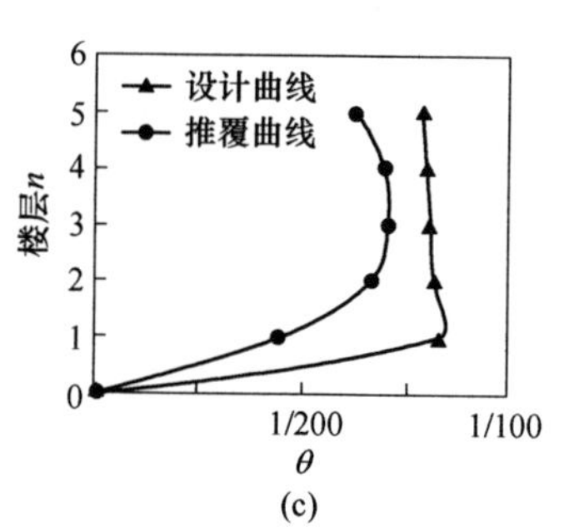

(c)

图 9-7 推覆曲线与设计曲线的对比

（a）绝对位移；（b）层间位移；（c）层间位移角

由图 9-7（a）可知，Pushover 分析得到的侧向位移曲线与初始假定的侧向位移曲线基本一致，且框架各层的实际侧向位移均小于初始假定下计算的目标位移；由图 9-7（b）和（c）可以看出，组合框架的实际层间位移和层位移角均满足初始设计要求，各实际值均小于设计值。然而，两条曲线的形态具有较大的差异，且发生极限层间位移角的楼层与初始假定不符。设计计算时，假定在组合框架底层最先达到层间位移角极限值，而 Pushover 分析结果是在组合框架的三层的出现极限状态，因此需要对设计过程进行修正。在修正过程中，将 Pushover 分析得到的侧向位移直接作为框架各层的位移 u_i，并根据基于位移的设计步骤重新设计，直至满足要求，具体过程如下。

由表 9-5 可知，当 Pushover 曲线加载至第 150 步，组合框架第三层的层间位移角达到“暂时使用”性能水平位移角限值 $[\theta]=1/120$，所以取该加载步的各楼层位移作为修正时的目标位移，再根据式（9-12）和式（9-9）重新计算等效位移为 $u_{eff}=107.1\text{mm}$ 和等效质量为 $M_{eff}=437.9\text{t}$。

根据前文计算可得，等效阻尼比为 $\xi_{eff}=0.099$。将等效阻尼比 ξ_{eff}、等效位移 u_{eff}、$\alpha_{max}=0.45$ 和 $T_g=0.35$ 代入式（9-18d），得：

$$\gamma=0.846,\ \eta_1=0.0132,\ \eta_2=0.796$$

$$T_{eff}^2[0.2^{0.846}\times 0.796-0.0132\times(T_{eff}-1.75)]=\frac{4\pi^2}{0.45\times 9800}\times 107.1$$

求解得到等效周期 $T_{eff}=2.19\text{s}$，符合 $5T_g<T_{eff}<6\text{s}$ 的条件，该计算结果有效。

根据式（9-13）计算得等效刚度 $K_{eff}=3.60\text{kN/mm}$，再按式（9-14）计算出基底剪力 $V_b=385.2\text{kN}$。按倒三角进行基底剪力 V_b 分配，见表 9-6。

表 9-6 组合框架结构按“暂时使用”性能水平的设计过程

楼层	高度 /mm	质量 m_i /t	形状系数	侧移 u_i /mm	m_iu_i /kN·mm	$m_iu_i^2$ /kN·mm²	侧向力 F_i /kN	楼层剪力 V_b/kN
5	20100	96.53	0.969	148.0	142893.4	21152503.9	117.5	117.5
4	16200	113.68	0.786	119.3	135586.1	16171358.4	111.5	229.0
3	12300	113.68	0.600	87.4	99333.6	8679768.6	81.7	310.7
2	8400	113.68	0.412	54.9	62410.3	3426326.6	51.3	362.0
1	4500	116.87	0.222	24.1	28189.0	679919.7	23.2	385.2
		554.44			468412.4	50109877.3	385.2	

由计算结果可知，按修正的侧移曲线计算的组合框架基底剪力为 385.2kN，而初始假定的侧移曲线计算结果为 400.4kN，两者相差不大，误差仅为 3.8%，经重新计算校核，组合框架在初始假定下的截面设计结果仍可满足修正后的计算结果。

9.7.2 按“正常使用”性能水平校核

按“正常使用”性能水平校核时，组合框架的侧向位移曲线取相应状态的 Pushover 曲线。由表 9-5 可知，当 Pushover 曲线加载至第 68 步，组合框架第三层的层间位移角达到“正常使用”性能水平位移角限值 $[\theta]=1/260$，取该加载步下组合框架各楼层位移作为校核时的目标位移，再代入式（9-12）和式（9-9）

计算等效位移为 u_{eff} = 47.6mm 和等效质量为 M_{eff} = 427.5t。

由式（9-16）计算等效阻尼比为 ξ_{eff} = 0.077。将等效阻尼比 ξ_{eff}、等效位移 u_{eff}、$\alpha_{\max}$ = 0.16 和 T_{g} = 0.35 代入式（9-18d），求解得到等效周期 T_{eff} = 2.01s，符合 $5T_{\mathrm{g}} < T_{\mathrm{eff}} < 6\mathrm{s}$ 的条件，结果有效。

根据式（9-13）计算出等效刚度 K_{eff} = 4.17kN/mm，再根据式（9-14）计算出基底剪力 V_{b} = 198.8kN。按倒三角分配基底剪力 V_{b}，见表 9-7。

表 9-7　组合框架结构按“正常使用”性能水平的设计过程

楼层	高度 /mm	质量 m_i /t	形状系数	侧移 u_i /mm	$m_i u_i$ /kN · mm	$m_i u_i^2$ /kN · mm^2	侧向力 F_i /kN	楼层剪力 V_{b} /kN
5	20100	96.53	0.969	148.0	66.0	63738.8	4208670.3	62.2
4	16200	113.68	0.786	119.3	52.7	59920.7	3158421.6	58.5
3	12300	113.68	0.600	87.4	37.9	43096.1	1633772.7	42.1
2	8400	113.68	0.412	54.9	22.9	26078.2	598233.7	25.5
1	4500	116.87	0.222	24.1	9.2	10798.8	99780.8	10.5
		554.44				203632.6	9698879.1	198.8

组合框架基底剪力为 199.1kN 时的侧移曲线与按“正常使用”性能水平设计的侧移曲线，如图 9-8 所示。由图 9-8 可知，在相同地震荷载作用下，Pushover 曲线与设计曲线形态基本一致，且组合框架的实际侧移值均小于设计值，表明该设计的组合框架的变形能力高于其实际的变形需求，可以满足 8 度多遇地震下“正常使用”的性能水平要求。

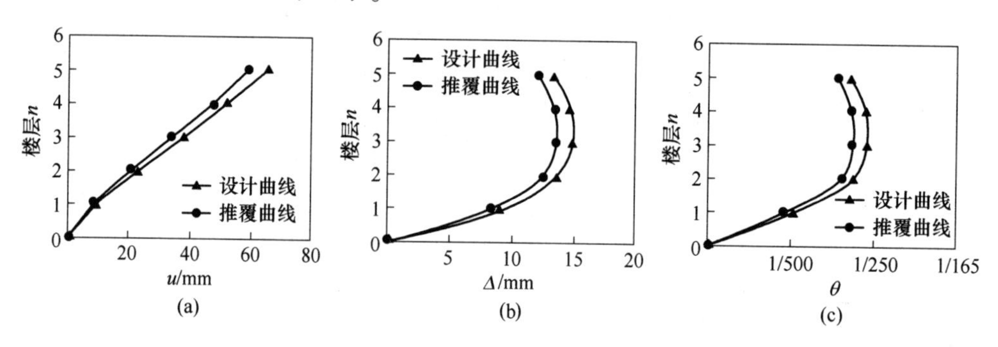

图 9-8　V_{b} = 199.1kN 时的侧移曲线与“正常使用”状态曲线的对比

（a）绝对位移；（b）层间位移；（c）层间位移角

9.7.3　按“防止倒塌”性能水平校核

按“防止倒塌”性能水平校核时，组合框架的侧向位移曲线取相应状态的

Pushover 曲线。由表 9-5 可知，当 Pushover 曲线加载至第 506 步时，组合框架第三层的层间位移角达到“正常使用”性能水平位移角限值 $[\theta]=1/35$，取该加载步下组合框架各楼层位移作为校核时的目标位移，由式（9-12）和式（9-9）计算出等效位移为 $u_{eff}=369.1$mm 和等效质量为 $M_{eff}=448.5$t。

经式（9-16）计算等效阻尼比为 $\xi_{eff}=0.146$。将等效阻尼比 ξ_{eff}、等效位移 u_{eff}、$\alpha_{max}=0.90$ 和 $T_g=0.35$ 代入式（9-18d）求解，计算等效周期 $T_{eff}=2.56$s，符合 $5T_g < T_{eff} < 6$s 的条件，结果有效。

根据式（9-13）求得等效刚度 $K_{eff}=2.70$kN/mm，再由式（9-14）计算出基底剪力 $V_b=973.3$kN。按倒三角分配基底剪力 V_b，见表 9-8。

组合框架基底剪力为 996.2kN 时的侧移曲线与按“防止倒塌”性能水平设计的侧移曲线，如图 9-9 所示。由图 9-9 可知，在同一地震荷载作用下，Pushover 曲线与设计曲线变化趋势基本一致，且组合框架的实际侧移值均小于设计值，表明该设计的组合框架的变形能力大于其实际的变形需求，具有一定的变形储备能力，可以满足 8 度罕遇地震下“防止倒塌”的性能水平要求。

表 9-8 组合框架结构按“防止倒塌”性能水平的设计过程

楼层	高度 /mm	质量 m_i /t	形状系数	侧移 u_i /mm	m_iu_i /kN · mm	$m_iu_i^2$ /kN · mm^2	侧向力 F_i /kN	楼层剪力 V_b/kN
5	20100	96.53	0.969	504.0	486540.2	245230836.3	292.8	292.8
4	16200	113.68	0.786	417.6	474773.2	198284259.2	285.7	578.5
3	12300	113.68	0.600	312.8	355534.2	111193321.1	214.0	792.5
2	8400	113.68	0.412	201.4	228894.7	46087943.8	137.7	930.2
1	4500	116.87	0.222	93.9	109694.2	10295895.9	66.0	996.2
		554.44			1655436.4	611092256.3	996.2	

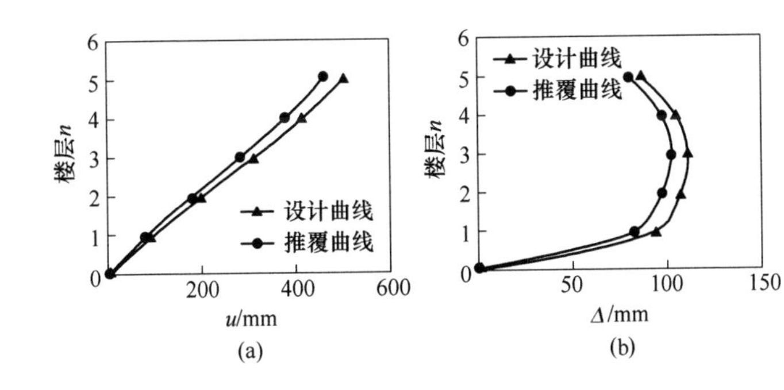

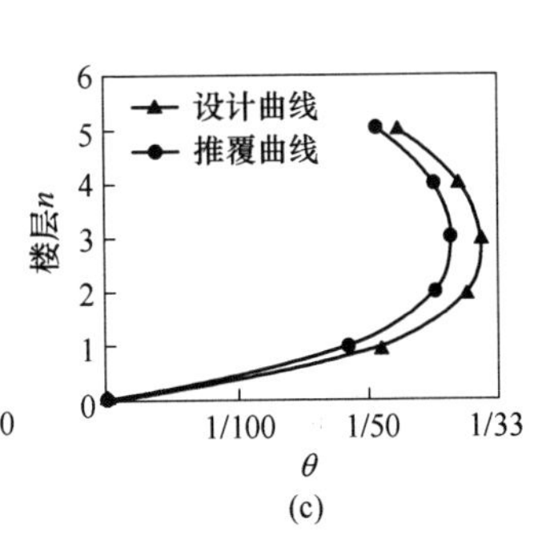

图 9-9 $V_b=937.7$kN 时的侧移曲线与“防止倒塌”状态曲线的对比

（a）绝对位移；（b）层间位移；（c）层间位移角

9.8　本 章 小 结

本章对型钢再生混凝土柱-钢梁组合框架进行了基于位移的抗震设计方法探索，主要结论如下。

（1）根据本书试验及理论相关研究成果对损伤性能的水平划分，将型钢再生混凝土柱-钢梁组合框架的抗震性能水平划分为正常使用、暂时使用、修复后使用、生命安全和防止倒塌五档。在该组合框架抗震性能试验研究的基础上，给出了该组合框架对应的层间位移角限值。

（2）将基于位移的抗震设计理论应用于该组合框架，并给出了详细公式与设计步骤，并以五层该类型组合框架为例，具体计算说明了基于位移的设计过程。

参 考 文 献

[1] 赵军，刘秋霞，林立清，等．大城市建筑垃圾产生特征演变及比较 [J]. 中南大学学报，2013，44 (3)：1297-1304.

[2] 周文娟，陈家珑，路宏波．我国建筑垃圾资源化现状及对策 [J]. 建筑技术，2009，40 (8)：741-744.

[3] 马辉．型钢再生混凝土柱抗震性能及设计计算方法研究 [D]. 西安：西安建筑科技大学，2013.

[4] 肖建庄，李佳彬，兰阳．再生混凝土技术最新研究进展与评述 [J]. 混凝土，2003，25 (10)：17-20，57.

[5] Buck A D. Recycled concrete as a spruce of aggregate [C]. Proceeding of Symposium，Energy and Resource on Servation in the Cement and Concrete Industry，Canada，1976.

[6] 李骏峰．废混凝土的再利用研究 [D]. 杭州：浙江大学，2012.

[7] 肖建庄，沈宏波，黄运标．再生混凝土柱受压性能试验 [J]. 结构工程师，2006，22 (6)：73-77.

[8] 陈宗平，郑巍，叶培欢，等．钢筋再生混凝土柱受压承载力试验研究 [J]. 工业建筑，2014，44 (4)：65-72.

[9] 张建伟，申宏权，曹万林，等．钢筋再生混凝土柱压弯性能的重复荷载试验 [J]. 北京工业大学学报，2014，40 (11)：1673-1679.

[10] Ishill K，et al. Flexible characteristic of RC beam with recycled coarse aggregate [C]. Proceedings of the 25th CE Annual Meeting，Kanto Branch. 1998：886-887.

[11] 刘超，白国良，冯向东，等．再生混凝土梁抗弯承载力计算适用性研究 [J]. 工业建筑，2012，42 (4)：25-30.

[12] 陈爱玖，王漩，解伟，等．再生混凝土梁受弯性能试验研究 [J]. 建筑材料学报，2015，18 (4)：589-595.

[13] Margaret M，O′Mahony. Analysis of the shear strength of recycled aggregates [J]. Materials and Tructures/Materiauxet Constructions，1997，30 (204)：599-606.

[14] 肖建庄，兰阳．再生混凝土梁抗剪性能试验研究 [J]. 结构工程师，2004，20 (6)：54-59.

[15] Ignjatovic′ I S，Marinkovic′ S B，Tošic′ N. Shear behaviour of recycled aggregate concrete beams with and without tshear reinforcement [J]. Engineering Structures，2017，141 (15)：386-401.

[16] 闺国新，梁建林，张晓磊，等．再生混凝土梁抗剪承载力公式研究 [J]. 混凝土，2013，8：41-46.

[17] Han B C，Yun H D，Chung S Y. Shear capacity of reinforced concrete beams made with recycled aggregate [J]. ACI Special Publication，2001，200：503-516.

[18] 朱晓辉．再生混凝土框架节点抗震性能研究 [D]. 上海：同济大学，2005.

[19] 符栎辉，柳炳康，陈丽华，等．再生混凝土框架中节点抗震性能试验研究 [J]. 合肥工

业大学学报，2011，4（12）：1849-1853.

［20］柳炳康，陈丽华，周安，等．再生混凝土框架梁柱中节点抗震性能试验研究［J］. 建筑结构学报，2011，32（11）：109-115.

［21］王晓菡，柳炳康，田雨，等．再生混凝土框架顶层角节点的抗震性能试验研究［J］. 地震工程与工程振动，2012，34（4）：118-124.

［22］吴童，柳炳康，周安，等．低周反复荷载下再生混凝土框架边节点受力性能试验研究［J］. 合肥工业大学学报，2012，35（1）：82-85.

［23］Corinaldesi V，Letelier V，Moriconi G. Behaviour of beam-column joints made of recycled-aggregate concrete under cyclic loading［J］. Construction and Building Materials，2011，25（13）：1877-1882.

［24］陈宗平，张向冈，薛建阳，等．圆钢管再生混凝土柱抗震性能与影响因素分析［J］. 工程力学，2016，3（6）：129-137.

［25］陈宗平，张向冈，薛建阳，等．钢管再生混凝土柱-钢筋再生混凝土梁框架抗震性能试验研究［J］. 土木工程学报，2014，47（10）：22-31.

［26］吴波，赵新宇，杨勇，等．薄壁圆钢管再生混合柱-钢筋混凝土梁节点的抗震试验与数值模拟［J］. 土木工程学报，2013，46（3）：59-69.

［27］孟二从，伍小萍，杨震，等．钢管再生混凝土框架抗震性能试验研究［J］. 广西大学学报，2016，41（4）：964-72.

［28］薛建阳，崔卫光，陈宗平，等．型钢再生混凝土组合柱轴压性能试验研究［J］. 建筑结构，2013，43（7）：73-76.

［29］薛建阳，马辉，刘义．反复荷载下型钢再生混凝土柱抗震性能试验研究［J］. 土木工程学报，2014，47（1）：36-46.

［30］Ma H，Xue J Y，Zhang X C，et al. Seismic performance of steel-reinforced recycled concrete olumns under low cyclic loads［J］. Construction and Building Materials，2013，48（10）：229-237.

［31］陈宗平，周春恒，谭秋虹．高温后型钢再生混凝土柱轴压性能及承载力计算［J］. 建筑结构学报，2015，6（12）：70-81.

［32］薛建阳，王运成，马辉，等．型钢再生混凝土柱水平承载力及轴压比限值的试验研究［J］. 工业建筑，2013，3（9）：34-35.

［33］Ma H，Xue J Y，Liu Y H，et al. Cyclic loading tests and shear strength of steel reinforced recycled oncrete short columns［J］. Engineering Structures，2015，92（28）：55-68.

［34］刘祖强，薛建阳，马辉，等．型钢再生混凝土柱正截面承载力试验及数值模拟［J］. 工程力学，2015，32（1）：81-95.

［35］陈宗平，陈宇良，钟铭．型钢再生混凝土梁受剪性能试验及承载力计算［J］. 实验力学，2014，29（1）：97-104.

［36］陈宗平，郑巍，陈宇良．高温后型钢再生混凝土梁的受力性能及承载力计算［J］. 土木工程学报，2016，49（2）：49-58.

［37］薛建阳，鲍雨泽，任瑞，等．低周反复荷载下型钢再生混凝土框架中节点抗震性能试验

研究［J］. 土木工程学报，2014，47（10）：1-8.

［38］李正，朱炳寅，李宁．基于 ABAQUS 的钢筋混凝土框架结构地震损伤分析［J］. 建筑结构，2011（S1）：249-252.

［39］高向玲，张业树，李杰．基于 ABAQUS 梁单元的钢筋混凝土框架结构数值模拟［J］. 结构工程师，2013，29（6）：19-26.

［40］方自虎，周海俊，赖少颖，等．ABAQUS 混凝土应力-应变关系选择［J］. 建筑结构，2013（S2）：559-561.

［41］李敏，李宏男．ABAQUS 混凝土损伤塑性模型的动力性能分析［J］. 防灾减灾工程学报，2011，31（3）：299-303.

［42］Vecchio F J. Towards cyclic load modeling of reinforced concrete［J］. ACI Structural Journal，1999，96（2）：192-202.

［43］Qu Z. Predicting nonlinear response of an RC bridge pier subject to shake Tab. motions［C］. Proc. 9th International Conference on Urban Earthquake Engineering（9CUEE），Japan，2012，1717-1724.

［44］方自虎，甄翌，李向鹏．钢筋混凝土结构的钢筋滞回模型［J］. 武汉大学学报（工学版），2018，51（7）：613-619.

［45］方自虎，周海俊，赖少颖，等．循环荷载下钢筋混凝土 ABAQUS 黏结滑移单元［J］. 武汉大学学报（工学版），2014，47（4）：527-531.

［46］Mirza S A，Skrabek B W. Statistical analysis of slender composite beam-column strength［J］. Journal of Structural Engineering，1992，118（5）：1312-1332.

［47］Chen C C，Lin N J. Analytical model for predicting axial capacity and behavior of concrete encased steel composite stub columns［J］. Journal of Constructional Steel Research，2006，62（5）：424-433.

［48］Ellobody E，Young B. Numerical simulation of concrete encased steel composite columns［J］. Journal of Constructional Steel Research，2011，67（2）：211-222.

［49］肖建庄．再生混凝土［M］. 北京：中国建筑工业出版社，2008.

［50］方自虎，周海俊，赖少颖，等．ABAQUS 混凝土应力-应变关系选择［J］. 建筑结构，2013（S2）：559-561.

［51］GB 55008—2021，混凝土结构通用规范［S］.

［52］EN 1992-1-1：2004，Eurocode 2：Design of concrete structures［S］.

［53］方自虎，周海俊，赖少颖，等．ABAQUS 混凝土损伤参数计算方法［C］. 第二届大型建筑钢与组合结构国际会议．2014.

［54］聂建国，王宇航．ABAQUS 混凝土损伤因子取值方法研究［J］. 结构工程师，2013，29（6）：27-32.

［55］张劲，王庆扬，胡守营，等．ABAQUS 混凝土损伤塑性模型参数验证［J］. 建筑结构，2008，8：127-130.

［56］LEMAITRE J. A continuous damage mechanics model for ductile fracture［J］. Journal of Engineering Materials and Technology，1985，107：83-89.

[57] 周青松，冯本秀．混凝土损伤弹性本构关系及断裂判据 [J]. 安徽工业大学学报（自科版），2005，22（4）：400-403.

[58] 庄茁，廖剑晖．基于 ABAQUS 的有限元分析和应用 [M]. 北京：清华大学出版社，2009.

[59] Balaty P, Gjelsyilk A. Coefficient of riction for steel on concrete at high normal stress [J]. Journal of Materials in Civil Engineering, 1990, 2 (1): 46-49.

[60] Cai J M, Pan J L, Wu Y F. Mechanical behavior of steel-reinforced concrete-filled steel tubular (SRCFST) columns under uniaxial compressive loading [J]. Thin-Walled Structure, 2015, 97 (5): 1-10.

[61] 刘丰，白国良，柴园园，等．再生混凝土凝土受压循环试验研究 [J]. 世界地震工程，2010，26（3）：43-47.

[62] 肖建清，丁德馨，骆行文，等．再生混凝土疲劳损伤演化的定量描述 [J]. 中南大学学报（自然科学版），2011，42（1）：170-176.

[63] Park Y J, Ang H S. Mechanistic seismic damage model for reinforced concrete [J]. Journal of Structure Engineering, ASCE, 1985, 111 (4): 722-739.

[64] GB 50011—2010，建筑抗震设计规范 [S].

[65] Deierlein G G, Krawinkler H, Cornell C A. A framework for performance-based earthquake engineering [R]. New Zealand: New Zealand Society for Earthquake Engineering, 2003.

[66] Moehle J P, Deierlein G G. A framework methodology for performance-based earthquake engineering [C]. Proceedings of the 13th Word Conference on Earthquake Engineering. Canada, 2004.

[67] FEMA 273/274, NEHRP Commentary on the Guidelines for the Rehabilitation of Buildings [S].

[68] FEMA 356, Pre-standard and Commentary for the Seismic Rehabilitation of Buildings [S].

[69] FEMA 450. NEHRP recommended provisions for seismic regulations for new buildings and other structures [S].

[70] 王秋维，史庆轩，杨坤．型钢混凝土结构抗震性态水平和容许变形值的研究 [J]. 西安建筑科技大学学报（自然科学版），2009，41（1）：82-87.

[71] 王妙芳，郭子雄．型钢混凝土柱抗震性态水平及极限状态的讨论 [J]. 工程抗震与加固改造，2006，28（3）：31-37.

[72] 高小旺，鲍霭斌．地震作用的概率模型及其统计参数 [J]. 地震工程与振动，1985，5（1）：13-22.

[73] 吕静，刘文峰，王晶．钢筋混凝土框架抗震性能目标的量化研究．工程抗震与加固改造 [J]. 2011，33（5）：80-86.

[74] 陈宗平，徐金俊，薛建阳．基于变形和能量双重准则的型钢混凝土异形柱地震损伤行为研究 [J]. 土木工程学报，2015，48（8）：29-37.

[75] GB 50023—2009，建筑抗震鉴定标准 [S].

[76] GB 50223—2008，建筑工程抗震设防分类标准 [S].

[77] 曾磊．型钢高强高性能混凝土框架节点抗震性能及设计计算理论研究 [D]. 西安：西安

建筑科技大学，2008.
[78] 刘义．型钢混凝土异形柱框架节点抗震性能及设计方法研究［D］．西安：西安建筑科技大学，2009.
[79] 张雪松．翼缘狗骨式削弱的型钢混凝土框架抗震性能研究［D］．天津：天津大学，2006.
[80] JGJ 138—2016. 组合结构设计规范［S］.
[81] 赵鸿铁．钢与混凝土组合结构［M］．北京：科学出版社，2001.
[82] 王连广．钢与混凝土组合结构理论与计算［M］．北京：科学出版社，2005.
[83] 过镇海，时旭东．钢筋混凝土原理和分析［M］．北京：清华大学出版社，2003.
[84] 冯国祥．型钢混凝土异形柱框架十字形节点抗剪承载力试验研究［D］．西安：西安建筑科技大学，2009.
[85] GB 50011—2010，建筑抗震设计规范［S］.
[86] 赵鸿铁．钢筋混凝土梁柱节点的抗裂性［J］．建筑结构学报，1990，11（6）：38-48.
[87] 赵鸿铁，姜维山，周小真，等．劲性配筋混凝土梁柱节点［J］．西安冶金建筑学院学报，1988，20（2）：31-40.
[88] Elnshai A S，Elghazouli A Y. Performance of composite steel/concrete members under earthquake loading. Part I：analytical model［J］. Earthquake Engineering &Structural Dynamics，1993，22（4）：315-345.
[89] Vecchio F J，Collins M P. The modified compression-field theory for reinforced concrete elements subjected to shear［J］. ACI Journal，1986，83（2）：219-231.
[90] Parra M. G，Wight J K. Modeling shears behavior of hybrid RCS beam-column connections［J］. Journal of Structural Engineering，2001，127（1）：3-11.
[91] 贾金青，朱伟庆，王吉忠．型钢超高强混凝土框架中节点抗剪承载力研究［J］．土木工程学报，2013，46（10）：1-8.
[92] DG/TJ 08—2018—2007，再生混凝土应用技术规程［S］.
[93] DB11/T 803—2011，再生混凝土结构设计规程［S］.
[94] 鲍雨泽．型钢再生混凝土框架中节点抗震性能试验研究［D］．西安：西安建筑科技大学，2014.
[95] Park R，Milburn JR. Comparison of recent New Zealand and United States seismic design provisions for reinforced concrete beam-column joints and test results from four units designed according to the New Zealand Code［J］. Bulletin of the New Zealand National Society for Earthquake Engineering，1983，16（1）：3-24.
[96] 梁炯丰．大型火电厂钢结构主厂房框排架结构抗震性能及设计方法研究［D］．西安：西安建筑科技大学，2013.
[97] 史祝．大型火电厂主厂房钢框排架结构抗震性能试验及其优化设计［D］．西安：西安建筑科技大学，2012.
[98] 胡国振，曹万林，周明杰，等．钢筋混凝土带暗柱L形柱抗震性能试验研究［J］．世界地震工程，1999，15（4）：32-37.

[99] 孙跃东，肖建庄，周德源，等．再生混凝土框架抗震性能的试验研究［J］．土木工程学报，2006，39（5）：9-15.

[100] Silvia Mazzoni，Frank Mc Kenna，Michael H. Scott，et al. OpenSees users manual［R］. PEER，University of California，Berkeley，2004.

[101] Silvia Mazzoni，Frank Mc Kenna，Michael H. Scott，et al. OpenSees example manual［R］. PEER，University of California，Berkeley，2003.

[102] Elwood K J. Shake table tests and analytical studies on the gravity load collapse of reinforced concrete frames［D］. Department of Civil and Environmental Engineering，University of California，Berkeley，2002.

[103] 张沛洲，欧进萍．基于纤维模型的钢混框架结构拟静力试验数值模拟［J］．建筑结构，2013，43（18）：64-69.

[104] 刘祖强．型钢混凝土异形柱框架抗震性能及设计方法研究［D］．西安：西安建筑科技大学，2012.

[105] Silvia Mazzoni，Frank Mckenna，Michael H Scott，et al. Open system for earthquake engineering simulation user command-language manual［DB/OL］. https：//opensees. berkeley. edu/OpenSees/manuals/usermanual/index. html.

[106] Moehle J P. Displacement Based design of RC structure［C］. Proceeding of the 10th World Conference on Earthquake Engineering，Mexico，1992.

[107] Smith K G Innovation in earthquake resistant concrete structure design philosophies；a century of progress since Hennebique′s patent［J］. Engineering Structures，2001，23（1）：72-81.

[108] Xue Q. Need of performance-based earthquake engineering in Taiwan：a lesson from the Chichi earthquake［J］. Earthquake Engineering & Structural Dynamics，2015，29（11）：1609-1627.

[109] EC8（2003）Eurocode8，Design of strucures for earthquake resistance［S］.

[110] 周云，安宇，梁兴文．基于性态的抗震设计理论和方法的研究与发展［J］．世界地震工程，2001，17（2）：1-7.

[111] 门进杰．不规则钢筋混凝土框架结构基于性能的抗震设计理论和方法［D］．西安：西安建筑科技大学，2007.

[112] 王秋维．型钢混凝土柱的受力性能及其结构抗震性能设计研究［D］．西安：西安建筑科技大学，2009.

[113] 郭子雄．基于变形的抗震设计理论及应用研究［D］．上海：同济大学，2000.

[114] Gulkan P，Sozen M A. Inelastic responses of reinforced concrete structures to earthquake motions［J］. Journal of the American Concrete Institute，1974，71：604-610.